U0221197

特高压柔性直流输电系统过电压及绝缘配合

主　编　高锡明

副主编　吕金壮　卢文浩　臧春艳　韦晓星

参　编　楚金伟　肖　翔　彭　翔　吴　瀛　陈　伟

机械工业出版社

柔性直流是继交流、常规直流之后，以电压源换流器为核心的新一代直流输电技术，也是目前世界上可控性最高、适应性最好的输电技术，被誉为"电力电子技术皇冠上的宝石"与"21世纪最为振奋人心的输电技术革命"。该技术为多端直流联网、大型城市中心负荷供电提供了一个崭新的解决方案，可向孤岛、边远地区等比较薄弱的电网安全、经济、高效地输电，是远海风电并网的最佳技术手段，也是构建智能电网和全球能源互联网最具特色的技术之一，将给输电方式和电网架构带来重要的变革。

　　本书针对近年来蓬勃发展的特高压柔性直流输电技术，面向国家能源领域重大工程需求，基于已投运的中国南方电网公司乌东德电站送电广东、广西特高压多端柔性直流示范工程中形成的多项技术成果，对特高压柔性直流输电工程的基础理论和技术进行系统介绍，并对特高压多端、特高压大容量柔直、特高压常直柔直混合系统、特高压柔直长距离架空线路故障自清除等复杂、前沿的电网技术予以简介，同时还介绍了国内外柔性直流输电史上一些里程碑式的工程，使读者对特高压柔性直流输电技术从理论到实践有全面的了解。

　　本书可作为从事直流输电工程的技术人员、运行维护和线路检修人员、直流输电设备生产和相关领域研究人员的参考书。

图书在版编目（CIP）数据

特高压柔性直流输电系统过电压及绝缘配合/高锡明主编 . —北京：机械工业出版社，2021.10
ISBN 978-7-111-69056-6

Ⅰ.①特… Ⅱ.①高… Ⅲ.①高压输电线路－直流输电线路－过电压②高压输电线路－直流输电线路－绝缘配合 Ⅳ.①TM726.1

中国版本图书馆 CIP 数据核字（2021）第 180005 号

机械工业出版社（北京市百万庄大街 22 号　邮政编码 100037）
策划编辑：汤　枫　责任编辑：汤　枫
责任校对：徐红语　责任印制：郜　敏
三河市宏达印刷有限公司印刷
2021 年 10 月第 1 版第 1 次印刷
184mm×260mm · 13.5 印张 · 339 千字
标准书号：ISBN 978-7-111-69056-6
定价：99.00 元

电话服务　　　　　　　　　　网络服务
客服电话：010-88361066　机　工　官　网：www.cmpbook.com
　　　　　010-88379833　机　工　官　博：weibo.com/cmp1952
　　　　　010-68326294　金　　书　　网：www.golden-book.com
封底无防伪标均为盗版　机工教育服务网：www.cmpedu.com

前　言

乌东德电站送电广东、广西特高压多端柔性直流示范工程线路是中国南方电网公司深入落实"四个革命、一个合作"能源安全新战略，举全网之力，向建党 100 周年献礼的重要工程。乌东德工程全部建成后，每年可以增加输送西部清洁水电 330 亿 kW·h，相当于减少标煤消耗约 1000 万 t，减排二氧化碳 2660 万 t。

作为世界第七大水电站——乌东德水电站的主要送出"大动脉"，该工程从云南出发，跨过 1452km 的高山河湖，把电站丰沛的水电能源分别送往广东和广西的用电负荷中心。这一工程在科技创新上取得了重大的突破，是我国首个特高压多端直流示范工程，是世界上首个特高压柔性直流工程，也是目前世界上电压等级最高、输送容量最大的多端混合直流工程。在此之前，世界上柔性直流工程的最高电压等级为 ±500kV，该工程则提升到前所未有的 ±800kV。世界特高压输电技术从此迈进柔性直流的新时代。

柔性直流输电技术在交流系统故障时，只要换流站交流母线电压不为零，系统的输送功率就不会中断，这在一定程度上避免了潮流的大范围转移，因此对交流系统的冲击比传统直流输电线路要小得多，是实现直流异步联网的有效手段，从根本上解决了传统交直流并联运行可能引起交流系统暂态失稳的问题。柔性直流输电技术可以消除采用传统直流输电技术进行高压远距离大功率输电的发展瓶颈，其突出优点在于：运行时不需要配置相当比例的昂贵无功补偿装置；不增加受端电网的短路电流水平，破解了交流线路因密集落点而造成的短路电流超限问题；大区电网之间采用直流线路异步互联，完全破解了所谓的"强直弱交"问题，避免了交直流并联输电系统直流线路故障时，潮流大范围转移而引发的连锁性故障。

我国能源和负荷中心逆向分布，水电、煤电以及风电和太阳能资源等主要集中在西南部、西北部和北部地区，而负荷中心主要集中在中东部经济发达地区，为实现资源优化配置，解决煤电运力矛盾，促进新能源开发应用，保障国家能源安全供应，必须大力采用"电压等级高、输送容量大、送电距离长、运行损耗小"的输电技术，以实现西电东送和南北互供的电力分配格局。如内蒙古呼盟地区煤炭资源丰富，是我国重要的火电基地。未来为实现大规模的火电资源外送，可采用 1 个送端、2 个受端的方式，将一部分电力送入辽宁负荷中心消纳，同时，将另一部分电力送入华北负荷中心（京津唐地区）消纳。展望未来，西藏水电将是我国今后重要的接续能源，其开发规模巨大，但输电走廊紧张，且藏东三江上游的单个水电规模较小，因此可利用多端直流输电形成多个送端的优势，将三江上游规模较小的电源汇集，通过多端直流输电方式送至多个受端，形成多送端、多受端的直流输电系统。因此，柔性直流输电技术将在我国西南水电、北部煤电以及远期的西藏水电的远距离、大容量电力输送中发挥重要作用，具有重大的发展潜力和应用前景。

受器件开发和造价成本的限制，目前世界上柔性直流输电工程的输送容量都不太大，多用于短距离小容量电力传输或不适合应用交流输电的场合。随着受端多直流馈入问题日显严重、深海风电开发需求及无源弱系统地区送电规模的增加，迫切需要开发大容量柔性直流输电技术以满足现实需要。伴随高电压等级直流电缆、直流断路器和大电流 IGBT 器件的开发，柔性直流设备成本的下降，柔性直流输电技术将在远距离、弱系统、大容量输电领域发挥作用。在柔性直流输电技术完全成熟之后，可以构建柔性直流大电网，与交流电网互联运行。高压大容量柔性直流输电技术的应用将对我国未来电网的发展方式产生深远影响，并将成为坚强智能电网的重要组成部分。

本书在写作过程中，得到中国南方电网超高压输电公司、南方电网科学研究院、华中科技大学、武汉智能装备工业技术研究院有限公司、西安西电电力系统有限公司等多家单位的大力支持，特别感谢中国西电集团公司首席科学家苟锐锋教授级高级工程师，IEC SC22F 主席、西安高压电器研究院有限责任公司周会高教授级高级工程师，IET FELLOW、华中科技大学电气与电子工程学院胡家兵教授，武汉大学电气与自动化学院陈红坤教授等专家对本书初稿的审阅及斧正；同时，要感谢华中科技大学张紫珊、王可立、周颖等同学对本书图表的协助整理工作。

编者谨向其他关心和帮助过本书编写的专家和朋友致以由衷的谢意，并感谢机械工业出版社在书稿校对、插图、版式设计等方面所提出的宝贵意见和所做的大量工作。

由于编者水平有限，书中疏漏和不妥之处在所难免，敬请各位读者批评指正。

编　者

目　　录

第1章 柔性直流输电概述

1.1 柔性直流输电的历史沿革

柔性直流输电（简称"柔直"）指的是基于电压源换流器的高压直流输电，起源于 20 世纪 90 年代末。柔性直流输电是电能变换和传输的新型输电方式，具有控制灵活方便、运行特性理想、扩展性好等优点，是提升可再生能源接纳能力、增强电网稳定性和灵活性、支撑未来电网变革的重要手段，已成为世界范围内发展最快的新一代输电技术。2004 年，国际大电网会议（CIGRE）和美国电气与电子工程师协会（IEEE）将柔性高压直流技术正式命名为"VSC-HVDC"。ABB 和西门子公司分别将此项输电技术命名为"轻型高压直流"（HVDC Light）和"新型高压直流"（HVDC Plus），见表 1.1。

表 1.1 高压柔性直流输电术语比较

使 用 者	术 语 名 称
通用术语	VSC-HVDC
我国	HVDC Flexible
ABB 公司	HVDC Light
西门子公司	HVDC Plus
Alstom 公司	HVDC MaxSine

世界电力工业在发展初期使用直流输电方式，当时的技术还不能对直流电进行电压转换。因此应用受到限制，逐渐被交流输电取代。随着技术的进步，20 世纪 30 年代人们开始认识到直流输电是进行高压大容量远距离输电的有效工具，汞弧阀换流器的问世，使人们的视线又回到直流输电上来。

1954 年，由瑞典向哥特兰岛送电的第一条高压直流线路投入商业运行，此后直流输电飞速发展，世界各地出现了许多汞弧阀直流输电系统。20 年后，晶闸管代替汞弧阀成为直流输电换流器的开关元件，自 1972 年始，世界范围内相继有多个晶闸管直流输电工程开始投运，仅我国就至少有 36 个工程，累计容量达 182.31GW。2010 年之前，巴西 Itaipu 两条 ±600kV，3150MW 的直流输电项目是世界上电压等级最高、输送能力最大的高压直流输电项目，直至 2010 年我国的向家坝—上海 ±800kV 特高压直流输电示范工程竣工投产。

随着新型高压大功率可控关断电力电子器件（如 IGBT、GTO、IGCT）不断涌现，其额定电压、电流也快速增长，原来在中低压和小功率系统中广泛使用的基于 PWM 技术的新型换流技术逐渐在直流输电领域得到了推广应用。20 世纪末出现的采用电压源换流技术的柔性直流输电技术，首先由加拿大 McGill 大学的 Boon-TeckOoi 等人于 1990 年提出，随后得到了世界上众多学者和研究人员的关注。

ABB 公司首先实现了 VSC 技术在长距离电力传输、背靠背工程和静止无功补偿装置等领域的工程应用。该技术于 1997 年开始用于电力传输，同年瑞典赫尔斯扬示范工程投入运行，额定功率为 3MW，直流电压为 ±10kV，采用 IGBT 阀、三相桥结构和高压直流电容。IGBT 阀具有可控导通和关断能力，完全不同于传统晶闸管阀仅导通可控，而关断要依赖换相电压，存在一个换相过程。

柔性直流输电系统中最早投入商业运行的输电功率为 60MW，换流器采用两电平拓扑结构。早期的 VSC-HVDC 系统开关频率较高，直流电压为 ±80kV。第二代 VSC-HVDC 系统采用三电平换流器，直流电压达到 ±150kV，输电功率达到 330MW。这种最新的设计方案在 CrossSound 电缆工程（330MW）和 MurrayLink 工程（220MW）中得到成功应用。

目前国外已经投运的柔性直流输电工程有 50 多个。例如轰动一时的西班牙—法国联网工程，直流电压为 ±320kV，直流电流为 1600A，每个换流单元输送容量为 1000MW，该工程同时建设两个换流单元（四根电缆），总输送容量为 2000MW（采用 SIEMENS HVDC Plus 技术），于 2014 年投运。又如挪威—丹麦直流联网工程的直流电压为 ±500kV（采用 ABB HVDC Light 伪双极技术），总容量为 700MW，2014 年投运。世界上第一条架空线路柔性直流输电项目是纳米比亚—赞比亚 CapriviLink 工程，直流电压为 ±350kV（采用 ABB HVDC Light 技术），双极设计，总容量为 2×300MW，2009 年底单极投运，目前按双极并联大地返回方式运行。

国外部分比较具有代表性的柔性直流输电工程列表见表 1.2。

表 1.2　国外部分比较具有代表性的柔性直流输电工程

序号	工程名称	直流电压/kV	容量	接线方式	线路/km	投产时间/年	备注
1	瑞典赫尔斯扬（Hellsjön-Grängesberg）	±10	3MW	伪双极	10	1997	试验工程
2	瑞典哥特兰（Gotland）	±80	50MW	伪双极	70	1999	风电接入
3	丹麦风电（Tjaereborg）	±9	7.2MW	伪双极	4.4	2000	风电接入
4	澳大利亚昆士兰联网（Direktlink）	±80	3×60MW	伪双极	65	2000	电网互联
5	美国—墨西哥背靠背（EaglePass, Texas B2B）	±15.9	36MW	伪双极	—	2000	背靠背
6	澳大利亚默里连接工程（Murraylink）	±150	200MW	伪双极	180	2002	弱网互联
7	美国长岛（CrossSoundCable）	±150	330MW	伪双极	40	2002	电力交易
8	挪威海上平台（HVDCTroll）	±60	2×41MW	伪双极	67	2005	海上平台
9	爱沙尼亚—芬兰波罗的海联网（Estlink）	±150	350MW	伪双极	105	2007	非同步互联
10	挪威—德国 Valhall 海上油田（HVDC Valhall）	-150	78MW	伪双极	292	2010	电网互联
11	德国风电并网（NordE. ON1）	±150	400MW	伪双极	100	2009	风电接入
12	美国（TransBay）	±200	400MW	伪双极	88	2011	城市供电
13	纳米比亚联网工程（CapriviLink）	350	300MW	单极（远期双极）	950	2011	弱网互联
14	英国—爱尔兰联网（BritainIreland）	±200	500MW	伪双极	256	2012	联网

1959 年，世界上第一个 500kV 直流工程正式投入运行。1985 年开工的 500kV 葛上直流输电工程，是我国第一个商业运行的大容量远距离直流输电工程，西起湖北葛洲坝、东至上海

奉贤南桥，1989 年投运后为上海输送经济发展必备的电能（见图 1.1）。南桥换流站站内除少量 35kV 断路器由国内配套外，绝大部分设备分别从 7 个国家的 15 家公司引进。

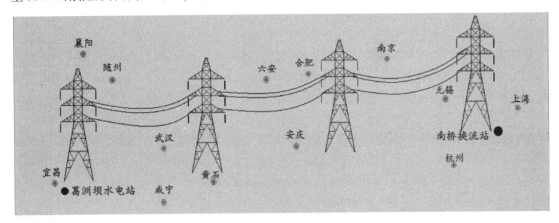

图 1.1　葛上线穿越地域示意图

2006 年之前，我国在柔性直流输电技术领域仅开展了跟踪性研究。面对技术研究基础薄弱、无可借鉴经验的现状，国家电网公司于 2006 年 5 月组织国内权威专家召开"柔性直流输电系统关键技术研究框架"研讨会，以促进我国电力技术发展和电网升级。研讨会上，国家电网公司提出了柔性直流输电技术研究总体规划。研究框架分为前期研究、基础理论研究、关键技术研究及样机研制、试验规范及试验能力建设研究、示范工程前期研究 5 个部分。与会专家一致建议将基于 VSC 技术的直流输电统一命名为"柔性高压直流输电（HVDC Flexible Transmission）"。自此拉开了我国柔性直流输电技术发展的序幕。

2007 年年底，国网上海市电力公司决定在上海南汇风电场开展柔性直流输电技术工程示范。在坚实的理论基础上，研发团队着眼于工程应用，开始了适用于高压大容量柔性直流输电技术路线的探索与尝试。当时，世界范围内实现柔性直流换流阀工程应用的只有 ABB 公司采用的两电平/三电平技术路线，其存在运行损耗高、容量扩展困难等问题，成为制约柔性直流输电技术发展及应用的"短板"。我国专家经过多次开会讨论，决定采用模块化多电平柔性直流输电技术路线。此时，西门子和 ABB 等跨国公司也几乎同时启动了高压大容量柔性直流输电技术的探索。

2010 年 7 月，我国首个 MMC 换流阀子模块样机开始试组装。2010 年 10 月，具有完全自主知识产权的 ±30kV/20MW 柔性直流换流阀一次性通过所有型式试验。同年底，上海南汇风电场柔性直流输电工程建设正式启动。2011 年 7 月 25 日，工程正式投运，我国实现了柔性直流输电技术从无到有的突破。

2013 年 1 月，国网智能电网研究院率先研制成功世界首个具有完全自主知识产权的 ±320kV/100 万 kW 柔性直流换流阀及阀控设备样机，并通过 IEC 62501 等 4 项国际标准规定的全部型式试验，以及国际权威认证机构挪威船级社（DNV）KEMA 实验室的认证。DNV 在其官方网站上称："这个（柔性直流换流阀）打破电压和容量水平世界纪录，标志着模块化多电平柔性直流输电技术取得了重大成功。换流阀型式试验的顺利通过，是超级电网发展历程中一个重要里程碑。"DNV 亚太首席运营官比约恩·陶恩·马克森对这项技术成果给予了高度评价，认为它达到了国际领先水平，也对全球能源领域做出了重大贡献。

为攻克多端柔性直流输电这一世界难题，大力发展清洁能源，国家科技部 2011 年将"大型风电场柔性直流输电接入技术研究与开发"课题列入国家 863 科技计划重大专项，意在突破大型风电采用柔性多端直流输电接入电网的关键技术问题，提升我国柔性直流输电领域的核心装备研发和制造水平，实现成套设计的全面自主化目标。依托国家 863 科技专项和一系列大型直流输电工程项目，中国南方电网公司针对海上风电并网、区域电网互联等重要应用场景开展了深入研究和工程实践（参见图 1.2）。2013 年 12 月 25 日，随着南澳多端柔性直流输电工程现场总指挥一声令下，南澳岛上青澳、金牛两个换流站与汕头的塑城换流站完成了三端投产启动，这标志着中国南方电网公司攻克了多端柔性直流输电控制保护这一世界难题，成为世界上第一个完全掌握多端柔性直流输电成套设备设计、试验、调试和运行全流程核心技术的企业。

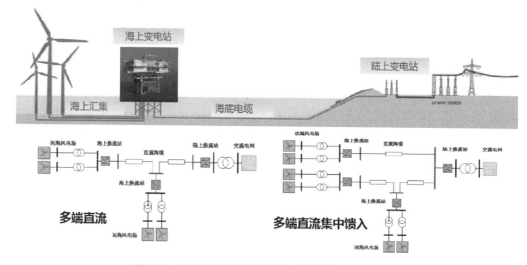

图 1.2　多端和混合直流应用于大规模海上风电并网

2020 年 11 月 24 日，世界首个特高压多端混合直流输电工程——乌东德（昆柳龙）直流工程昆北—龙门极 2 高低端换流器成功解锁，系统电压第一次跃升至 800kV，输送功率稳增到 800MW，标志着乌东德（昆柳龙）直流工程开启 800kV 运行模式，我国的特高压进入柔性直流新时代（见图 1.3）。这也是世界首次运用特高压混合直流和特高压柔性直流输电技术实现远距离送电。

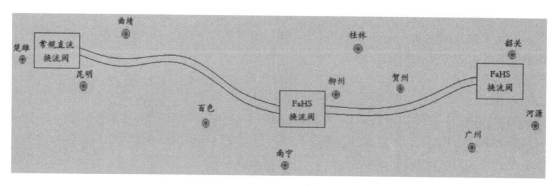

图 1.3　直流工程地理位置示意图

乌东德（昆柳龙）特高压柔性直流多端输电工程是中国南方电网公司长期在直流输电领域精耕细作的高科技结晶，也是我国电力工作者在科技创新上取得的重大突破，它是国家首个特高压多端直流示范工程，也是世界首个特高压柔性直流工程，同时还是目前世界上电压等级最高、输送容量最大的多端混合直流工程。该工程创造了 19 项电力技术的世界第一，主要设备自主化率达 100%，有力带动了国内相关装备制造业的高端化和设备的国产化。中国南方电网公司与国内相关厂家共同研发的柔性直流关键芯片（IGBT）成功应用到工程中，

图 1.4 乌东德工程用换流阀及阀厅

打破了国外少数厂家垄断的局面。图 1.4 为我国拥有自主知识产权的柔直换流阀及阀厅，图 1.5 和图 1.6 为乌东德（昆柳龙）工程投运的部分站点实景图。

图 1.5 工程投运现场（龙门换流站）

图 1.6 工程投运现场（柳北换流站）

1.2 柔性直流与常规直流的比较

传统直流输电（简称"常直"）系统基于电流源换流技术，主要应用于大容量远距离电能外送，与交流输电系统相比具有无法替代的优势，在海底电缆输电和交流电网互联等领域也得到了广泛的应用。目前，该技术已经十分成熟，我国 ±800kV 特高压直流输电工程已经矗立在世界直流输电技术的制高点上。同时，我国又是直流输电技术和项目应用最多的国家，±500kV 直流和 ±800kV 直流输电工程的应用，很好地解决了西电东送、北电南送的能源输送格局，推动了我国经济和社会的发展。

目前广泛采用的电流源型高压直流输电技术由于晶闸管阀关断不可控，存在以下固有缺陷：

1）只能工作在有源逆变状态，且受端系统必须有足够大的短路容量，否则容易发生换相失败。

2）换流器运行时要产生大量低次谐波。

3）换流器需吸收大量无功功率，需要大量的滤波和无功补偿装置。

4）换流站占地面积大、投资大。

随着电力电子器件和控制技术的发展，换流站采用 IGBT、IGCT 等器件构成电压源型换流装置（VSC，通常也用于指代柔性直流）进行直流输电成为可能。这种技术采用可关断电压源型换流器和 PWM 技术进行直流输电，相当于在电网接入了一个阀门和电源，可以有效控制其通过的电能，隔离电网故障的扩散，还能根据电网需求，快速、灵活、可调地发出或者吸收一部分能量，从而优化电网潮流分布、增强电网稳定性、提升电网的智能化和可控性。它很适合可再生能源并网、分布式发电并网、孤岛供电、城市电网供电和异步交流电网互联等领域。因此，根据国家中长期科技发展规划和"十二五"发展规划纲要，发展直流输电技术，建设新一代直流输电联网工程，促进大规模风力发电场并网，满足持续快速增长的能源需求和能源的清洁高效利用，增强自主创新能力，符合我国经济发展规律，以及电力工业发展规律、市场需求和电网技术发展方向。目前，世界各国充分认识到柔性直流输电在可再生能源和智能电网建设中的重要作用，工程应用开始呈现快速增长趋势。

截至 2018 年年底，全世界共 155 项直流输电工程在运行，其中基于晶闸管器件的常规直流 LCC-HVDC（常规直流，有时简称 LCC）包括电触发晶闸管型（ETT）和光触发晶闸管型（LTT），占 70%，基于 IGBT 器件的柔性直流 VSC-HVDC（柔性直流，有时简称 VSC）占 21%；其余为混合型（少数类型未知）。同时，在建直流输电工程 49 项，其中 VSC 占近 50%（见图 1.7）。(资料数字来源于 CIGRE B4 工作组)

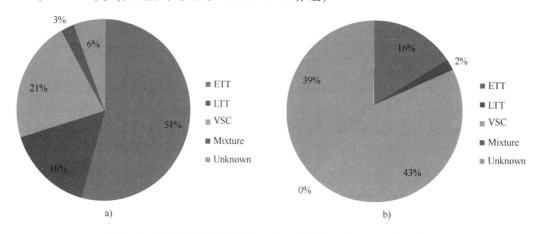

图 1.7　常规直流工程和柔性直流工程统计（截至 2018 年年底）

a）在运工程　b）在建工程

将常规直流和柔性直流的技术特点做一个简单的对比，见表 1.3。

表 1.3　常规直流和柔性直流技术特点比较

比 较 内 容	常 规 直 流	柔 性 直 流
核心电力电子器件	晶闸管器件，半控型	IGBT 器件，全控型
可否向无源系统供电	否	是
有无换相失败风险	交流系统故障可能导致换相失败	无换相失败问题
是否需要无功补偿	需要辅助无功补偿设备	不需要，可四象限运行
滤波装置	需要，设备多	设备少或不需要

（续）

比 较 内 容	常 规 直 流	柔 性 直 流
有功与无功功率控制	有功和无功功率不能独立控制	有功和无功功率可以独立控制
潮流翻转	换流站需要退出运行，改变运行策略	可以快捷实现，不需要改变控制策略
模块化程度	低	高
实现多端的难易程度	难	易
设备成本	低	高
占地面积	大	小

以乌东德工程为例，研究结果显示在相同交流故障下，直流受端采用 VSC 相比采用 LCC 具有明显的穿越交流系统故障能力（见图 1.8）。

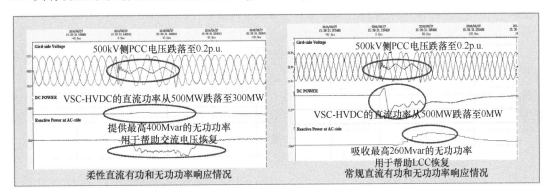

图 1.8　直流受端采用 LCC 和 VSC 的对比

柔性直流输电除具有传统直流输电的技术优点外，还具备有功和无功功率单独控制、可以黑启动、对系统强度要求低、响应速度快、可控性好、运行方式灵活等特点。目前，大容量柔性高压直流输电技术已具备工程应用条件，将对我国未来电网发展方式产生重要影响。其优点归纳如下：

1) 系统具有两个控制自由度，可同时调节有功功率和无功功率。当交流系统故障时，既可提供有功功率的紧急支援，又可提供无功功率紧急支援，这样既能提高系统功角稳定性，还能提高系统电压稳定性。

2) 系统在潮流反转时，直流电流方向反转而直流电压极性不变，这个特点有利于构成既能方便地控制潮流又有较高可靠性的并联多端直流系统，以便于实现多端之间的潮流自由控制。

3) 柔性直流输电交流侧电流可被控制，不会增加系统的短路功率。

4) 对比传统直流输电方式，柔性直流输电采用多电平技术，无须滤波装置，占地面积很小。

5) 各站可通过直流线路向对端充电，并根据直流线路电压采取不同的控制策略，因此换流站间可以不需要通信。

6) 柔性直流输电具有良好的电网故障后快速恢复控制能力。

7) 系统可以工作在无源逆变方式，为无源系统供电。

1.3　柔性直流输电的发展现状与面临的问题

世界能源格局的发展日新月异，随着我国能源结构清洁化转型的持续推进，以及负荷侧波动性的增加，我国电力系统的平衡特征和方式正在发生深刻变化，维持系统平衡的难度不断加大，系统调节资源缺乏的问题日益凸显。"十三五"期间，我国新能源发电装机规模保持快速增长，电力系统的灵活性建设则相对滞后，源网荷各环节的调节能力有待进一步提升。"十四五"期间，新能源装机规模快速增长和负荷峰谷差持续拉大将成为趋势，应进一步提高电力系统调节能力建设，满足经济社会发展和能源转型的需求。

从电网侧来看，柔性直流输电、灵活交流输电等技术能够实现电力系统功率快速、灵活调节，提高电力系统稳定性，解决送端电压波动、受端频率系数降低和换相失败等问题；大电网调度控制技术将提高系统运行信息的全面性、快速性和准确性，提高新能源全网统一消纳水平。因此可以预见，柔性直流输电技术将在我国未来电网的发展中起到十分关键的作用，市场前景相当广阔。

我国特高压柔性直流输电既具有传统直流输电的优点，又克服了传统直流输电的不足，使其应用范围得到很大扩展。主要应用领域如下：

1）连接分散的小型发电厂。清洁能源发电一般装机容量小、供电质量不高并且远离主网，如中小型水电厂、风电场（含海上风电场）、潮汐电站、太阳能电站等，采用交流互联方案在经济和技术上均难以满足要求。利用柔性直流输电与主网实现互联有利于克服清洁能源并网带来的一系列问题，提高电能质量和系统稳定性。

2）异步联网。柔性直流输电可实现不同频率或相同频率的交流系统间的非同步运行。

3）构筑城市直流输配电网。由于大中城市的空中输电走廊已没有发展余地，原有架空配电网络已不能满足电力增容要求，采用柔性直流输电向城市中心区域供电，即将成为未来城市电力增容的最佳选择。

4）海上供电。远离陆地电网的海上负荷，如海岛或海上石油钻井平台等，通常靠价格昂贵的柴油或天然气发电，不但发电成本高、供电可靠性难以保证，而且破坏环境。采用柔性直流输电后，不但问题得以解决，还可将多余电能（如用石油钻井产生的天然气发电）反送给系统。

5）提高配电网电能质量。柔性直流输电系统可以独立快速控制有功和无功功率，能够保持交流系统的电压基本不变，使系统电压和电流较容易地满足电能质量相关标准，是改善配网电能质量的有效措施。

随着从业科研人员的增加、研发深度广度的不断拓展，我国特高压柔性直流输电逐渐形成产业规模效应。高电压、大电流、强电磁场环境下换流阀散热、电压尖峰抑制、电磁兼容问题及阀控设备低开关频率电容平衡等问题被逐一攻克，换流阀装备制造技术实现快速升级。2013—2020 年，柔性直流换流阀参数不断提升，新技术不断涌现，电压等级从 ±30kV 上升到 ±800kV，输电容量从 2 万 kW 升至 8000MW，工程应用形式从两端到多端再到组成直流电网，实现了从科技示范到大规模应用的飞跃。

尽管如此，由于受到电压源型换流器件制造水平及其拓扑结构的限制，柔性直流输电技术在以下几个方面仍具有局限性：

1）输送容量有限。目前柔性直流输电工程的输送容量普遍不高，相对于 800kV LCC 工程可以达到 8000MW 以上的输送有功功率，柔性直流输电目前实现的最高输送有功功率为 5000MW。其受到限制的主要原因是一方面由于受到电压源型换流器件结温容量限制，单个器件的通流能力普遍不高，正常运行时电流最高只能做到 2000A 左右；另一方面由于受到直流电缆的电压限制，目前的 XLPE 挤包绝缘直流电缆的最高电压等级为 525kV，因此柔性直流换流站的极线电压也受到限制。如果采用架空线路，电压水平能够提高，但是可靠性却大大降低；如果采用油纸绝缘电缆则建设成本会大幅提高，输电距离也会受到影响。

2）单位输送容量成本高。相比于成熟的常规直流输电工程，柔性直流输电工程目前所需设备的制造商较少，主要设备尤其是子模块电容器、直流电缆等供货商都是国际上有限的几家企业，甚至需要根据工程定制，安排排产，因此成本高昂。IGBT 器件目前国内已经具备一定的生产能力，但是其内部的硅晶片仍然主要依靠进口。从目前国内舟山、厦门等柔性直流工程的建设成本来看，其单位容量造价为常规直流输电工程的 4～5 倍。如果想要柔性直流输电达到特高压直流输电的输送容量，其成本是非常可观的。

3）故障承受能力和可靠性较低。由于目前没有适用于大电流开断的直流断路器，部分柔性直流输电的拓扑结构不能通过 IGBT 器件完全阻断故障电流，不具备直流侧故障自清除能力。一旦发生直流侧短路故障，必须切除交流断路器，闭锁整个直流系统，导致整个故障恢复周期较长，因此相对于传统直流，柔性直流的故障承受能力和可靠性较低。虽然采用双极对称接线方案可以一定程度上提高可靠性，但是故障极的恢复时间仍会受到交流断路器动作时间的限制，整个系统完全恢复的速度比不上传统直流。这也是架空线在柔性直流输电中的应用受到限制的主要原因。

4）损耗较大。无论采用 SPWM 脉宽调制技术的两电平拓扑，还是采用最近电平逼近 NLS 的子模块多电平拓扑结构的柔性直流输电技术，其开关频率相对于传统直流都较高，其开关损耗也是相当可观的。早期两电平柔性直流工程的换流站损耗能够达到 3%～5%，目前柔性直流工程多将损耗控制在 1% 以内，与传统直流的损耗相当，但是输送容量相对于传统直流还是很小；而如果容量提升，则必然需要更大规模的子模块和更快的开关频率，因此损耗也会相应提高。

5）输电距离较短。由于没有很好地解决架空线传输的问题，柔性直流输电工程的电压普遍不高；同时，柔性直流系统相对损耗较大，这就限制了其有效的输电距离。可喜的是，随着大容量直流断路器产品的推广应用，这一问题正在得到改善。

柔性直流输电未来向大容量、长距离方向发展，必须突破的技术障碍仍存在不少，例如：

1）电压源型换流器件新材料的研发，如利用 SiC 取代 SiO_2 作为半导体器件的核心元件，相应地，其封装材料的耐热和绝缘也需要大幅改进，进而突破器件的容量限制。

2）大电流直流断路器的开发和应用。目前直流断路器还处于研究阶段，有不同的技术路线，其中一种是利用控制电力电子器件对电流进行分流转移，并通过避雷器吸收能量，其结构和体积与一个相同容量的换流阀相当，而其开断电流的大小同样受到电力电子器件容量和避雷器容量的限制。

3）为有效清除架空线故障，提出新的换流器拓扑。虽然目前已经提出了一些能够清除架空线故障的换流器拓扑，如全桥子模块拓扑、钳位双子模块拓扑等，但这也会带来成本的增加和损耗的增大，经济效益性较差。随着新型 VSC 或 CSC（电流源型换流站）拓扑研究的深入，可能会出现经济效益性较高的拓扑结构。

在可以预见的将来，一旦这些技术障碍得以突破，柔性直流输电将能够替代传统直流承担起大容量、远距离送电的任务，带领人类进入一个更加灵活高效的电网架构时代。

第2章 特高压柔性直流输电系统主接线与运行特性

特高压直流系统主回路参数与运行接线是输电系统设计的基本内容。本章依托乌东德特高压混合三端柔性直流输电工程，对比各种典型柔直换流阀拓扑结构，对柔直系统主接线、运行方式、主设备电气参数与设备选型、启动回路等关键问题进行深入探讨。

2.1 几种可行的构成方式

2.1.1 不同多端直流技术对比

根据传统直流输电和柔性直流输电技术的发展，乌东德工程特高压多端直流输电系统在技术上可行的构成方式可以有四种形式，见表2.1。

表2.1 特高压混合多端直流输电系统构成方式

方 案	云 南 侧	广 东 侧	广 西 侧	备 注
方案1	传统直流	柔性直流	柔性直流	图2.1a
方案2	传统直流	传统直流	传统直流	图2.1b
方案3	传统直流	柔性直流	传统直流	图2.1c
方案4	传统直流	传统直流	柔性直流	图2.1d

2.1.2 受端交流故障对多端直流系统的影响

传统直流输电采用晶闸管换相技术，其逆变站需要强交流系统支撑。当逆变站接入交流系统发生短路故障时，由于换流母线电压下降，逆变站会发生换相失败。在交直流并联运行大电网中，换相失败使得直流功率将转移至交流线路，可能导致关键交流断面潮流越限，引起系统暂态失稳。柔性直流输电技术采用全控型电力电子器件，不依赖电网换相，当逆变站接入交流系统发生短路故障时，不会发生换相失败。交流系统故障期间，柔性直流输电系统可持续向交流系统提供有功功率支援，同时还可以向故障交流系统提供动态的无功功率支撑，有利于交流系统保持稳定。

对于多端系统而言，当某一个逆变站采用传统直流技术时，多端系统换相失败问题依然存在。下面以方案2为例对此进行分析。当广东侧交流系统发生故障时，广东侧换流站发生换相失败，直流电压跌落为零，其输出功率将大幅度下降，甚至短时中断。由于直流电压下降，广西侧换流站直流电流急剧降低，即使广西侧换流站未感受到交流系统故障，其有功功率输送也将大幅度下降甚至短时中断。同理，广西侧交流系统故障也会引起广东侧有功功率大幅度下降甚至短时中断。

对于方案3和方案4而言，直流系统对交流故障响应的特性是相同的。当采用传统直流技术的逆变站发生换相失败时，其有功功率输送依然会大幅度下降甚至短时中断。同时，由于直流电压急剧下降，采用柔性直流技术的逆变站会检测到"直流线路短路故障"，其有功功率输送也将受到影响甚至可能短时中断。

由此可见，对于方案 2、方案 3 和方案 4 来说，采用传统直流技术的逆变站发生换相失败时，整个直流系统的有功功率输送都将受到影响，出现大幅度下降甚至短时中断。对于方案 1 而言，其两个逆变站均采用柔性直流输电技术，从根本上消除了交流系统故障引起的逆变站换相失败问题。当逆变站侧交流系统发生故障时，直流系统输送功率不会中断，甚至换流站还可以向故障的交流系统提供动态无功功率支撑。

综上，从交流系统故障对多端直流系统的影响程度来讲，方案 1 受到的影响最小，方案 2、方案 3、方案 4 次之。

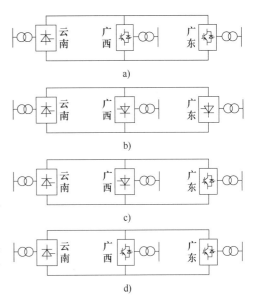

图 2.1　特高压多端直流系统构成示意图
a) 方案 1　b) 方案 2　c) 方案 3　d) 方案 4

2.1.3　受端交流故障清除后多端直流系统的恢复特性

根据前述分析，受端交流系统故障对不同多端直流方案的影响程度是不同的，方案 3 和方案 4 的受端交流系统故障后，直流系统的响应特性、故障恢复特性基本相似，本节以方案 3 为例重点分析。下面以受端换流站交流系统接地故障为例，主要对比方案 1、方案 2 和方案 3 的直流恢复特性。

1. 方案 2：云南侧 LCC + 广东侧 LCC + 广西侧 LCC

其控制模式可有表 2.2 所示的组合选择。

表 2.2　方案 2 控制器模式选择

控制模式端	云南（整流侧）	广东（逆变侧）	广西（逆变侧）
1	控直流电压	控功率/直流电流	控功率/直流电流
2	控功率/直流电流	控功率/直流电流	控直流电压
3	控功率/直流电流	控直流电压	控功率/直流电流

以上三种控制模式，通过原理分析和仿真验证均是可行的。

对于模式 1，整流侧控制直流电压，需要对传统直流整流站控制保护策略进行较大的改动，推荐该模式仅在 LCC 最小触发延迟角模式下适用。

对于模式 2，广西侧逆变站的容量远小于广东侧逆变站，按照通常的设计原则，不推荐采用容量较小的换流站控制直流电压。因此推荐该模式仅在广东输电能力受限，已无法控制直流电压时使用。

对于模式 3，广东侧逆变站可稳定地控制直流电压；在故障工况下，采用电压裕度控制，可将直流电压控制权切换到其他换流站。

需要说明的是，三端直流输电系统每站均配置有低电压限流控制环节，当直流电压降低时对直流电流指令进行限制，以帮助直流系统在交直流故障后快速可控地恢复。

2. 方案 3：云南侧 LCC + 广东侧 VSC + 广西侧 LCC

经过初步研究，该方案的主控制模式推荐如下：云南侧换流站控制直流电流，广西侧换流站控制直流电流，广东侧换流站控制直流电压；同时广西侧配置定关断角控制，广东侧配置定直流电流控制。需要说明的是，三端直流输电系统每站均配置有低电压限流控制环节，当直流电压降低时对直流电流指令进行限制，以帮助直流系统在交直流故障清除后快速可控地恢复。

3. 方案 1：云南侧 LCC + 广东侧 VSC + 广西侧 VSC

其控制模式可有表 2.3 所示的组合选择。

表 2.3　方案 1 控制器模式选择

控制模式端	云　南　侧	广　东　侧	广　西　侧
1	控直流电压	控功率/直流电流	控功率/直流电流
2	控功率/直流电流	控功率/直流电流	控直流电压
3	控功率/直流电流	控直流电压	控直流电压
4	控功率/直流电流	控直流电压	控功率/直流电流

以上四种控制模式，通过原理分析和仿真验证均是可行的。

对于模式 1，云南侧的 LCC 站作为整流侧控制直流电压，需要对传统直流整流站控制保护策略进行较大的改动；另一方面，LCC 动态响应速度远小于 VSC，这会导致在故障工况下 LCC 难以跟随 VSC 进行快速调节，直流电压会出现较大波动；同时由于 VSC 功率调节的响应速度远快于 LCC，会导致送受端功率不匹配，子模块电容电压大幅波动。而且，LCC 在启动过程中，通过直流侧给 MMC 充电，会出现较长时间电流断续的现象，导致设备承受较大应力。

对于模式 2，广西侧的容量比广东侧的更小，按照通常的设计原则，不推荐采用容量更小的换流站控制直流电压。因此推荐该模式仅在广东侧输电能力受限，已无法控制直流电压时使用。

对于模式 3，广东侧、广西侧采用下垂控制同时控制直流电压。然而下垂特性设计复杂，安全工作区小，运行方式受限较多；且稳态工作点易受外部扰动影响。因此不推荐采用。

对于模式 4，广东侧可稳定地控制直流电压；在故障工况下，可采用电压裕度控制，将电压控制权切换到云南侧或广西侧。综合考虑，推荐采用模式 4 作为系统的主要控制模式。

综上所述，本节提出的四种特高压多端直流输电构成方式均是可行的。但是，四种方案的技术特性有所不同。根据分析，交流系统发生故障时，混合三端直流受到的影响最小，交流系统故障后直流系统的功率扰动最小，反过来对交流系统的冲击最小。因此，混合三端直流方式具有较明显的技术优势。

2.2　特高压混合多端直流阀组接线

2.2.1　特高压传统直流阀组接线

高压直流工程中均采用 12 脉动换流器作为基本换流单元，以减少换流站所设置的特征谐波滤波器。在满足设备制造能力、运输能力及系统要求的前提下，阀组接线应尽量简单。大容量传统直流输电工程可能的接线方式通常有以下三种方案。

方案一：每极 1 个 12 脉动阀组。随着晶闸管阀的技术的发展和通流能力的提高，单阀电流能满足系统要求，我国 ±500kV 双极输送容量在 3200MW 及以下的直流工程，均采用此接线。

方案二：每极多个 12 脉动阀组串联。该方案主要适用于单阀电流能满足系统要求，但电压等级高，直流输送容量大，而交流系统相对较弱，需要减轻直流停运对交流系统的冲击，或换流站设备（主要是换流变压器）受制造和运输限制的情况。

方案三：每极多个 12 脉动阀组并联。其特点是减少了流过单个换流单元的电流，是单阀通态电流不能达到系统要求的唯一选择。

对于乌东德工程而言，送端云南侧换流站额定直流电流为 5000A，受端广东侧换流站额定直流电流为 3125A，受端广西侧换流站额定直流电流为 1875A。考虑到换流变压器制造和运输条件，推荐乌东德工程送端换流站采用每极 2 个 12 脉动阀组串联接线方式。高端 12 脉动阀组和低端 12 脉动阀组电压组合为（400kV + 400kV），两个 12 脉动阀组的接线方式相同，如图 2.2 所示。

根据变压器的制造能力以及大件运输的尺寸和重量限制，乌东德工程送端换流站的换流变压器型式推荐采用单相双绕

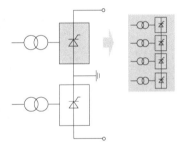

图 2.2　换流站接线示意图

组变压器，换流变压器接线方案与已经投运的 ±800kV 特高压直流工程相同，即换流变压器网侧套管接成 Y0 联结后与交流系统直接相连，阀侧套管按顺序完成 Y、D 联结后与 12 脉动阀组相连。换流变压器三相联结组标号采用 YNy 联结及 YNd11 联结。

2.2.2　特高压柔性直流阀组接线

柔性直流输电的接线方式有对称单极和对称双极两种，如图 2.3、图 2.4 所示。

对称单极接线是目前柔性直流输电工程中广泛采用的一种方式，其换流阀交流侧主设备不需要承担直流偏置电压，设备较为简单，且不需要设计专门接地极。但直流故障将导致整个直流系统跳闸，损失全部输送功率，可靠性较低。综合国内外已经投运的对称单极型柔性直流输电，其输送容量一般不超过 2000MW。此外，柔性直流输电技术采用对称单极接线时，直流线路单极对地故障后，健全极的直流电压将翻倍，换流站、直流线路的绝缘水平需要大幅度提高。对称双极接线方式下，直流系统一个极的故障仅损失一半功率，系统可靠性较高，同时也与送端传统直流相互匹配，比较适合远距离大容量输电领域。因此，大容量柔性直流输电工程建议采用对称双极接线。

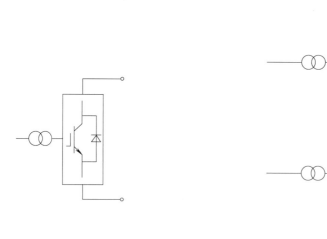

图 2.3　柔性直流对称单极接线示意图　　　　图 2.4　柔性直流对称双极接线示意图

对于柔性直流输电而言，双极接线方式下，每个极的接线方式有单阀组和高低阀组串联两种，如图 2.5a、b 所示。

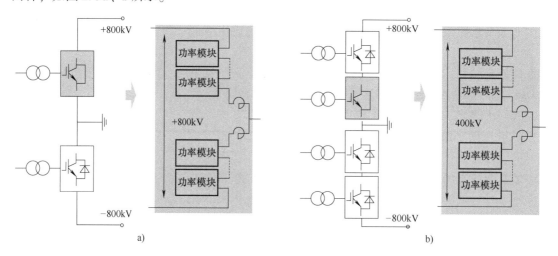

图 2.5　柔性直流输电双极接线方式
a）单阀组接线示意图　b）高低阀组串联接线示意图

2.3　柔性直流换流阀拓扑结构

2.3.1　拓扑结构总述

1. 半桥型模块化多电平换流器

2001 年，德国 Bundeswehr Munich 大学的 R. Marquardt 和 A. Lesnicar 提出了模块化多电平换流器（Modular Multilevel Converter，MMC）拓扑结构。MMC 采用功率模块串联的方式构造换流阀，避免了大量器件的串联使用，降低了对器件开关动作一致性的要求。同时，特殊的调制方法决定了其可以在较低的开关频率（150~300Hz）下获得很高的等效开关频率，随着电平数的升高，输出波形接近正弦，可以省去交流滤波器。MMC 巧妙的结构设计避开了两电平柔性直流输电需要器件串联、损耗高等主要缺陷，迅速受到工程和学术界的广泛关注。基于半桥功率模块的 MMC 已广泛应用于柔性直流输电领域并展现出明显的技术优势，世界上首个应用 MMC 技术的 VSC-HVDC 工程 Trans BayCable 于 2010 年 3 月在美国正式投运，世界首个高压大容量多端柔性直流输电工程——南澳多端柔性直流输电示范工程已于 2013 年 12 月投入运行，世界电压等级最高、容量最大的鲁西背靠背异步联网工程于 2016 年 8 月 29 日正式投运，柔性直流单元电压等级为 ±350kV，输送容量为 1000MW。截至目前，世界上在建的或者规划的柔性直流输电工程基本上都采用模块化多电平结构。

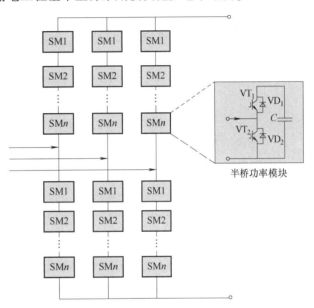

半桥型 MMC 的拓扑结构如图 2.6 所示。当直流线路发生故障后，半桥型 MMC 换流阀的暂态电流发展分为两个阶段，即 IGBT 闭锁前和闭锁后。

IGBT 闭锁前，换流阀等效电路如图 2.7 所示。在该阶段，功率模块通过导通的 IGBT（图 2.7 中加圈的 IGBT 符号）向短路故障点放电，该放电电流上升率非常高，使换流阀桥臂电流在数微秒内即可超过 IGBT 的最大可重复关断电流，因此一般需要尽快闭锁换流阀，以确保 IGBT 能可靠关断，避免换流阀受损。

图 2.6　半桥型 MMC 拓扑结构

IGBT 闭锁后的换流阀等效电路如图 2.8 所示。在该阶段，交流系统、功率模块反并联二极管、直流短路故障点构成通路（如图中加粗实线所示路径）。在该阶段，反并联二极管（图 2.8 中加圈的二极管）不但需要承受较大的短路电流应力，峰值一般达到十几千安，还必须具备承受足够的 I^2t 能力。因此，该二极管均需要予以特殊设计，现有工程一般采用辅助晶闸管进行分流，或者增大该二极管的通流能力。

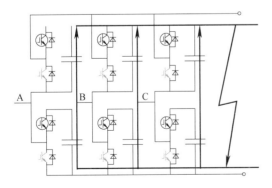

图 2.7　IGBT 闭锁前的换流阀等效电路

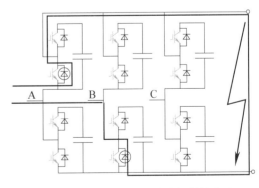

图 2.8　IGBT 闭锁后的换流阀等效电路

由于半桥型 MMC 在换流阀闭锁之后，交流系统依然可以通过反并联二极管向故障点馈入短路电流，因此必须跳开交流断路器来隔离交流电源和故障点之间的电气联系，以实现直流故障的清除和故障点绝缘恢复。在故障清除后的直流系统重启阶段，需要经历交流断路器合闸充电、启动电阻退出、换流阀解锁等阶段，时间较长，一般需要数分钟甚至几十分钟。

2. 桥臂交替导通多电平换流器

桥臂交替导通多电平换流器（Alternate-Arm Multilevel Converter，AAMC），主要由 IGBT 串联组成的导通开关和全桥功率模块级联而成的整形电路两部分构成。根据整形电路和导通开关的具体布置形式不同，AAMC 又可分为两种不同的形式。

第一种形式（AAMC-1）如图 2.9 所示，全桥功率模块和串联 IGBT 共同构成一个桥臂；稳态运行时导通开关循环交替导通或关断各个桥臂，通过投入或切除整形电路中的级联功率模块，使输出交流电压波形逼近所期望的正弦参考波。当直流侧发生故障时，换流器可通过产生与交流侧电压方向相反的电压以限制故障电流。

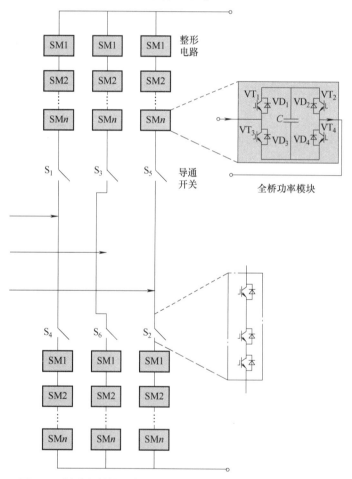

图 2.9　桥臂交替导通多电平换流器的第一种形式（AAMC-1）

第二种形式（AAMC-2）如图 2.10 所示。与 AAMC-1 类似，稳态运行时 AAMC-2 导通开关循环交替导通或关断各个桥臂，通过投入或切除整形电路中的全桥功率模块，使输出交流电压波形逼近所期望的正弦参考波。当所有导通开关均导通时，换流器将重构为星形联结的

STATCOM，可在直流故障期间向交流系统提供无功功率支持。关断导通开关和级联模块内所有 IGBT 可以实现换流器闭锁过程。因此 AAMC-2 具有三种工作模式，即正常运行模式、STATCOM 模式和直流闭锁模式。

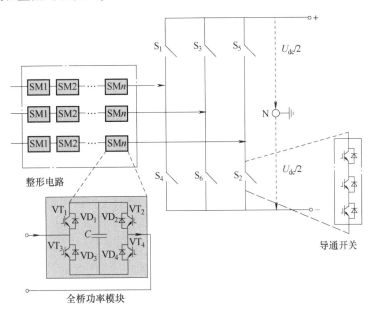

图 2.10　桥臂交替导通多电平换流器的第二种形式（AAMC-2）

AAMC 仅有整形电路具备模块化设计的特点。为了耐受直流电压，导通开关需要多个 IGBT 器件串联，需要解决 IGBT 间的均压难题。此外，为了实现整形电路功率模块电容的稳定控制，导通开关和整形电路需要相互协调配合运行，控制策略较为复杂。

3. 全桥型模块化多电平换流器

全桥型 MMC 的拓扑结构如图 2.11 所示。与半桥型功率模块相比，其最大的优势在于运行更加灵活，可输出负电平。全桥型 MMC 的直流电压调节范围更广，能够实现直流电压在负的额定值和正的额定值之间连续平滑升降，可满足远距离直流输电 70%、80% 甚至更低降电压运行以及直流故障后的快速降电压重启需求。

在闭锁状态下，全桥型 MMC 的等效电路如图 2.12 所示。以 A、C 相为例，此时无论在正向桥臂电流还是反向桥臂方向下，施加在二极管 $VD_1 \sim VD_4$ 阳阴极两端的电压为

$$\Delta U_{\text{diode}} = U_{\text{ac\_peak}} - 2U_C$$

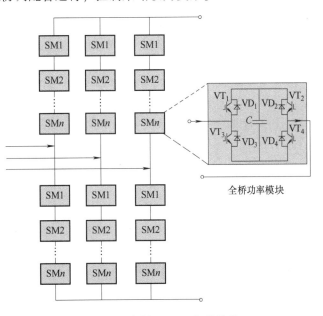

图 2.11　全桥型 MMC 拓扑结构

式中，U_{ac_peak} 为交流线电压的峰值；U_C 为全桥型 MMC 每个桥臂所有功率模块的电容电压总和。在换流站主回路参数设计阶段，一般满足 U_{ac_peak} 小于 $0.866U_C$，因此二极管 VD_2 和 VD_3 会由于承受反电压而截止。正是由于这种特性，全桥型 MMC 具备直流故障自清除能力。

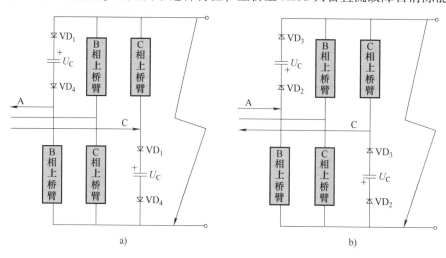

图 2.12　闭锁状态下全桥型 MMC 的等效电路

a）正向桥臂电流下的等效电路　b）负向桥臂电流下的等效电路

全桥型 MMC 利用自身的闭锁特性，在闭锁状态下提供与交流电源电压极性相反的反电动势，促进直流故障电流的快速衰减。整个过程不需要跳开交流断路器，没有机械开关操作，因此故障清除速度较快。在直流系统重启阶段，重新解锁换流器，逐步建立直流电压，该过程也无须机械开关操作，因此可以实现快速重启。

需要说明的是，由于全桥型 MMC 的直流电压能够在负的额定值和正的额定值之间连续平滑升降，因此全桥型 MMC 在保证其交流侧输出电压能力的前提下，换流器直流侧的电压输出特性基本可以做到和 LCC 换流器一致，实现柔性直流无闭锁的直流故障清除和再启动。

4. 类全桥型模块化多电平换流器

类全桥型 MMC 遵循了 MMC 的拓扑结构特点，其区别仅仅是功率模块的拓扑结构有所改变。类全桥型 MMC 功率模块的拓扑结构如图 2.13 所示。与全桥功率模块相比，类全桥功率模块需要的 IGBT 数量少了 1 个，这带来成本上的优势。但是，由于配置上少了一个 IGBT，类全桥型 MMC 无法输出负电平，因此其直流电压调节能力与半桥型 MMC 一致。在闭锁模式下，类全桥功率模块与全桥功率模块等效电路一致，具有相同的故障清除能力。

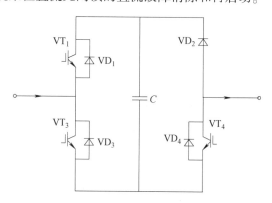

图 2.13　类全桥型 MMC 功率模块拓扑结构

需要说明的是，类全桥型 MMC 必须利用自身的闭锁特性，在闭锁状态下提供与交流电源电压极性相反的反电动势，才能实现直流故障电流的快速衰减。在直流系统重启阶段，需要重新解锁换流器，然后逐步建立直流电压。

5. 箝位双子模块型模块化多电平换流器

箝位双子模块型 MMC 也遵循了 MMC 的拓扑结构，其区别仅仅是功率模块的拓扑结构不同。箝位双子模块型 MMC 的功率模块拓扑结构如图 2.14 所示。在正常工作模式下，VT_5处于恒导通模式，此时箝位双子模块具有与半桥功率模块相同的工作特性，只是其输出是 3个电平：0、$+U_C$、$+2U_C$。

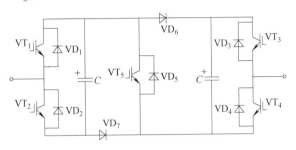

图 2.14　箝位双子模块型 MMC 的功率模块拓扑结构

图 2.15 所示为箝位双子模块的闭锁模式。与全桥功率模块一样，在换流器闭锁模式下，无论故障电流方向如何，其对于闭锁后的模块电容而言都处于充电状态。但是与全桥不同的是，正向桥臂电流下换流器提供的反电动势是负向桥臂电流时的一半，这使得箝位双子模块型 MMC 的故障清除速度略慢于全桥型 MMC。

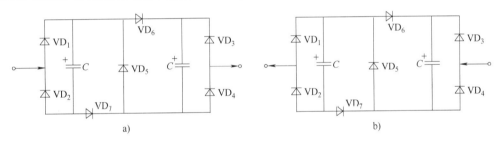

图 2.15　箝位双子模块闭锁模式等效电路

a）正向桥臂电流下的等效电路　b）负向桥臂电流下的等效电路

在闭锁状态下，箝位双子模块型 MMC 的等效电路如图 2.16 所示。以 A、C 相为例，在正向桥臂电流下，施加在二极管 VD_1、VD_4、VD_6 和 VD_7 阳阴极两端的电压为

$$\Delta U_{diode} = U_{ac\_peak} - 2U_C$$

在负向桥臂电流下，施加在二极管 VD_2、VD_3 和 VD_5 阳阴极两端的电压为

$$\Delta U_{diode} = U_{ac\_peak} - 4U_C$$

式中，U_{ac_peak} 为交流线电压的峰值；U_C 为箝位双子模块型 MMC 每个桥臂所有功率模块电容电压总和的一半。在换流站主回路参数设计阶段，一般满足 U_{ac_peak} 小于 $1.732U_C$，因此，无论正向桥臂电流还是反向桥臂电流，二极管 $VD_1 \sim VD_7$ 均会由于承受反电压而截止。正是由于这种特性，箝位双子模块型 MMC 具备直流故障自清除能力。

需要说明的是，箝位双子模块型 MMC 也必须利用自身的闭锁特性，在闭锁状态下提供与交流电源电压极性相反的反电动势，才能实现直流故障电流的快速衰减。在直流系统重启阶段，需要重新解锁换流器，然后逐步建立直流电压。

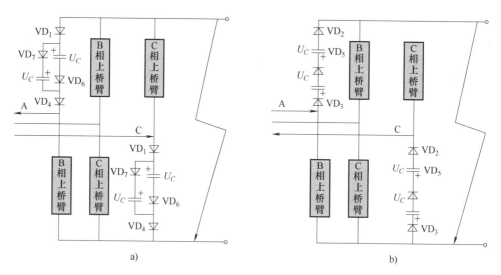

图 2.16 闭锁状态下箝位双子模块型 MMC 的等效电路

a) 正向桥臂电流下的等效电路　b) 负向桥臂电流下的等效电路

6. 半电压箝位型模块化多电平换流器

半电压箝位型 MMC 也遵循了 MMC 的拓扑结构，其功率模块拓扑结构如图 2.17 所示，其中 $C_1 = C_2 = 2C_d$，$U_{C1} = U_{C2} = 0.5U_C$。正常运行时，VT_3 始终开通，VD_4 始终截止。VT_3 和 VD_3 轮流导通，形成桥臂电流通路。在正常运行下，半电压箝位功率模块的工作方式与半桥功率模块基本一致，其输出是两个电平：0 和 $+U_C$。

图 2.18 所示为半电压箝位功率模块的闭锁模式。与全桥功率模块一样，在换流器闭锁模式下，无论故障电流方向如何，其对于闭锁后的模块电容而言都是充电。但是与全桥不同的是，正向桥臂电流下换流器提供的反电动势是负向桥臂电流时的两倍，这使得半电压箝位型 MMC 的故障清除速度略慢于全桥型 MMC。

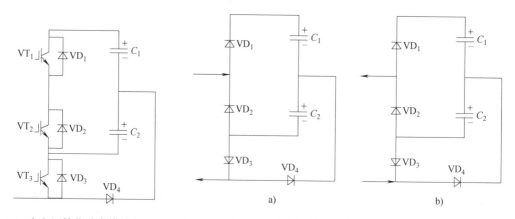

图 2.17　半电压箝位功率模块的拓扑结构

图 2.18　半电压箝位功率模块闭锁模式等效电路

a) 正向桥臂电流下的等效电路　b) 负向桥臂电流下的等效电路

在闭锁状态下，半电压箝位型 MMC 的等效电路如图 2.19 所示。以 A、C 相为例，在正向桥臂电流下，施加在二极管 VD_1 和 VD_3 阳阴极两端的电压为

$$\Delta U_{\mathrm{diode}} = U_{\mathrm{ac\_peak}} - 2U_C$$

在负向桥臂电流下，施加在二极管 VD_2 和 VD_4 阳阴极两端的电压为

$$\Delta U_{\mathrm{diode}} = U_{\mathrm{ac\_peak}} - U_C$$

式中，$U_{\mathrm{ac\_peak}}$ 为交流线电压的峰值；U_C 为半电压箝位型 MMC 每个桥臂所有功率模块电容电压总和。在换流站主回路参数设计阶段，一般满足 $U_{\mathrm{ac\_peak}}$ 小于 $0.866U_C$，因此，无论正向桥臂电流还是反向桥臂电流，二极管 $VD_1 \sim VD_4$ 均会由于承受反电压而截止。正是由于这种特性，半电压箝位型 MMC 具备直流故障自清除能力。

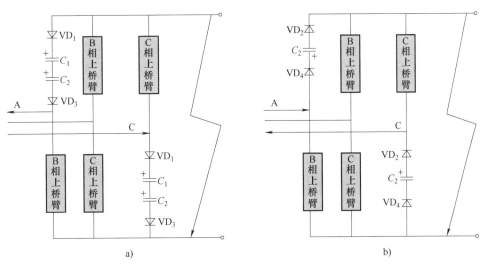

图 2.19　闭锁状态下半电压箝位型 MMC 的等效电路
a）正向桥臂电流下的等效电路　b）负向桥臂电流下的等效电路

需要说明的是，半电压箝位型 MMC 也必须利用自身的闭锁特性，在闭锁状态下提供与交流电源电压极性相反的反电动势，才能实现直流故障电流的快速衰减。在直流系统重启阶段，需要重新解锁换流器，然后逐步建立直流电压。

在正常运行过程中，由于电容 C_1 和 C_2 串联运行，因此半电压箝位型 MMC 需要辅助均压回路来实现功率模块内部 C_1 和 C_2 的电压平衡控制。这可以通过简单的电阻均压硬件电路来保证电压均衡，无须设计电压均衡控制策略。

7. 混合型模块化多电平换流器

混合型 MMC 也遵循了 MMC 的拓扑结构，其每一个桥臂的功率模块都由一部分半桥功率模块和一部分全桥功率模块混联而成，如图 2.20 所示。

混合型 MMC 的直流故障清除能力、降电压运行能力与全桥功率模块的占比相关，全桥功率模块占比越高，直流故障清除能力越好，降电压运行能力越强。

全桥功率模块的占比设计需要考虑以下约束条件：为满足换流器实现直流线路故障自清除，全桥功率模块占比不低于 λ_1；在换流器直流电压平滑调节过程中，半桥和全桥功率模块能够实现均压，换流器可以保持稳定运行，此时全桥功率模块占比不低于 λ_2。全桥功率模块的占比最终应该取 λ_1 和 λ_2 较大值。λ_1 和 λ_2 可通过以下依据近似计算（m_N 为换流器额定调制比，m_{dc} 为降电压运行值）：

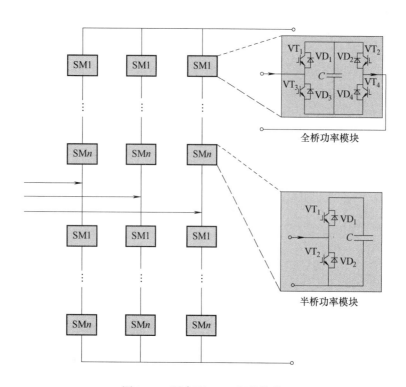

图 2.20　混合型 MMC 拓扑结构

$$\begin{cases} \lambda_1 = \dfrac{\sqrt{3}\,m_N(1+m_N)}{8} \\[3mm] \lambda_2 = \begin{cases} \dfrac{m_N - m_{dc}}{1+m_N} & (m_{dc} > 0.5m_N) \\[3mm] \dfrac{m_N + m_{dc}}{1+m_N} & (m_{dc} \le 0.5m_N) \end{cases} \end{cases}$$

　　根据上述依据，满足直流故障自清除条件的全桥功率模块最低占比与额定调制比正相关，m_N 越大，所需全桥比例越高；在换流器特定的降电压运行工况下，m_N 越大，所需全桥比例越高。在换流站主参数设计阶段，为了实现直流电压的最大化利用，降低换流器输出电压和电流的谐波含量，需要将换流器的额定调制比设计在较高水平，一般为 0.85 ~ 1。对于混合型 MMC 或者全桥型 MMC，由于全桥功率模块的负电平输出能力，额定调制比还可以更高，实现过调制运行。假设额定调制比等于 1，则根据上述依据，满足直流故障自清除条件的全桥功率模块最低占比的理论值为 43.3%，考虑 8% 的冗余设计需求，建议全桥功率模块的最终占比不低于 49%。

　　对于单个阀组的在线投退、50% 甚至更低的降电压运行等技术需求，全桥功率模块占比应满足 λ_2 取值。假设额定调制比等于 1，则根据上述依据，为了满足半桥和全桥功率模块的均压控制，全桥功率模块占比 λ_2 的理论值不应该低于 75%。考虑系统电压波动、冗余设计等需求，建议全桥功率模块的最终占比不低于 80%。

需要说明的是，混合型 MMC 的拓扑结构是非对称的。在不控启动阶段的预充电过程中，半桥功率模块的充电时间是全桥功率模块的一半，其充电后的电压值仅能达到全桥功率模块的一半，因此半桥功率模块的取能电源的最小直流电压要求应该在设计时予以充分考虑。此外，在单阀组在线投入的工况下，混合型 MMC 换流阀直流侧的隔离开关不能全部闭合。因为全部闭合会造成混合型 MMC 直流短路，导致半桥功率模块无法顺利预充电。

此外，半桥功率模块和全桥功率模块在实际工作中的损耗是不一样的，功率器件的电流应力有所差异，其开关频率也有所不同，因此其水冷回路应该差异化设计，以控制 IGBT 结温在相同水平。

在运行维护方面，建议半桥和全桥功率模块物理位置固定，备品备件各自按照相同比例配置，按相同类型更换。

8. 二极管阻断型模块化多电平换流器

二极管阻断型 MMC 与半桥型 MMC 的主要区别在于直流母线增加一组二极管阀，如图 2.21 所示。在正常运行时，其运行特性与半桥型 MMC 完全一致。在发生直流故障时，由于二极管的单相导通性，该方案可以实现直流故障的清除，但是其直流功率只能单向传输。在换流阀技术要求方面，该方案与半桥型 MMC 一致。

9. 直流断路器

采用直流断路器阻隔直流故障电流是近年来逐步发展起来的技术路线，其核心问题是高压直流断路器装备。国内外有多家单位正在研究和开发机械式、混合式高压直流断路器。ABB 公司于 2011 年提出了一种混合式高压直流短路器的设计方案，目标电压为 320kV，目

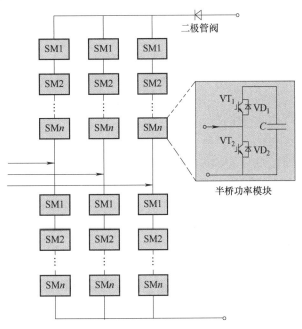

图 2.21　二极管阻断型 MMC 的拓扑结构

标电流为 2kA，开断电流时间为 5ms，并造出了一台 80kV 的样机。国内目前已研制出能在 3ms 内开断电流为 25kA、电压为 535kV 的混合式直流断路器样机，以及在 3ms 内开断电流为 25kA、电压为 535kV 的机械式直流断路器。在高压直流输电工程中，直流断流器的拓扑结构、电压等级、开断能力等技术参数还有待进一步提高。

2.3.2　不同拓扑结构的技术特性对比

根据 2.3.1 节论述，技术可行的能够应用于乌东德工程的柔性直流换流器拓扑结构主要有半桥型 MMC、全桥型 MMC、类全桥型 MMC、箝位双子模块型 MMC、半电压箝位型 MMC、混合型 MMC 和二极管阻断型 MMC。表 2.4 所示为不同拓扑结构的技术特性对比。

表 2.4　不同拓扑结构技术特性对比

拓 扑 类 型	直流线路故障自清除能力	快速降电压重启动能力	稳态降电压运行能力
半桥型 MMC	不具备	不具备	
二极管阻断型 MMC	具备	不具备	
类全桥型 MMC	具备	不具备	需与变压器分接头调节配合，降电压运行范围较小
箝位双子模块型 MMC	具备	不具备	
半电压箝位型 MMC	具备	不具备	
全桥型 MMC	具备	具备	直流电压可在 0～1p.u. 间连续调节
混合型 MMC（全桥80%）	具备	具备	

在直流线路故障自清除能力方面，除了半桥型 MMC 之外，其余拓扑结构均能够阻断交流系统和直流故障点的电流通路，起到自清除直流故障的作用，可以满足乌东德工程远距离架空线送电的要求。

在快速降电压重启动、降电压运行方面，由于半桥功率模块不具备输出负向电压的能力，二极管阻断型 MMC、类全桥型 MMC、箝位双子模块型 MMC 和半电压箝位型 MMC 的电压调节范围较小，换流站不具备单阀组在线投退能力。在广东或者广西侧功率反送云南侧的工况下，由于直流电压需要反转极性，而换流器本身不具备此功能，因此直流侧需要安装对应的倒接线开关。

对于全桥型 MMC 来说，其直流电压可以在 -1.0p.u.～1.0p.u. 之间连续可调，换流器可以满足单阀组在线投退的功能需求。在广东或者广西侧功率反送云南侧的工况下，由于换流器本身具备反转直流电压极性的功能，因此直流侧不需要安装对应的倒接线开关。

对于混合型 MMC 来说，其直流电压可以在 0～1.0p.u. 之间连续可调，换流器可以满足单阀组在线投退的功能需求。此外，混合型 MMC 具备一定的直流电压反转能力。在广东或者广西侧功率反送云南侧的工况下，直流额定电压与所采取方法有关：

1）如果在直流侧增加对应的倒接线开关，则可以实现全电压功率反送。

2）如果凭借换流器本身反转直流电压极性的能力，功率反送时直流电压的额定值与全桥功率模块的占比相关，具体如下：

50% 比例时，无法实现；

60% 比例时，-0.14p.u.；

70% 比例时，-0.35p.u.；

80% 比例时，-0.57p.u.；

90% 比例时，-0.78p.u.；

100% 比例时，-1.0p.u.。

2.3.3　不同拓扑结构的经济性对比

1. 成本投资

对于一个特定的设计案例来说，不同拓扑结构的成本投资差异主要体现在换流阀上。功率模块是换流阀的基本单元，它的形式决定了换流阀的成本。而在一个功率模块中，IGBT

器件及其驱动、二极管、直流电容器则占据主要成本。因此，对大型柔直输电工程而言，不同拓扑结构的成本差异主要体现在所需要的 IGBT 及其驱动、二极管的数量上。

需要说明的是，对于半电压箝位型 MMC 来说，IGBT VT_3 通流需求与 VT_1 和 VT_2 一致，但是其耐压需求仅为 VT_1 和 VT_2 的一半。当 VT_1 和 VT_2 选择 4500V 的 IGBT 时，VT_3 需选取 3300V 的 IGBT；当 VT_1 和 VT_2 选择 3300V 的 IGBT 时，VT_3 需选取 1700V 的 IGBT。在乌东德工程实例中，半电压箝位型 MMC 的 VT_1 和 VT_2 需要选用 4500V/3000A 的 IGBT，目前世界上 ABB 公司、东芝公司、Westcode 公司均有成熟产品；VT_3 选用 3300V/3000A 的 IGBT 即可，但是世界范围内还未有成熟产品可供选择，因此 VT_3 在现阶段的具体实施中还需要选取 4500V/3000A 的 IGBT。如此一来，其成本将和类全桥型 MMC 一致。

表 2.5 所示为不同拓扑结构所需功率器件数量对比。以换流器的一个桥臂为单位进行对比，假设一个桥臂的输出电平数为 0 ~ 100。

表 2.5　不同拓扑结构所需功率器件数量对比

拓扑方案对比项	模块数/个	IGBT 及驱动数量/个	二极管/个	额外设备
半桥型 MMC	100	200	200	无
二极管阻断型 MMC	100	200	200	阻断二极管阀
类全桥型 MMC	100	300	400	无
箝位双子模块型 MMC	50	250	350	无
半电压箝位型 MMC	100	300	400	无
全桥型 MMC	100	400	400	无
混合型 MMC（全桥 80%）	100	380	380	无

根据表 2.5，不同柔性直流拓扑结构的成本投资由低到高的顺序为半桥型 MMC、二极管阻断型 MMC、箝位双子模块型 MMC、半电压箝位型 MMC、类全桥型 MMC、混合型 MMC（全桥 80%）和全桥型 MMC。

2. 损耗水平

柔性直流换流阀的损耗主要分为导通损耗和开关损耗。导通损耗主要与 IGBT 的通流水平正相关；开关损耗主要与 IGBT 的开关频率密切相关，开关频率越高，开关损耗越高。MMC 可以工作在较低开关频率下，一般为 100 ~ 300Hz。根据本节的分析，从技术上讲，混合型 MMC 和全桥型 MMC 的运行更加灵活，技术特性更符合乌东德工程应用需求。

2.3.4　结论

1）在直流线路故障清除方面，除半桥型 MMC 外，其余拓扑结构均满足乌东德工程架空线输电的要求。由于全桥型 MMC 在正向、反向电流方向下均能提供最大的反电动势支撑，因此其直流线路故障清除速度最快。

2）为提高系统运行灵活性，与送端 LCC 降电压运行、快速降电压重启、阀组投退功能等相互匹配，可以采用全桥型 MMC、混合型 MMC（全桥占比 80% 以上）。

3）综合考虑技术经济性，推荐乌东德工程优先采用混合型 MMC，全桥功率模块占比不低于 80%；其次为全桥型 MMC。

2.4 柔直系统运行方式

2.4.1 可实现的运行方式及转换

根据以上章节的论述，乌东德工程输送容量大，可靠性要求高，适宜采用双极接线方式。根据柔性直流阀组接线方案的不同，乌东德工程能够实现的运行方式有所差异。

当柔性直流采用高低阀组接线方案时，乌东德工程至少可以实现以下运行方式的要求：

1）云南—广东—广西三端双极（BP）运行方式（全电压、半电压、一极全电压一极半电压）。

2）云南—广东—广西三端单极金属回线（MR）方式（全电压、半电压）。

3）云南—广东—广西三端单极大地回线（GR）方式（全电压、半电压）。

4）云南—广东两端双极运行方式（全电压、半电压、一极全电压一极半电压）。

5）云南—广东两端单极金属回线方式（全电压、半电压）。

6）云南—广东两端单极大地回线方式（全电压、半电压）。

7）云南—广西两端双极运行方式（全电压、半电压、一极全电压一极半电压）。

8）云南—广西两端单极金属回线方式（全电压、半电压）。

9）云南—广西两端单极大地回线方式（全电压、半电压）。

10）广西—广东两端双极运行方式（全电压、半电压、一极全电压一极半电压）。

11）广西—广东两端单极金属回线方式（全电压、半电压）。

12）广西—广东两端单极大地回线方式（全电压、半电压）。

13）云南双极-广东双极-广西单极运行方式。

14）云南双极-广东单极-广西双极运行方式。

15）云南双极-广东单极-广西单极运行方式。

16）受端柔性直流 STATCOM 运行方式。

在高低阀组接线方案下，特高压混合三端直流的降电压运行方式与柔性直流的拓扑结构相关。如果柔性直流采取半桥型 MMC、二极管阻断型 MMC、箝位双子模块型 MMC、半电压箝位型 MMC 和类全桥型 MMC 拓扑结构，则其降电压运行一般需要变压器分接头调节来配合，且降电压运行范围较小，无法实现80%、70%降电压运行。如果柔性直流采取混合型 MMC（全桥80%）、全桥型 MMC，则特高压混合三端直流可以具备80%、70%降电压运行方式。

当柔性直流采用单阀组接线方案时，乌东德工程至少可以实现以下运行方式的要求：

1）云南—广东—广西三端双极运行方式（全电压）。

2）云南—广东—广西三端单极金属回线方式（全电压）。

3）云南—广东—广西三端单极大地回线方式（全电压）。

4）云南—广东两端双极运行方式（全电压）。

5）云南—广东两端单极金属回线方式（全电压）。

6）云南—广东两端单极大地回线方式（全电压）。

7）云南—广西两端双极运行方式（全电压）。

8）云南—广西两端单极金属回线方式（全电压）。

9）云南—广西两端单极大地回线方式（全电压）。

10）广东—广西两端双极运行方式（全电压）。

11）广东—广西两端单极金属回线方式（全电压）。

12）广东—广西两端单极大地回线方式（全电压）。

13）云南双极-广东双极-广西单极运行方式。

14）云南双极-广东单极-广西双极运行方式。

15）云南双极-广东单极-广西单极运行方式。

16）受端柔性直流 STATCOM 运行方式。

在单阀组接线方案下，特高压混合三端直流的降电压运行方式与柔性直流的拓扑结构相关。如果柔性直流采取半桥型 MMC、二极管阻断型 MMC、箝位双子模块型 MMC、半电压箝位型 MMC 和类全桥型 MMC 拓扑结构，则特高压混合三端直流无法实现 80%、70%、50% 降电压运行，不具备 80%、70% 降电压运行方式和半电压运行方式。如果柔性直流采取混合型 MMC（全桥 80%）、全桥型 MMC，则特高压混合三端直流可以具备 80%、70% 降电压运行方式和相应的半电压运行方式。

以高低阀组为例，图 2.22 ~ 图 2.33 所示为典型运行方式的接线图。

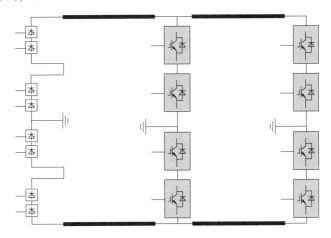

图 2.22　双极运行方式示意图（全电压）

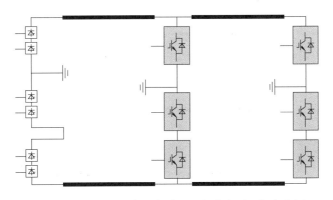

图 2.23　双极运行方式示意图（一极全电压一极半电压）

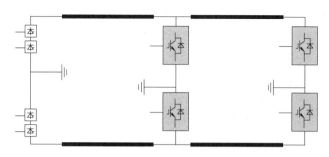

图 2.24 双极运行方式示意图 (半电压)

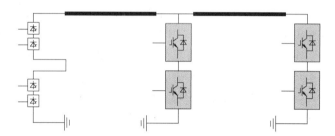

图 2.25 单极大地回线运行方式示意图 (全电压)

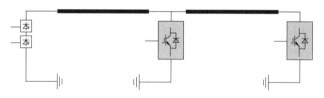

图 2.26 单极大地回线运行方式示意图 (半电压)

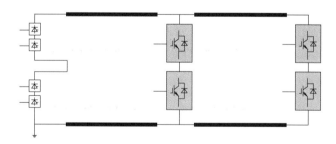

图 2.27 单极金属回线运行方式示意图 (全电压)

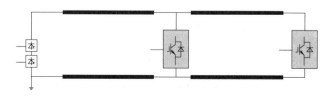

图 2.28 单极金属回线运行方式示意图 (半电压)

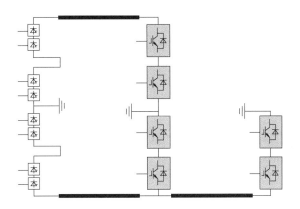

图 2.29　双/单极混合 1（云南/广西双极-广东单极，全电压）

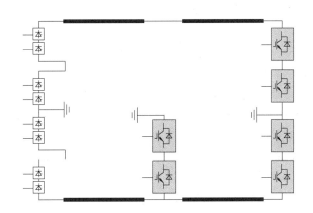

图 2.30　双/单极混合 2（云南/广东双极-广西单极，全电压）

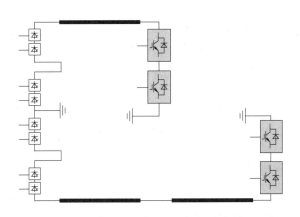

图 2.31　双/单极混合 3（云南双极-广西/广东单极，全电压）

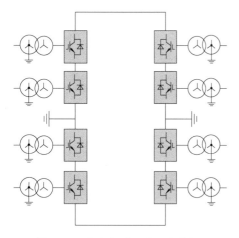

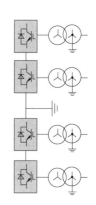

图 2.32 广东广西互送（全电压）　　图 2.33 STATCOM 运行模式

2.4.2 柔性直流拓扑和阀组接线对运行方式的影响

受端广东侧和广西侧换流站采取单阀组方案时，直流系统的阀组投退仅涉及送端换流站。当送端换流站单阀组投退时，受端柔性直流换流站可以采取 50% 降电压运行来配合送端运行方式的改变。但是，柔性直流的降电压运行能力与换流阀拓扑结构密切相关，不同拓扑结构的直流电压运行范围是不同的。

如本章所述，如果柔性直流采取半桥型 MMC、二极管阻断型 MMC、箝位双子模块型 MMC、半电压箝位型 MMC 和类全桥型 MMC 拓扑结构，则这几种拓扑结构无法实现 50% 降电压运行，以及无法配合送端换流站实现半电压运行。如果柔性直流采取混合型 MMC（全桥 80%）、全桥型 MMC，则柔性直流可以配合送端换流站实现阀组在线投退功能。

受端广东侧和广西侧换流站采取高低阀组方案时，送、受端换流站在接线形式上相互匹配，三端直流系统可以实现阀组的投退功能，且受端柔性直流换流站不需要 50% 降电压运行。但是，阀组投入和退出的实现过程与换流阀拓扑结构密切相关，不同拓扑结构所采取的方法是不同的。

如果柔性直流采取半桥型 MMC、二极管阻断型 MMC、箝位双子模块型 MMC、半电压箝位型 MMC 和类全桥型 MMC 拓扑结构，则换流阀无法实现"零直流电压"运行工况。当柔性直流的某一个阀组需要投入时，该极的另一个阀组需要停运，然后两个阀组再同步启动；当柔性直流的某一个阀组需要退出时，该阀组需要闭锁，然后跳开交流断路器，合闸旁路开关，这会造成所在极功率的短时中断。

如果柔性直流采取混合型 MMC（全桥 80%）、全桥型 MMC，则换流阀能够实现"零直流电压"运行工况。此时柔性直流可以实现阀组在线投退功能。

2.4.3 第三端在线投入与退出方法

参考现有多端直流输电工程的运行经验，第三端在线投入与退出基本有两种处理方法。第一种方法是直流侧通过普通隔离开关将换流站隔离出多端系统。该方法的特点是换流站的退出和投入需要较长的时间，多端系统在换流站投入或退出过程中需要中断直流功率。以南澳多端柔性直流输电工程为例，其示意图如图 2.34 所示。当三端换流站的某一个换流站因为故障或者检修需要退出运行时，首先需要停运三端直流系统，然后将需要退出的换流站直流侧隔离开关打开，将三端系统的运行方式切换为两端系统，最后重启剩余系统；当三端换流站的某一个换流站因为检修完成需要并入运行时，首先需要停运已经运行的两端直流系统，然后将检修完成的换流站直流侧隔离开关闭合，将两端系统的运行方式切换为三端系统，最后重启三端系统。

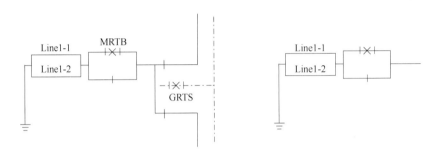

图 2.34　南澳多端直流输电工程接线示意图

对于乌东德工程而言，以广西站极 1 故障为例，如采用传统隔离开关，则广西站极 1 的退出策略如下：三端系统极 1 闭锁、退出广西侧换流站极 1，云南—广东两端极 1 恢复运行，极 2 健全极保持运行。广西站极 1 的投入策略如下：三端系统极 1 闭锁、投入广西侧换流站极 1，三端极 1 恢复运行，极 2 健全极保持运行。

第二种方法是直流侧通过直流高速并联开关实现换流站的投入与退出。该方法的特点是换流站的投入与退出时间快，并且在换流站投入或退出过程中对剩余直流系统的功率输送影响较小，不会导致剩余直流系统功率中断。高速并联开关是一种改进的交流断路器，不能开断直流电流，需要在零电流条件下操作。

以印度 NEA800 多端直流工程为例，其示意图如图 2.35 所示。当多端换流站的某一个换流站因为故障或者检修需要退出运行时，首先闭锁需要退出的换流站，然后断开该换流站直流高速并联开关（HSS）即可；当某一个换流站因为检修完成需要并入运行时，首先将该换流站的直流电压启动上升至与直流线路电压接近，然后闭合直流高速并联开关（HSS）。

对于乌东德工程而言，以广西侧换流站极 1 需要投入为例，如采用直流高速并联开关，则广西侧极 1 的退出策略如下：广西侧极 1 闭锁、断开广西侧极 1 直流侧的 HSS，直流系统切换为云南—广东两端运行，广西侧极 1 退出期间云南—广东两端极 1 保持运行，极 2 健全极保持运行。广西侧极 1 的投入策略如下：启动广西侧极 1，当广西侧极 1 的直流电压与直流线路电压接近时，闭合广西侧极 1 直流侧的 HSS，直流系统恢复为三端运行，广西侧极 1投入期间云南—广东两端极 1 保持运行，极 2 健全极保持运行。

乌东德工程为多端直流输电系统，为了满足故障隔离、运行方式切换的需求，考虑在广西侧换流站内装设直流汇流母线，同时在受端广东侧、广西侧配合相应的直流高速并联开关，以实现换流站的在线投入与退出。

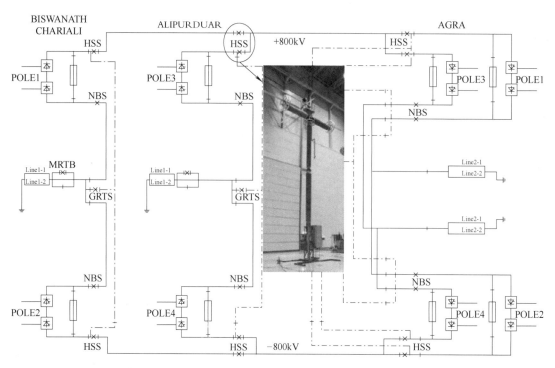

图 2.35　印度 NEA800 直流输电工程接线示意图（照片为高速并联开关实物图）

2.4.4　功率反送方法

在现有接线方式下，特高压混合多端直流输电系统的功率反送能力与柔性直流换流阀的拓扑结构密切相关。

1）如果柔性直流采取半桥型 MMC、二极管阻断型 MMC、箝位双子模块型 MMC、半电压箝位型 MMC 和类全桥型 MMC 拓扑结构。由于柔性直流换流阀不具备电压极性反转的能力，功率反送时需要在送端或者受端直流极母线上安装倒接线开关，将送、受端换流阀的极性匹配起来，如图 2.36 所示。

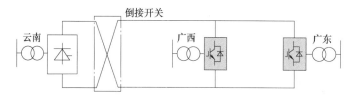

图 2.36　功率反送方法（在云南侧增设倒接开关）

2）如果柔性直流采取混合型 MMC（全桥 80%）拓扑结构。此时柔性直流换流阀具备一定电压极性反转的能力，功率反送时可以有两种方法。一种是在送端或者受端直流极母线上安装倒接线开关，将送、受端换流阀的极性匹配起来，这样可以实现全电压功率反送，接线示意图如图 2.36 所示；另一种是利用换流器本身具备的电压极性反转能力，将送、受端换流阀的极性匹配起来，接线示意图如图 2.37 所示，根据计算，此时三端系统在理论上能够实现的反极性电压幅值为 0.5p. u. ~0.6p. u.。

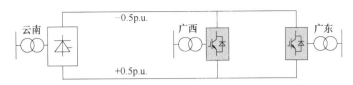

图 2.37　混合型 MMC 功率反送方法（利用换流器本身的电压极性反转能力）

3）如果柔性直流采取全桥 MMC 拓扑结构。此时柔性直流换流阀具备全电压极性反转的能力，功率反送时利用换流器本身具备的电压极性反转能力，即可将送、受端换流阀的极性匹配起来，接线示意图如图 2.38 所示。

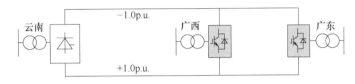

图 2.38　全桥型 MMC 功率反送方法（利用换流器本身的电压极性反转能力）

2.4.5　结论

特高压混合多端直流系统具备的运行方式与柔性直流阀组接线和拓扑结构相关。根据特高压混合多端直流阀组接线和拓扑结构研究，柔性直流换流站采用高低阀组串联方案、拓扑结构采取全桥和半桥混合结构（全桥模块比例暂按 80% 设计），能够满足直流线路故障自清除的要求，运行方式也更加灵活、系统能量可用率更高。在上述阀组接线、拓扑结构条件下，柔直工程具备多种运行方式能力。

在不增加工程设备投资的前提下，不建议采用全电压功率反送运行方式，可以考虑具备 50% 降电压功率反送运行方式。

2.5　启动回路

2.5.1　启动回路简介

柔性直流输电系统在启动时由交流系统通过换流器中的二极管向直流侧电容进行充电。由于 MMC 换流器中电容量较大，当交流侧断路器合闸时相当于向一个容性回路送电过程，在各个电容器上可能会产生较大的冲击电流及冲击电压。

因此，在柔性直流输电系统的启动过程中，需要加装一个缓冲电路。通常考虑在开关上并联一个启动电阻，这个电阻可以降低电容的充电电流，减小柔性直流系统上电时对交流系统造成的扰动和对换流器阀上二极管的应力。当系统启动时，先通过启动电阻充电，直流充电结束后，再启动电阻旁路。

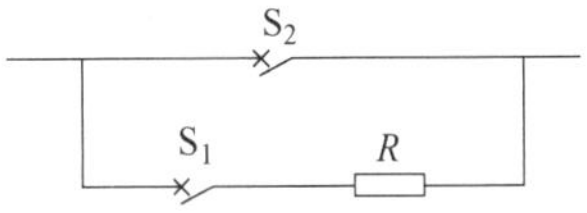

典型的电路示意图如图 2.39 所示。当系统启动时，在 t_1 时刻先合上开关 S_1，经过一定的延迟时间到达 t_2 后，再合上开关 S_2，此时电阻被旁路，开关 S_1 也随之断开，直流充电过程结束。

图 2.39　带启动电阻的典型启动回路

本节主要结合换流阀的特性，提出合适的启动电阻技术要求、旁路开关的选型及技术要求，以及启动策略要求等。涉及对启动回路的接线及主要参数进行设计计算，具体如下：

1）不控整流启动特性。提出不同换流器拓扑结构下的柔直系统不控整流启动特性。

2）启动电阻选型。根据不控整流启动期间启动回路的电气量特征，提出启动电阻阻值及能量等要求。

3）旁路开关选型。提出与启动电阻并联的旁路开关参数选型。

4）对启动策略的建议与要求。

2.5.2 计算条件

下列计算以乌东德工程为例。

1. 系统参数

换流站交、直流系统参数见表 2.6、表 2.7。

表 2.6　交流系统参数

参 数 指 标	柳北换流站	龙门换流站
正常运行电压/kV	525	525
正常连续运行电压范围/kV	500~550	500~550
额定频率/Hz	50	50
最大三相短路电流/kA	63	63
计算最大三相短路电流/kA	35.6	46.1（同步）
计算最小三相短路电流/kA	25.6	26.9（同步）、13.7（异步）

表 2.7　直流系统参数

参 数 指 标	柳北换流站	龙门换流站
额定功率（整流侧直流母线处）P_N/MW	3000	5000
额定直流电压 U_{dN}/kV	±800（极对地）	±800（极对地）
额定直流电流 I_{dN}/A	1875	3125

2. 柔直变压器

高、低压阀组柔直变压器均采用 YNy 联结，参数见表 2.8。空载损耗和负载损耗为假定值，后续应基于柔直变压器实际设备参数进行校核。

表 2.8　变压器参数

参 数 指 标	柳北换流站	龙门换流站
容量/MV·A	480	290
短路阻抗/p.u.	0.18	0.16
网侧绕组额定（线）电压/kV	525	525
阀侧绕组额定（线）电压/kV	244	220
空载损耗/p.u.	0.001	0.001
负载损耗/p.u.	0.002	0.002

3. 换流阀

柳北和龙门换流站换流阀采用部分全桥和部分半桥的混合结构，换流器与本章计算相关的参数见表 2.9。其中，换流阀放电电阻和高位取能电源功率为假定值，后续应基于换流阀实际设备参数进行校核。按最严苛的情况考虑，仿真中桥臂等效电容值和放电电阻值不考虑冗余数，高位取能电源桥臂等效电阻考虑冗余数。

表 2.9　换流阀元件参数

参 数 指 标	柳北换流站	龙门换流站
单桥臂功率模块数（含冗余/不含冗余）/个	216/200	216/200
每桥臂全桥功率模块数量（含冗余/不含冗余）/个	176/160	176/160
每桥臂半桥功率模块数量/个	40	40
电容（单模块/全桥桥臂/半桥桥臂）/mF	18/0.1125/0.45	12/0.075/0.3
放电电阻（单模块/全桥桥臂/半桥桥臂）/MΩ	0.03/4.8/1.2	0.03/4.8/1.2
不控整流时高位取能电源单模块功率/W	50	50
不控整流时高位取能电源等效电阻（全桥桥臂/半桥桥臂）/MΩ 　本侧交流电源充电 　对侧交流电源充电	 2.9/0.2 无	 2.9/0.2 无
不控整流时总等效电阻（全桥桥臂/半桥桥臂）/MΩ 　本侧交流电源充电 　对侧交流电源充电	 1.8/0.17 4.8/1.2	 1.8/0.17 4.8/1.2
阀控全半桥充电时桥臂总等效电阻/MΩ 　本侧交流电源充电 　对侧交流电源充电	 2.38 2	 2.38 2

4. 电抗器

柳北和龙门换流站桥臂电抗器均取值 75mH。

柳北换流站直流极线电抗器为 100mH，中性线电抗器为 200mH。

龙门换流站直流极线电抗器为 75mH，中性线电抗器为 75mH。

5. 预充电方式

换流阀功率模块电容预充电方式：充电时闭锁所有的 IGBT，所有功率模块电容同时充电，此过程相当于通过不控二极管充电，但电容电压不能在这一过程中达到稳定工作时的电压值，随后需要转入直流电压控制。

子模块电容电压的建立方法有两种：①自励充电模式，利用交流电网对换流站进行不控整流充电；②他励充电模式，利用另一端柔直的直流电压对换流站进行充电。对于采用不同拓扑结构的功率模块，其模块充电电压大小也不相同。

乌东德工程柔直充电方式考虑自励充电模式，预充电时建议断开与对侧柔直站的直流线路开关，不考虑本站充电时对对侧站的自然充电。

2.5.3　换流器拓扑结构对启动特性的影响

1. 半桥拓扑

乌东德工程广东、广西侧为柔性直流换流站，且存在广西—广东双站运行方式，因此以输电系统双侧均为柔性直流换流结构为例进行分析。若采用半桥拓扑结构换流器，交流电源对本侧功率模块充电和对对侧功率模块充电回路示意如图 2.40 所示（乌东德工程采用双极双阀组结构，接线以单极单阀组为例，双极双阀组充电回路原理一致）。

自励充电回路：当 A 相电压瞬时值高于 B 相电压瞬时值时，电源经 A 相上桥臂功率模块下反并联二极管和 B 相上桥臂功率模块上反并联二极管向 B 相并联电容充电。其余各时刻的充电回路可类推。

他励充电回路：直流电压通过功率模块上反并联二极管对上、下桥臂所有模块的并联电容同时充电。

根据零状态响应电路原理，启动充电过程中，电源供给的能量一部分转换成电场能量储存于电容中，一部分被电阻转变为热能消耗掉。不论 RC 串联回路中电阻 R 和电容 C 的数值为多少，在充电过程中，电源提供的能量只有一半转变成电场能量储存于电容中，另一半则被电阻所消耗。

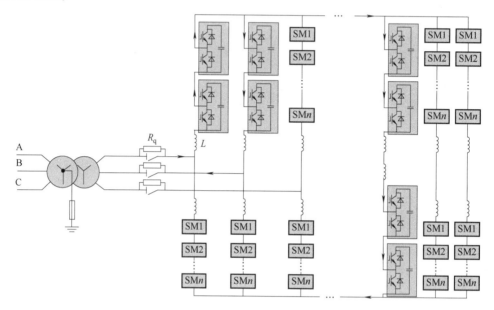

图 2.40 不控整流启动充电回路（半桥拓扑换流器结构）

根据对采用半桥拓扑结构换流器启动回路的分析，得出结论如下：

不控整流本侧电容充电电压 kV（单桥臂）：$U_{c\_b} = \sqrt{2}U_f$。

不控整流对侧电容充电电压 kV（单桥臂）：$U_{c\_d} = 0.5\sqrt{2}U_f$。

不控整流直流极线对地电压 kV：$U_p = \sqrt{2}U_f$。

不控整流直流极线极间电压 kV：$U_{dc} = 2\sqrt{2}U_f$。

考虑仅对本侧换流器充电，单相启动电阻冲击吸收能量（MJ）：$E_n = CU_f^2$。

考虑对本侧和对侧换流器充电，单相启动电阻冲击吸收能量（MJ）：$E_n = 1.25CU_f^2$。

其中，U_f 为采用对称双极结构双阀组换流器的柔直变压器阀侧线电压 kV；C 为对称双极结构双阀组换流器单桥臂等效串联电容（mF），$C = C_0/N$，C_0 为单模块电容值（mF），N 为单桥臂功率模块数。

2. 全桥拓扑

若采用全桥拓扑结构换流器，交流电源对本侧功率模块充电回路示意如图 2.41 所示。考虑到双极双阀组充电回路与单极单阀组一致，此处接线以单极单阀组为例进行说明。

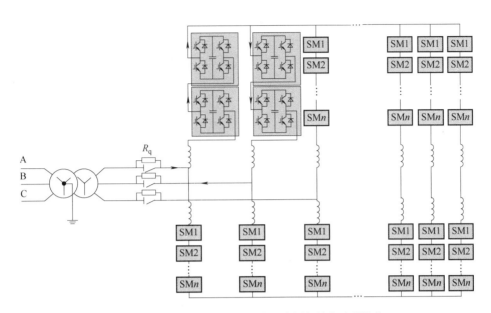

图 2.41 不控整流启动充电回路（全桥拓扑换流器结构）

根据对采用全桥拓扑结构换流器启动回路的分析，得出结论如下：

不控整流电容充电电压（单桥臂）为半桥结构的一半。不控整流直流极线对地电压和极间电压均为零，无法给对侧换流器充电。单极单相启动电阻冲击吸收能量为半桥结构的 1/4。

3. 混合拓扑

若采用混合拓扑结构换流器，交流电源对本侧功率模块充电和对对侧功率模块充电回路示意如图 2.42 所示。

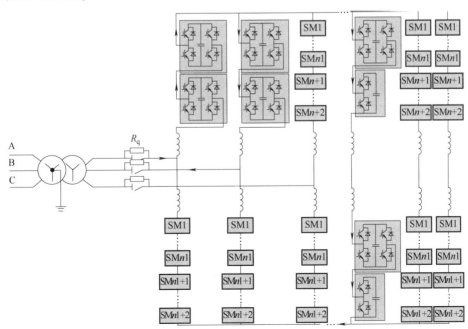

图 2.42 不控整流启动充电回路（混合拓扑换流器结构）

根据对采用混合拓扑结构换流器启动回路的分析，得出结论如下：

对于混合结构，由于不控整流充电阶段全桥电容始终在充电，而半桥电容只有一半的充电时间，因此全桥功率模块电容电压为半桥电容电压的 2 倍。

假设一个桥臂中有 N_1 个全桥功率模块和 N_2 个半桥功率模块。

全桥电容充电电压（单桥臂）：$\sqrt{2}U_f \cdot 2N_1/(4N_1+N_2)$。

半桥电容充电电压（单桥臂）：$\sqrt{2}U_f N_2/(4N_1+N_2)$。

不控整流单阀组端间：$\sqrt{2}U_f N_2/(4N_1+N_2)$。

不控整流双阀组直流极线对地：$2\sqrt{2}U_f N_2/(4N_1+N_2)$。

考虑仅对本侧换流器充电，单相启动电阻冲击吸收能量：$E_n(N_1+N_2)/(4N_1+N_2)$。

考虑对本侧和对侧换流器充电，单相启动电阻冲击吸收能量：$E_n(N_1+N_2)/(4N_1+N_2) + E_n(N_2)^2/2(4N_1+N_2)^2$。

以上均针对理想的不控整流充电回路进行分析。对于混合结构，由于全桥和半桥结构电容电压存在天然差异，且全桥功率模块和半桥功率模块数量也存在差异，当半桥功率模块数量占比较少时，半桥结构不控整流期间损耗等效桥臂电阻远小于全桥结构，造成半桥电容在充电后迅速放电，引起半桥电容电压下跌和全桥电容电压上升，如图 2.43 所示（图中半桥桥臂电压为 ×8 后的数值）。

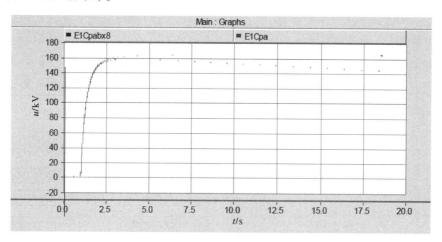

图 2.43　混合模块不控整流充电阶段桥臂电压波形

由于全桥、半桥功率模块自然充电电压不均衡，换流阀阀控与子模块建立通信后，全桥 VT_4 管导通，使全桥子模块对外特性与半桥子模块一致，形成和半桥一样的充电模式，系统对全部子模块进行二次充电，全桥、半桥电压共同升高，但由于初始电压不一致，无法充电至相同电压水平。后续启动自均压功能，例如实时监测模块电压并排序，按照自均压算法选定一定数量的高电压模块，通过 IGBT 旁路，均衡模块电压。

因此，混合结构启动充电步骤及对启动电阻影响如下：

1）不控整流充电，半桥模块电压为全桥模块电压的一半。

2）通过阀控控制全桥转半桥特性，进行二次充电，半桥模块和全桥模块电压共同升高。二次充电过程中，启动电阻仍需投入，因此混合结构启动电阻选型需考虑充电时功率模块全部为半桥模块外特性时的情况，且需考虑该过程中的功率模块损耗。

3）启动自均压功能。阀控采用合适的自均压算法，保证该过程中充电电流不会对设备造成影响，该过程中启动电阻可退出。

1）根据以上分析，在理想情况下，不同换流器拓扑结构下不控整流启动特性及启动电阻冲击能量见表 2.10。

表 2.10　不控整流启动特性及启动电阻冲击能量（对应不同换流器拓扑结构）

拓扑结构	桥臂电容	单桥臂电容电压	不控整流直流电压	单极单相启动电阻冲击能量（充本侧）	单极单相启动电阻冲击能量（充两侧）
半桥	$C = C_0/N$	$U_C = \sqrt{2}U_f$	单阀组端间：U_C 双阀组极对地：$2U_C$	E_n	$1.25E_n$
全桥	$C = C_0/N$	$0.5U_C$	单阀组端间：0 双阀组极对地：0	$0.25E_n$	$0.25E_n$（对侧充不上）
混合	半桥：$C_2 = C_0/N_2$ 全桥：$C_1 = C_0/N_1$	半桥：$U_C N_2/(4N_1 + N_2)$ 全桥：$U_C 2N_1/(4N_1 + N_2)$	单阀组端间：$U_C N_2/(4N_1 + N_2)$ 双阀组极对地：$2U_C N_2/(4N_1 + N_2)$	$E_n(N_1 + N_2)/(4N_1 + N_2)$	$E_n(N_1 + N_2)/(4N_1 + N_2) + E_n(N_2)^2/2(4N_1 + N_2)^2$

2）对于混合结构，由于全桥和半桥子模块在不控整流阶段充电电压不均匀，半桥仅为全桥一半，且半桥模块由于等效损耗电阻较小引起电压迅速下跌，对后续控制提出了较高的要求。阀控需快速介入将全桥模块控制为半桥模块充电模式，进行二次充电。该过程对于启动电阻吸收能量影响很大。

2.5.4　启动回路设计

1. 启动电阻设置位置

大容量柔直输电系统一般采用双极双阀组对称结构。启动电阻设置在柔直变压器网侧或阀侧均可。启动电阻设置在网侧时可降低励磁涌流，但需承受励磁涌流在其上产生的能量，能量要求相对略高；设置在阀侧时能量要求较低，但高、低压启动回路设备分别需承受一定的直流偏置电压，高压启动回路设备对绝缘的要求较高。根据乌东德工程设计，柔直变压器阀侧套管按伸入阀厅考虑，若启动电阻设置在变压器阀侧，相关设备也要放在阀厅内。综合考虑，启动电阻暂选择设置在连接变压器网侧，布置于户外。

2. 启动电阻选型

启动电阻的选型主要考虑两个方面：首先应能有效地保护其他重要设备，防止过电压和过电流；其次，应满足经济性。影响启动电阻造价和制造难度的主要为启动电阻的吸收能量大小，吸收能量大小相同时阻值增加也将提高体积，且造价略有上升。

（1）启动电阻阻值

启动电阻的作用主要考虑限制对电容器充电时启动瞬间在阀电抗器上的过电压及功率模块二极管上的过电流。同时，也要考虑充电速度，不宜太快，以免电压、电流上升率过高，电容电压不均衡。

因启动电阻阻值增加将较明显地提高设备体积，且将一定程度地提高造价，所以在满足其他要求的前提下应尽量降低启动电阻阻值。为控制启动时的冲击电流、电压，且控制充电速度，根据工程经验并考虑设备制造情况，乌东德工程的广东侧和广西侧启动电阻值均取 5000Ω。

（2）启动电阻峰值电流

启动电阻上的峰值电流主要取决于启动电阻阻值，启动电阻阻值越小，峰值电流越大。同时，还需要综合考虑电阻的偏差特性以及单相电阻短路失效等情况。

（3）启动电阻吸收能量

由前述分析可知，换流器拓扑结构和启动控制方式对启动电阻选型影响极大。

对于混合结构，全桥转半桥充电模式，实际由于二次充电前，全桥、半桥充电不均且半桥电压快速下跌，若二次充电开始时间较晚，二次充电后全桥、半桥电压不均衡仍将较严重。按最苛刻的情况考虑，假设电压都加在全桥模块上，启动电阻吸收能量与真正的全半桥相比，将增大 1.25 倍。

除正常启动时，同时还要考虑故障情况下启动电阻吸收能量要求。若启动过程中电阻与柔直变压器之间的母线突然闪络，连接变压器网侧交流开关由保护跳闸切断流经电阻的短路电流。对应于启动电阻值 5000 Ω，考虑保护时间 100ms，启动电阻在故障期间吸收能量为 2MJ。如在正常启动后，旁路开关还未关合时，母线发生单相接地故障，吸收能量应叠加该能量。

综合以上工况，启动电阻的设计冲击吸收能量取 20MJ/15MJ（广东侧/广西侧）。

（4）启动电阻稳态电流

启动回路设置在柔直变压器网侧，充电末期整个回路中仍有一定数值的电流存在，主要原因：①充电末期阀功率模块上放电电阻、高位取能电源损耗等引起交流电源需继续给模块电容充电，在启动回路上流过持续的电流；②变压器网侧流过稳定的励磁电流。

根据不控整流末期启动电阻上的最大稳态电流计算结果，取一定裕度，设计取值 10A。

启动电阻稳态电流流过时间需根据换流器二次充电所需时间及二次充电前所需时间确定。启动电阻最终技术参数要求应根据工程参数及具体启动策略进行再次核算。

3. 启动电阻旁路开关选型

启动回路接线示意图如图 2.44 所示，设置在连接变压器网侧，启动电阻 R 直接与旁路开关 S 并联。在流过启动电阻 R 的电流达到稳态后被旁路，旁路开关 S 应具有能关合合闸前回路电流 10A、合闸前两端电压 50kV、合闸时冲击电流 400A 的能力。

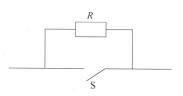

图 2.44　启动回路接线

旁路开关最终技术参数要求应根据实际换流阀参数及具体启动策略进行再次核算，实际工程中建议采用断路器。

2.5.5　结论

针对 ±800kV 特高压柔直换流站，考虑换流器拓扑结构对启动过程的影响，进行计算分析，得出关于启动回路的结论如下：

1）研究提出了不同换流器拓扑结构下不控整流启动特性及启动电阻技术参数要求。不同换流器拓扑结构下不控整流启动特性各异，换流器拓扑结构和启动控制方式对启动电阻选型影响极大。

2）全桥拓扑结构下启动电阻冲击能量最低，混合（半桥）拓扑结构下启动电阻冲击能量最高。对于混合结构，由于全桥和半桥子模块在不控整流阶段充电电压不均匀，半桥仅为全桥一半，且半桥模块由于等效损耗电阻较小会引起电压下跌，对启动控制提出了较高的要求。阀控需快速介入将全桥模块控制为半桥模块充电模式进行二次充电，该过程对于启动电阻吸收能量影响很大。

3）启动电阻的选型主要考虑两个方面：首先应能有效地保护其他重要设备，防止过电压过电流；其次应满足经济性。影响启动电阻造价和制造难度的主要为启动电阻的吸收能量大小，吸收能量大小相同时阻值增加也将提高体积，且造价略有上升。

4）对采用混合结构换流器柔直系统启动策略的建议如下：由于不控整流时混合结构中全桥电压为半桥电压的两倍，且半桥因损耗较小，电压存在下跌现象可能造成失电压，建议阀控尽快将全桥转为半桥状态，开展二次充电以免模块间电压过于不均匀影响启动。带对侧柔直站启动时，混合结构中半桥电压下降迅速，且将增大启动电阻吸收能量，不建议带对侧站启动，建议两个柔直站分别启动后再连接直流侧。

2.6　主设备配置与参数

特高压柔直工程核心主装备的设计、研发和制造关系到换流站占地评估、设备造价估算等，其影响十分深远。云南送端（±800kV/8000MW）推荐采用对称双极接线，双 12 脉动串联 LCC 换流器；广东受端（±800kV/5000MW）和广西受端（±800kV/3000MW）推荐采用对称双极接线，每极采用高低阀组串联 VSC 换流器。本节根据系统主接线方案，以受端广东侧换流站拟采用的 ±800kV/5000MW 柔性直流换流站直流主设备为例说明设计选型研究，具体内容包括：

开展 3000A 级柔性直流用功率器件设计选型；进行柔性直流输电主设备（此处主要围绕换流阀及配套设备进行说明）的设计选型，研究 ±800kV/5000MW 级直流柔性直流主设备的参数配置、结构设计、运输、站布置等方面的关键制约因素及解决措施，给出选型建议。

2.6.1　系统接线方案及主设备选取原则

1. 系统接线方案

本节仅针对广东受端柔性直流主设备选型进行研究。该特高压混合多端系统接线方案如图 2.45 所示。

2. 主设备选取原则

通常根据柔性直流输电工程应用的背景和需求，柔性直流主设备的选取需遵循以下几条原则：

1）设备应保证系统安全、可靠。

2）设备制造商供货满足工程进度。

3）设备制造商应具有较高的设计和制造水平。

4）设备制造商应具有直流工程的供货业绩。

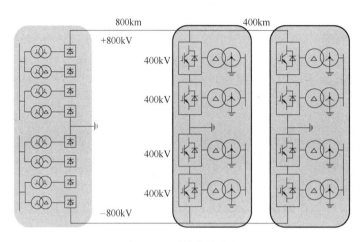

图 2.45　系统接线方案

5）设备制造商供货的相关直流设备运行情况良好。

6）设备制造商的试验能力应满足工程要求。

2.6.2　功率器件

IGBT 和 IGCT 是目前较为常用的两种可关断电力电子器件，但由于 IGCT 存在驱动功率大（电流型驱动）、电流关断能力弱、开通速度慢和需要额外缓冲回路等明显缺点，因此集合了 MOSFET 和电力晶体管双重优点的 IGBT 成为柔性直流中的主流应用，目前业内柔性直流工程无一例外均采用 IGBT 作为主开关器件。

1.　关键参数要求

±800kV/5000MW 柔性直流换流阀直流电流为 3125A，根据直流功率、阀侧电压和调制比设计，其桥臂电流有效值约为 1800A；如考虑 50% 的电流裕量，则应选用 3000A 及以上电流等级的 IGBT 器件。其他关键参数要求见表 2.11。

表 2.11　关键参数要求

序　号	功率器件参数	影　响　因　素	最　低　要　求	期　望　值	重　要　程　度
1	标称电压 U_{CES}	高的器件电压能够减少模块桥臂串联模块个数，降低换流阀复杂性	≥3300V	≥4500V	☆☆☆
2	标称电流 I_C	器件标称电流值直接制约换流阀的容量大小	≥3000A	≥3500A	☆☆☆☆☆
3	可重复峰值电流 I_{CRM}	直接关系换流阀的故障穿越能力，数值越高，故障穿越能力越强	≥6000A	≥7000A	☆☆☆☆
4	饱和电压降 U_{CEsat} （$T_{vj}=125℃$）	导通损耗是柔直主要损耗形式，降低器件饱和电压降十分有利于柔直降损	3300V 器件： ≤3.00V / 4500V 器件： ≤3.70V	3300V 器件： ≤2.90V / 4500V 器件： ≤3.50V	☆☆☆

（续）

序　号	功率器件参数	影　响　因　素	最　低　要　求	期　望　值	重　要　程　度
5	工作结温 T_{vjop}	提高工作结温范围，有利于换流阀过负荷能力的提高，有利于降低对阀冷的苛刻要求	上限值 ≥125℃	上限值≥135℃（150℃更佳）	☆☆☆
6	封装形式	封装形式与器件的散热能力、失效模式和防爆特性之间相关	1）压接式封装 2）防爆	1）全压接式封装，双面散热 2）防爆 3）长期失效短路模式	☆☆☆
7	配套二极管形式	在柔直领域，内置/外置的二极管均适用		内置/外置的二极管均适用	☆☆
8	配套二极管电流（内置二极管器件）	对于全桥或具有直流侧短路故障清除能力拓扑而言，按1:1配置可满足要求		二极管与IGBT器件本体电流≥1:1	☆☆

2.6.3　换流阀

1. 基本参数

主回路参数计算的初步结果见表2.12、表2.13。

表2.12　柳北换流站主回路参数

接　线　方　式	高低阀组串联，按照（400+400）kV分配电压	
额定直流电流/A	1875（换流器直流母线处）	
额定无功能力/Mvar	±900（直流运行模式下）	
额定无功能力/Mvar	±1200（STATCOM运行模式下）	
柔直变压器	联结组标号	YNy
	变压器接线形式	单相双绕组
	额定容量/MV·A	290
	电压比	$\dfrac{525/\sqrt{3}}{220/\sqrt{3}}$
	漏抗（%）	16
	分接开关级数	-4~+4
	分接开关的间隔（%）	1.25
桥臂电抗器	电感值/mH	55
启动电阻（布置在变压器网侧）	阻值/Ω	5000
中性母线位置直流电抗器电感值/mH		200（两台100）
直流极线位置直流电抗器电感值/mH		100（单台100）

表 2.13 龙门换流站主回路数据

接 线 方 式	高低阀组串联，按照（400＋400）kV 分配电压	
柔直变压器	联结组标号	YNy
	变压器接线形式	单相双绕组
	额定容量/MV·A	480
	电压比	$\dfrac{525/\sqrt{3}}{244/\sqrt{3}}$
	漏抗（%）	18
	分接开关级数	−4 ~ +4
	分接开关的间隔（%）	1.25
桥臂电抗器	电感值/mH	40
启动电阻（布置在变压器网侧）	阻值/Ω	5000
中性母线位置直流电抗器电感值/mH		75
直流极线位置直流电抗器电感值/mH		75

2. 总体性能要求

柔性直流换流阀的整体要求如下：

1）换流阀设计必须结构合理、运行可靠、维修方便。

2）换流阀应能承受正常运行电压以及各种过电压。阀的整体设计在绝缘性能上应保证阀对交直流电压和操作、雷电、陡波冲击电压具有足够的耐受能力，电晕及局部放电特性在规定范围内。在各种过电压（包括陡波头冲击电压）下，应使加于换流阀内任何部件上的电压不超过其耐受能力。换流阀触发回路不应受冲击过电压的干扰，功能正常。阀能在较高的过电压情况下触发而不发生损坏。

3）在进行换流阀的耐压设计时应考虑足够的安全系数。安全系数的确定应考虑电压不均匀分布、过电压保护水平的分散性以及其他阀内非线性因素对阀的耐压能力的影响。

4）换流阀应具有承担额定电流、过负荷电流及各种暂态冲击电流的能力。阀具有适当的保护，在故障电流下，阀具有足够的故障抑制能力；对于多个周期的故障电流，阀具有足够的耐受能力。

5）换流阀功率模块采用光纤触发方式，起到高低压之间的隔离。触发系统的供电由功率模块电容提供，在直流侧电压可以满足取能电路要求时，触发系统保证正常工作。在此前提下，任何系统故障都不会影响触发系统按照控制指令动作，如果系统故障会导致取能电路供电不足，则在触发系统不能正常工作之前，换流阀应采取相应的保护措施避免阀的损坏或出现不受控的情况。

3. 电气设计

根据主回路及主接线设计思路，换流器采用模块化多电平拓扑结构，模块化多电平换流器每个桥臂由多个功率模块和一个桥臂电抗器串联构成，换流器功率模块可采用全桥型或是全桥-半桥混合型拓扑，其中，采用全桥型拓扑的换流器结构如图 2.46 所示。

（1）功率模块设计要求

为了增强设计的通用性，如换流阀拓扑采用半桥-全桥混联结构，建议半桥和全桥功率模块内部主要元器件采用相同选型，区别在于功率器件数目及其连接的线路不同。功率模块的主要元器件包括 IGBT、二极管、直流电容器、IGBT 驱动器、高位取能电源、旁路真空接触器、功率模块控制板 PMC（Power Module Controller）、均压电阻等。

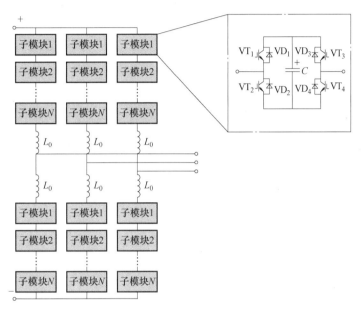

图 2.46　模块化多电平换流器拓扑结构

功率模块设计应设置安全措施，保证其在内部故障后能够可靠旁路或呈现可靠短路状态，不允许单一功率模块故障原因导致换流阀闭锁或停运。功率模块中采用的所有元器件，都应充分考虑绝缘耐压要求满足工程设计。

功率模块所采用的 IGBT/IEGT 元件应是商业产品，其各种特性应已得到完全证实。每个功率器件应具有独立承担额定电流、过负荷电流及各种暂态冲击电流的能力。主回路中不采用可关断器件并联的设计。开关器件的触发单元采用光通路形式，避免干扰。

直流电容器是换流器的储能元件，为换流站提供直流电压支撑。每个功率模块单元包含 1 组直流电容。功率模块电容器采用干式金属氧化膜电容器，应具备杂散电感低、耐腐蚀、具有自愈能力等特点。

直流电压传感器的选择，需考虑测量范围满足功率模块测量需要，测量输出不易受到外界因素干扰，测量接口可匹配功率模块控制板卡设计需要，测量精度高、线性度好。

功率模块监控单元，需要通过光纤接收阀控设备发送下来的控制命令，主要包括功率器件的触发、旁路开关的控制。功率模块监控单元同时采集功率模块上一次器件的相关状态上送给阀控设备，用于监视功率模块是否正常工作。

根据选择功率器件的特性，IGBT 驱动器的选择应综合考虑驱动保护功能的配置、电路抗干扰设计、供电要求及门级驱动电阻的大小。

高位取能电源的选择应综合考虑功率模块的运行要求和适应宽范围输入电压。

旁路真空接触器的选择，应考虑旁路要求动作的快速性和开关状态回报信号的有效性。放电电阻的选择，需要考虑放电时间以及放电电阻的功率损耗。

（2）电压电流耐受设计

换流阀的电压耐受设计应考虑功率模块和阀支撑/悬吊结构的耐受交流电压、直流电压、操作冲击电压、雷电冲击电压、陡波冲击电压的能力，能满足规定范围内电晕及局部放电要求，需至少在假定所有冗余功率模块都损坏的情况下，考虑安全绝缘裕度。

换流阀的电流耐受设计应考虑阀的各部件承受正常运行电流和暂态过电流的水平，包括幅值、持续时间、周期数、电流上升率等，同时考虑足够的安全裕度。设计时，应考虑暂态过电流远远超过阀各部件过电流能力时的工况。

4. 绝缘设计

换流阀应采取空气绝缘方式。阀的整体绝缘性能设计应保证阀对交直流电压和操作、雷电、陡波冲击电压具有足够的耐受能力，电晕及局部放电特性在规定的范围内。绝缘设计主要包括桥臂内相邻阀塔之间绝缘、阀塔底部支撑绝缘/阀塔顶部悬吊绝缘、阀塔层间支撑绝缘、相邻两个功率模块之间绝缘等。

5. 结构设计

结构设计主要包括功率模块设计、阀段设计、阀塔设计等。进行结构设计时，应遵循以下原则：

1）采用标准化的模块设计。

2）具有一定的防爆、防漏水能力。

3）具有高等级的抗干扰能力。

4）具有适应站址所在地的海拔、地震等级的能力。

5）使用的绝缘材料都要是经过验证的防火材料。

6）在保证功能的情况下，减少辅助零部件的数量，降低故障率，简单坚固又便于安装检修。

7）满足站址阀厅尺寸。

具体操作如下：

（1）功率模块设计

功率模块设计包括开关器件、直流电容器、旁路开关、取能电源、放电电阻、控制电路、母排、壳体等组件的设计，需考虑各组件的组装、模块重量和尺寸等。

开关器件的选择，需考虑电压和电流耐受能力、最大结温、封装形式、热量累积等，并留取一定的安全裕度。

直流电容器需在提供直流电压的同时，缓冲系统故障时引起的直流侧电压波动、减小直流侧电压纹波，且具有自愈、耐腐蚀、无油、低电感等特点。

旁路开关主要需考虑开关动作的时间、操作频率等，能够多次重复使用。

取能电源需考虑正常工作的输入电压范围、局部放电、温升、抗干扰能力等，应能满足最低启动电压、最高耐受电压要求。

功率器件、电容器或控制电路应采取独立分体式设计，故障时方便单独拉出进行维护，避免将整个功率模块更换。

（2）阀段设计

阀段主要由若干个功率模块、水路、连接母排、支座等组成，需考虑各功率模块的组装方式、阀段重量和尺寸、绝缘和支撑设计、水管布置和光缆通道设计等。其典型结构图如图 2.47 所示。

（3）阀塔设计

阀塔设计的基本原则是高的可用率、高功率密度、电磁场分布均匀、水流量分布均匀、维护简易快捷、具备良好的绝缘性能与电磁兼容特性。

阀塔结构应基于支撑/悬吊式连接原理设计，其典型结构图如图 2.48 所示。阀塔主要由阀段和支撑/悬吊结构、层间绝缘子、均压屏蔽环、母排、水管及光纤槽组成，设计时综合考虑抗震能力、防火能力及抗电磁干扰能力等。

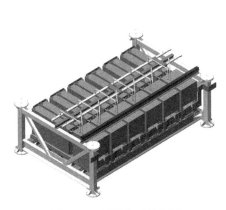
图 2.47　阀段典型结构图

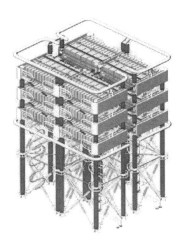
图 2.48　阀塔典型结构图

阀塔应具备漏水检测及收集装置。当某个功率模块或者阀塔内部的其他接头漏水时，应确保漏水流到相应的接水槽内，并由控制回路发出报警信号。

特高压柔直换流阀阀塔电场为防电晕所采取的屏蔽设计原则如下：

1）采取在换流阀阀塔顶部及底部设计有对抱形状的均压管母，均匀阀塔高压端对地电场分布。

2）换流阀阀塔每层设计多个屏蔽罩。在屏蔽系统防电晕设计的基础上，充分考虑屏蔽系统寄生电容对阀塔的影响，各屏蔽罩与就近框架采用等电位联结，确保阀塔表面电场均匀分布，削弱阀塔内部的电场强度。

3）换流阀阀塔机械零部件设计时，对零部件表面进行留有一定表面曲率的倒角处理，防止因局部电荷积聚而放电。

为了判断屏蔽系统的合理性，需要对以上设计屏蔽系统加载对地电压和阀端间电压进行电场仿真分析。

（4）换流阀抗干扰设计

换流阀功率模块中有很多电力电子敏感器件，因此在设计换流阀时，应充分考虑换流阀的抗电磁干扰能力，采取措施给换流阀建立一个良好的电磁环境。

1）电场环境。换流阀在正常运行和故障运行情况下，阀塔电场分布应尽量均匀，确保阀塔不会发生电晕和放电现象。具体措施：阀塔四周安装均压屏蔽罩，顶部和底部安装屏蔽环；避免阀塔内部结构件出现尖角、尖棱和毛刺；阀塔内所用器件都可靠固定电位；采用特性均匀的绝缘材料。

2）磁场环境。在正常运行和故障运行时，保证换流阀阀塔磁场分布均匀。主要采取的措施包括设置屏蔽体和不使主回路电流穿过闭合回路。在屏蔽体设计时，应明确电磁骚扰源及敏感单元，结合屏蔽体的屏蔽能效确定屏蔽方式；应选用合适的导磁材料，确保良好的磁屏蔽作用；减少屏蔽不完整性对屏蔽效果的影响。

6. 损耗

（1）损耗计算标准

损耗计算的工况应包括：25%、50%、75%、100%的双向额定传输功率；25%、50%、75%、100%的双向额定传输功率+额定无功输出功率；额定无功输出功率；换流阀无负载状态（功率器件处于解锁状态，但换流器与交直流系统均不发生能量交换）；换流阀热备用状态（电容器带电，具备触发功率器件的能力但换流阀处于闭锁状态）。

损耗的计算通过反映实际工况的 COMTRADE 录波文件以及损耗计算标准程序计算，其方法主要参考 IEC 62571-2—2011。主要元器件的损耗相关参数以出厂试验数据为准（参见附录）。

（2）损耗特性验证

应对供应商响应的损耗特性计算结果在出厂试验阶段进行试验验证。损耗特性验证试验的试验对象至少为 1 个阀段，或者 6 个功率模块。试验损耗特性验证试验包括量热法与电测法两种方法，以量热法的试验结果为主，电测法的试验结果作为辅助验证。试验应包含特殊设置工况下的损耗计算结果矫正试验，该试验的目的在于分析通过损耗计算标准方法计算得到的损耗预测结果与实际试验测量结果相符程度。

2.6.4 阀控系统

柔性直流阀控系统的主要功能是负责换流器阀塔内功率模块的触发、电容电压的均衡控制与监测、环流抑制等。阀控系统与控制保护设备的连接关系如图 2.49 所示。同时，阀控系统也负责实现换流站与控制保护系统的通信和数据交换。

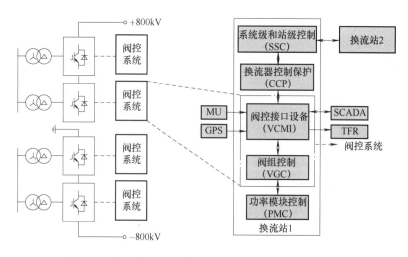

图 2.49　换流站阀控系统与控制保护系统的连接关系图

1. 阀控总体设计要求

换流器（阀）的控制单元按照每个桥臂或每相设计并配置设备。

阀控单元能接收换流器控制保护系统发送的调制波信号以及其他一些必需的控制信号，将其转换为控制脉冲后发送给功率模块控制器，同时接收功率模块控制器的回报信号，经过整理后反馈给控制保护系统。

阀控单元实现控制脉冲发生与分配（换流器桥臂功率模块投切）、功率模块电容电压平衡控制、环流抑制，并对功率模块的状态进行监测并上报至换流器控制保护层的监控单元；功率模块控制器实现功率模块单元的触发、电容电压监测和功率模块状态监测，并将电容电压、模块状态、故障等信息回报给阀控单元。

阀控单元应能在所有冗余功率模块全部损坏后发出警报，如果有更多的功率模块级损坏，从而导致运行中的换流器（阀）面临更严重的损坏时，应及时向控制保护系统发出信息使换流器闭锁。

阀控单元采用双重化或 "3 取 2" 配置（有冗余）。任一系统发生故障或系统维护时，不能影响正常系统的运行。

2. 阀控功能要求

阀控单元应能接收控制保护系统下发的调制波信号以及其他一些必需的控制信号，将其转换为控制脉冲后发送给功率模块控制器，同时接收功率模块控制器的回报信号，经过整理后上送给控制保护系统。阀控单元应具有但不限于以下功能：

（1）基本功能

1）脉冲分配功能。

2）模块均压功能。

3）模块冗余控制功能。

4）纯直流情况下可控充电功能。

5）换流阀解锁条件自检功能。

6）对功率模块取能电源损坏等故障具备自检功能。

7）换流阀基本保护功能。

8）阀控单元应具备状态监视及录波功能，实现对全部模块的电容电压、旁路状态和故障状态（模块所有故障类型）等信息的监测，满足换流阀及阀控故障分析及异常情况指示等需求，故障定位应具体明确。对模拟量、接口信号和故障信号具有录波和输出功能，并提供与全站统一故障录波装置的接口。

9）阀控屏柜应设置人机交互界面，能够对模块电容电压、功率模块故障等信息进行实时观察；具备人工输入功能，能够对已检修模块手动进行状态更新。

10）阀控单元需要设计独立的硬接线跳闸回路，并将跳闸信号上送控制保护系统。

（2）附加功能

阀控单元应具备桥臂环流抑制功能，能够进行在线投退，投退切换平稳，不影响换流阀的正常运行。

2.6.5　阀冷却系统

1. 技术方案论证

阀冷却系统基本工作原理：恒定压力和流速的冷却介质，经过主循环泵的提升，源源不断地流经调温装置，进入室外换热设备，将换流阀功率器件发出的热量在室外换热设备进行热交换，冷却后的介质再进入换流阀功率器件，形成密闭式循环冷却系统。

阀冷却系统主要包括内冷和外冷两部分。直流输电工程的阀内冷却系统如图 2.50 所示，主要设备通常包括：循环泵、离子交换器、脱气罐、膨胀罐、机械式过滤器、补水泵、电加热装置、配电及控制保护设备。为降低换流阀承压，提高阀组的运行安全，冷却水回路将阀组布置在循环水泵入口端。

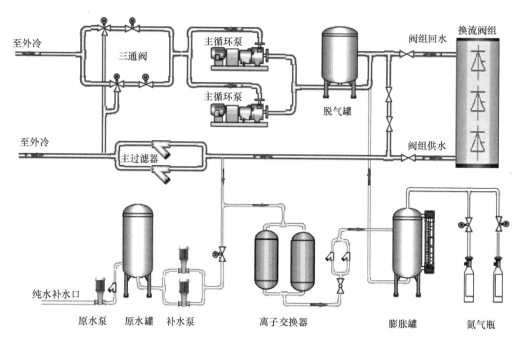

图 2.50　阀内冷却系统示意图

阀外冷却系统可采用的技术方案主要有空气冷却器、闭式冷却塔和冷水机组等。以下介绍三种可行的方案，并进行比较和分析。

（1）空气冷却器方案

外冷采用空气冷却器方案，如图 2.51 所示，空气冷却器主要通过空气流通加速热交换对冷却介质进行冷却。该方案的优点是无须补水，适用于水源缺乏的应用场合；主要缺点是空冷散热器体积较大，增加换流站占地面积。

（2）闭式冷却塔方案

外冷采用闭式冷却塔方案，如图 2.52 所示，循环水池中的喷淋水经过喷淋泵升压后，通过喷淋管道进入冷却塔喷淋支管和喷淋嘴，从上至下喷淋在冷却塔内部的冷却盘管外表，与冷却塔风机的空气流形成逆向流，部分液态水汽化带走热量散发到大气中，未能汽化的喷淋水通过冷却塔集水箱回流到循环水池，再进入喷淋泵，如此往复循环。该方案的优点是占地面积相对较小，技术方案成熟，在直流输电工程中广泛采用；主要缺点是对于散热需求大的应用场合，补水量较高，对换流站供水能力提出更高要求。

（3）混合式方案

混合式方案结合不同外冷技术的优点，可采用"空气冷却器 + 闭式冷却塔""空气冷却器 + 冷水机组""闭式冷却塔 + 冷水机组"不同组合，分别如图 2.53a ～ c 所示。

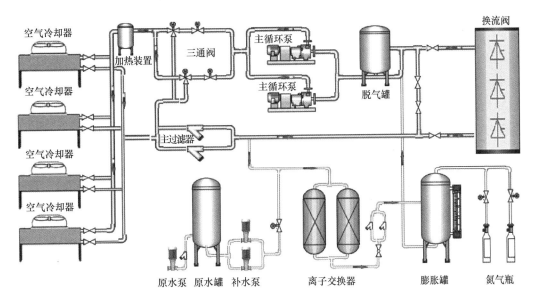

图 2.51　外冷采用空气冷却器系统示意图

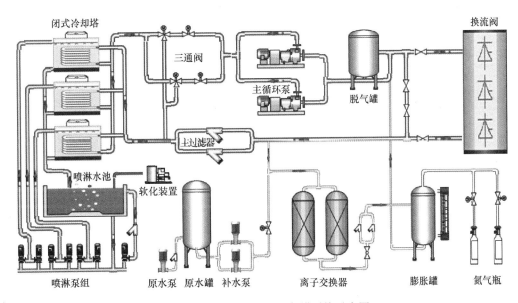

图 2.52　外冷采用闭式冷却塔系统示意图

2. 参数设计

主要针对外冷采用纯闭式冷却塔、"空气冷却器 + 闭式冷却塔"和"闭式冷却塔 + 冷水机组"三种方案进行参数设计。针对双极高低阀组主接线,单个阀组需要两套冷却系统,每套冷却系统主要输入参数根据换流阀参数而定。每种方案涉及的设计参数见表 2.14 ~ 表 2.16。

（1）纯闭式冷却塔方案设计参数

纯闭式冷却塔方案设计参数见表 2.14。

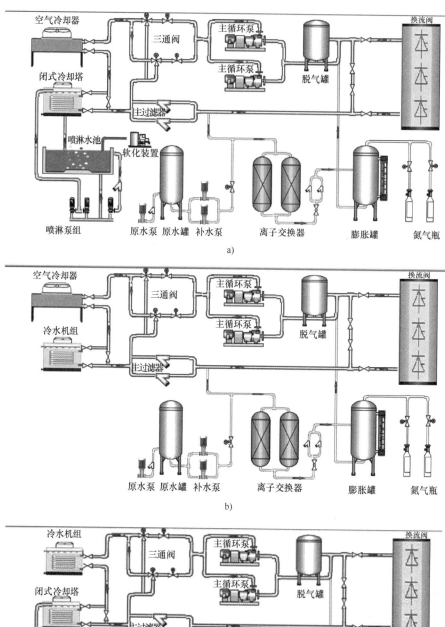

a)

b)

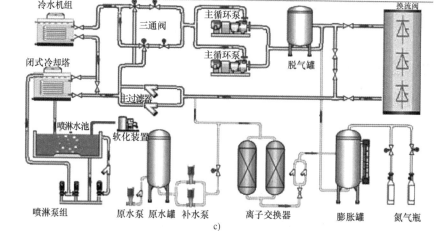

c)

图 2.53　混合式冷却系统示意图

a)"空气冷却器+闭式冷却塔"系统示意图　b)"空气冷却器+冷水机组"系统示意图

c)"闭式冷却塔+冷水机组"系统示意图

表 2.14　纯闭式冷却塔方案设计参数表

序　号	名　　称
1	内冷设备外形尺寸
1.1	主循环设备（内冷）/mm（长×宽×高）
1.2	水处理设备（内冷）/mm
2	外冷设备外形尺寸
2.1	闭式冷却塔/mm（历史最高湿球温度时，故障一台出水混水温度为报警温度）
3	补水量/（m³/h）
4	蒸发量/（m³/h）
5	水池排污量/（m³/h）
6	弃水量/（m³/h）
7	所有设备同时运行最大用电负荷/kW
8	水池容量

（2）"空气冷却器 + 闭式冷却塔"方案设计参数

"空气冷却器 + 闭式冷却塔"方案设计参数见表 2.15。

表 2.15　"空气冷却器 + 闭式冷却塔"方案设计参数表（冷却塔启动温度为 40℃）

序　号	名　　称
1	内冷设备外形尺寸
1.1	主循环设备（内冷）/mm（长×宽×高）
1.2	水处理设备（内冷）/mm
2	外冷设备外形尺寸
2.1	空气冷却器/mm（不含爬梯）
2.2	闭式冷却塔/mm（历史环境温度加5℃，故障一台出水温度为报警温度）
3	耗水量/（m³/h）
4	所有设备同时运行最大用电负荷/kW
5	水池容量

（3）"闭式冷却塔 + 冷水机组"方案设计参数

"闭式冷却塔 + 冷水机组"方案设计参数见表 2.16。

表 2.16　"闭式冷却塔 + 冷水机组"方案设计参数表

序　号	名　　称
1	内冷设备外形尺寸
1.1	主循环设备（内冷）/mm（长×宽×高）
1.2	水处理设备（内冷）/mm
2	外冷设备外形尺寸
2.1	闭式冷却塔/mm（历史最高湿球温度时，故障一台出水混水温度为报警温度）
2.2	冷水机组（单组散热量在 1600kW 时）

（续）

序　　号	名　　称
3	补水量/（m³/h）
4	蒸发量/（m³/h）
5	水池排污量/（m³/h）
6	弃水量/（m³/h）
7	所有设备同时运行最大用电负荷/kW
8	水池容量

3. 选型要求

对比不同的技术方案，对乌东德工程的阀冷却系统选型要求给出初步结论如下：

1）阀冷却系统的选型主要在于外冷却系统，内冷却系统方案相对固定。

2）外冷系统采用纯闭式冷却塔方案，占地面积和耗电量均为最小，耗水量最大，考虑采用水回收技术后，换流站每天耗水数千吨（与换流阀厂家要求的冷却容量密切相关）。若采用该方案，在换流站选址时需考虑供水能力是否满足阀冷要求。

3）外冷系统采用"空气冷却器+闭式冷却塔"方案，占地面积和耗电量均为最大，耗水量最小；若采用该方案，换流站占地面积和辅助系统用电量将较大。

4）外冷系统采用"闭式冷却塔+冷水机组"方案，与纯冷却塔方案相比每天耗水量显著下降，但耗电量和占地面积增加；系统运行时先投入冷水机组全部冷却功率，不足部分由冷却塔补充，可保证进阀温度的稳定。根据工程需要，可调整冷水机组承担比重，进一步节约外冷水的消耗。

2.7　混合三端直流方案电气主接线

2.7.1　昆北换流站电气主接线

1. 建设规模

昆北换流站建设规模如下。

1）直流建设规模：直流输电系统额定容量为双极8000MW/单极4000MW；直流输电系统额定电压为±800kV，直流输电系统额定电流为5000A。

2）500kV出线规模：规划出线10回，分别至乌东德3回、龙开口1回、鲁地拉2回、仁和2回、铜都2回，本期一次性建成。

3）高压无功补偿设备：本期装设1组线路高压并联电抗器（简称"高抗"）及中性点小电抗、1组母线高抗。换流站装设低压电抗器。

2. 交流滤波器接线

交流滤波器接线一般有大组交流滤波器组进串、小组滤波器直接接500kV交流母线、两大组交流滤波器组与换流变压器进线T接三种主要接线方式，其中两大组交流滤波器组与换流变压器进线T接这种接线方式因滤波器互换性差一般不予考虑。小组滤波器直接接500kV交流母线方式与大组交流滤波器组进串接线方式相比，虽然能节省投资，但可靠性低。因此我国近几年已建成的直流工程，如天广、三广、三沪、贵广一回、贵广二回、牛从，经比较论证均采用大组交流滤波器组进串的接线方式。特高压直流换流站对交流滤波器接线的可靠性要求更高，且小组滤波器的数量较多，故本工程采用大组交流滤波器进串接线方式。

3. 交流场接线

（1）500kV 交流配电装置接线

昆北换流站 500kV 本期及远期 10 回出线、4 组换流变压器进线、4 大组滤波器进线、2 回 500kV 站用变压器进线，1 组母线高抗，进出线元件总计达到 21 回。

根据系统对 500kV 运行要求，昆北换流站采用一个半断路器接线，组成 10 个完整串，1 个单断路器单元，共装设 31 台断路器。昆北换流站交流配电装置示意图如图 2.54 所示。

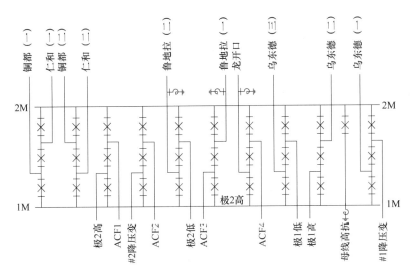

图 2.54　昆北换流站交流配电装置示意图

（2）500kV 交流滤波器接线

昆北换流站交流无功补偿和交流滤波器设置原则如下：

1）无功分层分区就地平衡，不考虑远距离输送。

2）换流站的无功补偿总容量原则上按照直流系统全电压输送额定功率时的无功消耗计算；直流过负荷所需额外增加的无功补偿容量由换流站备用补偿分组容量来平衡。

3）满足交流系统电压控制要求。网络中任一点运行电压，在任何情况下严禁超过网络最高运行电压，正常情况下不应低于网络额定电压的 0.95 ~ 1.00 倍；需说明的是，对于本方案系统调压手段主要依靠调整发电机励磁。

4）考虑系统发电机无功出力控制要求。发电机最大无功出力控制运行功率以不低于额定功率为限，最小无功出力对于汽轮发电机，控制其功率因数不高于 0.95，水轮发电机则以不进相为限。发电机机端电压水平控制在额定电压的 1.05 ~ 0.95 倍。

5）换流站所装设的无功补偿装置一般与交流滤波器合并考虑。在直流小方式运行时，为满足滤波要求，需投入一定数量的滤波器，使换流站容性无功过剩。因此，要求交流系统或换流站有吸收一定容性无功的能力。

通常在换流站交流侧滤波器设计中，应尽量减少交流滤波器的类型。

（3）其余无功设备及 35kV 配电装置接线

35kV 配电装置采用单母线接线，暂按装设进线断路器，共装设 8 台断路器。

500kV 母线高抗通过一个断路器单元接于 500kV GIS 母线。

4. 换流阀接线

现代高压直流工程中均采用 12 脉动换流器作为基本换流单元，以减少换流站所设置的特征谐波滤波器。在满足设备制造能力、运输能力及系统要求的前提下，阀组接线应尽量简单。大容量直流输电工程可能的接线方式通常有以下三种方案。

方案一：每极 1 个 12 脉动阀。

方案二：每极多个 12 脉动阀组串联。

方案三：每极多个 12 脉动阀组并联。

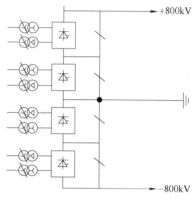

图 2.55 昆北换流站换流阀接线

以上三种方案的基本特点及应用实例详见 2.2 节，此处不再赘述。考虑到换流变制造和运输条件，推荐昆北换流站采用每极 2 个 12 脉动阀组串联接线方式。高端 12 脉动阀组和低端 12 脉动阀组电压组合为 ±（400 + 400）kV，两个 12 脉动阀组的接线方式相同。昆北换流站换流阀接线如图 2.55 所示。

5. 换流变接线

换流变压器的功能是将交流母线电压变换为符合要求的换流器输入电压。换流变压器的接线需根据换流器的接线方式确定。换流变压器的型式直接影响到换流变压器与换流阀组的接线和布置，换流变压器的型式选择应结合制造水平、运输条件、国产化能力及投资等多方面因素综合考虑。

根据换流变压器设备的制造能力以及大件运输的尺寸和重量限制，乌东德工程换流变压器型式推荐采用单相双绕组变压器，换流器采用单极两个 12 脉动阀组接线方式。换流变压器接线方案与已经投运的 ±800kV 特高压直流工程相同，即换流变压器网侧套管在网侧接成 Y0 接线与交流系统直接相连，阀侧套管在阀侧按顺序完成 Y、d 连接后与 12 脉动阀组相连。换流变压器三相采用 YNy0 联结及 YNd11 联结。

6. 直流场接线

昆北换流站直流场接线方式应能够满足下列运行方式：

1）双极平衡运行。

2）1/2 双极平衡运行。

3）一极完整、一极 1/2 不平衡运行。

4）完整单极大地回线运行。

5）完整单极金属回线运行。

6）1/2 单极大地回线运行。

7）1/2 单极金属回线运行。

为满足上述运行方式要求，直流侧电气主接线应具有如下功能：

1）为检修而对换流站内直流系统的某一个 12 脉动阀组或某一个单极进行隔离及接地时，不中断或降低健全阀组或健全极的直流输送功率。

2）为检修而对某一极直流线路进行隔离及接地，不中断或降低健全线路的直流输送功率。

3）为检修而对任一组直流滤波器进行隔离及接地，不中断或降低直流输送功率。

4）在单极或 1/2 单极金属回线运行方式下，为检修而对直流系统一端或两端接地极及其引线进行隔离及接地，不中断或降低直流输送功率。

5）在双极或 1/2 双极平衡运行方式下，为检修而对直流系统一端或两端接地极及其引线进行隔离及接地，不中断或降低直流输送功率。

6）任一极单极运行从大地回线切换到金属回线或从金属回线切换到大地回线，不中断或降低直流输送功率。

昆北换流站直流场接线与两端 ±800kV 特高压直流工程基本相同，换流站直流侧按极对称装设有直流电抗器、直流电压测量装置、直流电流测量装置、直流隔离开关、中性母线高高速开关（HSNBS）、中性点设备及过电压保护设备等考虑。

7. 测点要求

昆北测点布置及性能要求与现有特高压常规直流输电系统保持一致。主要区别在于建议增加高低阀组连接处电流测量点，以提高高低阀组故障的选择性。

2.7.2　柳北换流站电气主接线

1. 建设规模

柳北换流站建设规模见表 2.17。

表 2.17　柳北换流站建设规模

序　号	项　　目	本期建设规模
1	换流功率	3000MW
2	柔直变压器	(12 + 2) × 290MV·A
3	换流阀	双极，每极高低阀组串联
4	±800kV 直流出线	2 回
5	直流接地极出线	1 回
6	500kV 交流出线	4 回
7	220kV 交流出线	无
8	500/220/35kV 联络变压器	无
9	35kV 无功补偿	无

2. 交流侧接线

（1）500kV 电气接线

柳北换流站 500kV 配电装置采用一个半断路器接线。本期 4 回交流线路出线（至桂南变电站 2 回、至柳东变电站 2 回）、4 回柔直变压器进线、1 回 500/35kV 降压变压器进线、1 回 500/10kV 高压站用变压器进线共 10 个电气元件接入串中，组成 4 个完整串和 2 个不完整串，本期安装 16 台断路器。

（2）220kV 电气接线

本期暂不建设。

（3）35kV 配电装置接线

35kV 配电装置采用单母线接线。融冰装置暂按引自 500/35kV 降压变压器的 35kV 侧母线，本期安装 1 台断路器，具体方案此处不再详述。

3. 换流阀接线

柔性直流换流器采用 MMC 作为柔性直流输电的主换流器。MMC 的基本电路单元为功率模块，各相桥臂均通过一定量的具有相同结构的子模块和一个桥臂电抗器串联构成。

在直流系统采用对称双极接线方案的前提下，柔性直流换流器单元接线主要有单阀组和高低阀组串联两种方式。若采用单阀组接线方式，每相变压器的容量将超过 500MV·A，结合厂家调研结论，柔直变压器的制造难度较大，无法整体运输到现场，宜采取每相两台柔直变压器并联的方式。因此，就乌东德工程而言，采用单阀组的接线方式和高低阀组串联接线方式相比，柔直变压器的数量相当。

尽管高低阀组串联的接线方式会增加旁路开关设备，但在送端昆北换流站采用每极双 12 脉动的前提下，采用高低阀组的方案与送端传统直流的匹配度更高，灵活性更好。综合以上分析，乌东德工程直流输电系统推荐采用双极、每极高低阀组串联接线方案，本站共设 4 个柔性直流换流器单元。为减少单个阀组故障引起直流系统单极停运的概率，提高直流输电系统的可利用率，每个阀组直流侧按装设旁路开关考虑。阀组电压按 ±（400 + 400）kV 分配。

4. 柔直变压器接线

结合乌东德工程柔直变压器容量和电压等级，由于直流系统采用对称双极的接线方式，直流中性点电压钳位在接地极实现，无须在柔直变压器阀侧设置接地点。综合考虑降低变压器的制造难度，推荐采用 YNy 联结。每个换流器单元 3 台柔直变压器的网侧套管在网侧接成 Y0 联结与交流系统直接相连，阀侧套管在阀侧接成 Y 联结，与换流阀的三相分别连接。

5. 直流场接线

柳北换流站直流侧接线按满足系统运行方式的要求进行设计：

1）三端双极全电压运行。

2）三端双极半电压运行。

3）三端双极一极全电压、一极半电压运行。

4）三端单极全电压大地回线运行方式。

5）三端单极全电压金属回线运行方式。

6）三端单极半电压大地回线运行方式。

7）三端单极半电压金属回线运行方式。

8）两端直流运行方式。

9）STATCOM 运行方式。

为满足上述运行方式要求，直流侧电气主接线应具有以下功能：

1）为检修而对换流站内直流系统的某一个阀组或某一个单极进行隔离及接地，不中断或降低健全阀组或健全极的直流输送功率。

2）为检修而对某一极直流线路进行隔离及接地，不中断或降低健全线路的直流输送功率。

3）在单极或 1/2 单极金属回线运行方式下，为检修而对直流系统一端或两端接地极及其引线进行隔离及接地，不中断或降低直流输送功率。

4）在双极或 1/2 双极平衡运行方式下，为检修而对直流系统一端或两端接地极及其引线进行隔离及接地，不中断或降低直流输送功率。

5）任一极单极运行从大地回线切换到金属回线或从金属回线切换到大地回线，不中断或降低直流输送功率。

柳北换流站直流场接线与两端 ±800kV 特高压直流工程基本相同，换流站直流侧按极对称装设有直流电抗器、直流电压测量装置、直流电流测量装置、直流隔离开关、中性母线高速开关（HSNBS）、中性点设备及过电压保护设备等考虑。接地极回路装设一台金属回线转换断路器（MRTB），临时接地回路装设一台高速接地开关（HSGS），金属回线装设一台金属回线转换开关（GRTS）。不同的是在极线出线侧设置单母线，以满足与昆北换流站和龙门换流站的连接。同时在极线和龙门换流站出线上配有直流高速开关（HSS），以满足快速隔离站内故障和至龙门换流站故障线路的需求。

为避免 ±800kV 线路交叉，直流出线由西向东分别为"昆北极 1、昆北极 2、龙门极 2、龙门极 1"，如图 2.56 所示。

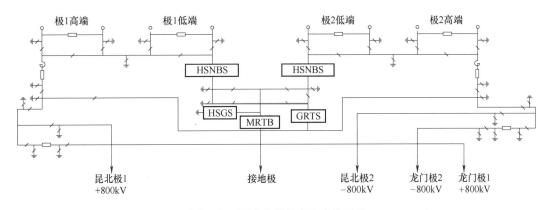

图 2.56　柳北换流站直流出线配置

6. 启动回路

启动回路设置在柔直变压器网侧，启动电阻与交流断路器并联后，一端接至 500kV 配电装置，另一端与柔直变压器网侧套管相连。

7. 测点要求

柳北换流站测点的特点如下：

1）极 1 和极 2 的测点对称。

2）高端阀组和低端阀组的测点对称。

性能要求如下：直流侧电压、直流侧电流、桥臂电流、阀侧电流采样频率不低于 50kHz、额定范围内测量精度不低于 0.2P。其他测量点采样频率不低于 10kHz、额定范围内测量精度不低于 0.2P。预充电回路电流测点精度不低于 2A。

直流电压和直流电流测量精度见表 2.18、表 2.19。

表 2.18　柳北换流站直流电流测量精度要求

精 度 范 围	精度值（%）
直流电流测量系统的精度（10%～134%）I_d	0.2
直流电流测量系统的精度（134%～300%）I_d	1.5
直流电流测量系统的精度（300%～600%）I_d	3

表 2.19　柳北换流站直流电压测量精度要求

精 度 范 围	精度值（%）
直流电压测量系统的精度（10%～110%）I_d	0.2
直流电压测量系统的精度（110%～150%）I_d	0.5

2.7.3　龙门换流站电气主接线

1. 建设规模

龙门换流站建设规模见表 2.20。

表 2.20　龙门换流站建设规模

项　　目	本期建设规模
直流输电容量	±800kV 直流出线 1 回，5000MW
直流主接线方式	双极带接地极接线，每极（400＋400）kV 高低阀组串联
柔直变压器	每极按 6 台单相双绕组变压器设计，考虑 2 台备用，共 14 台
交流 500kV 出线	6 回，至从西、博罗、水乡各两回
500kV 自耦变压器及低压无功补偿	无
500kV 高抗	无
交流 220kV 出线	无

2. 交流侧接线

（1）500kV 电气接线

龙门换流站 500kV 交流出线本期 6 回，柔直变压器进线 4 回，500kV 自耦变压器。根据上述配串原则，本站 500kV 配电装置，本期建成 4 个完整串、4 个不完整串。交流 500kV 配电装置采用户内 GIS 布置、1 个半断路器接线。

（2）220kV 电气接线

本期无建设内容。

（3）500kV 自耦变压器及 35kV 配电装置接线

500kV 自耦变压器本期暂不建设。

35kV 不带地方负荷，仅接无功补偿装置，无功补偿以每台自耦变压器平衡为原则。每台自耦变压器低压侧最终带 3 组并联电容器组和 2 组并联电抗器组，按自动投切设计。35kV 每个回路故障，局部地 切除部分无功补偿设备，对 500kV 及 220kV 系统影响不大；故要求

35kV 的接线清晰、简单。

35kV 配电装置推荐采用单母线单元接线，每台自耦变压器单独设置 35kV 母线，设总断路器，不设母线联络开关。

3. 换流阀接线

在直流系统采用对称双极接线方案的前提下，柔性直流换流器单元接线主要有单阀组和高低阀组串联两种方式。

若采用单阀组接线，柔直变压器容量约为 960MV·A，厂家初步提供的运输尺寸约长 15.5m×宽 3.95m×高 5.5m，运输重量约 580t，设备运输困难；容量的增加，柔直变压器漏磁控制和局部过热是设计制造的难点。所以对于单阀组接线的柔直变压器需要考虑 2 台并联，柔直变压器的数量与高低阀组的相同，但阀侧电压约为高低阀组的 2 倍。此外，柔直变压器阀侧相间、阀桥臂间绝缘水平将提高，设备间布置间距将加大。由于送端为双 12 脉动接线形式的常规直流，龙门换流站采用单阀组接线与送端接线形式不匹配，若龙门换流站单个阀组故障，将损失 1/2 容量。若采用高低阀组接线，柔直变压器容量约为 480MV·A，相对单阀组接线，运输尺寸小，设备重量轻，公路运输可行；同时接线方式与送端相匹配，运行方式比较灵活。

综合考虑，本工程采用双极配置，每极 2 个阀组串联接线，2 个阀组串联电压按（400+400）kV 分配的换流器接线方式。为减少单个阀组故障引起直流系统单极停运的概率，提高直流系统的可用率，同时减少对交流系统的冲击，每个阀组直流侧按装设旁路开关考虑。

4. 柔直变压器接线

结合乌东德工程柔直变压器容量和电压等级，全站共设置 12 台 480MV·A 单相双绕组柔直变压器，备用柔直变压器暂按 2 台考虑。由于直流系统采用对称双极的接线方式，直流中性点电压钳位在接地极实现，无须在柔直变压器阀侧设置接地点。综合考虑降低变压器的制造难度，推荐采用 YNy 联结。每个换流器单元 3 台柔直变压器的网侧套管在网侧接成 YO 联结与交流系统直接相连，阀侧套管在阀侧接成 Y 联结，与换流阀的三相分别连接。

5. 直流场接线

参见 2.7.2 节。

6. 启动回路

参见 2.7.2 节。

7. 测点要求

参见 2.7.2 节。

2.7.4　直流线路测量系统布置及性能要求

乌东德工程为特高压多端系统，在柳北换流站设置直流汇流母线区，需要配置直流线路测量系统，测点布置如图 2.57 所示。

图 2.57 中，加粗部分为除站内测点外，线路新增测点。

IdL_YN_os 性能要求：采样频率不低于 10kHz、采样精度不低于 0.2P。

UdL_BUS、IdL_YN_os、UdL_GD_os 性能要求：采样频率不低于 10kHz、采样精度不低于 0.2P。

UdL_GD_other：采样频率不低于 10kHz、采样精度不低于 0.2P。

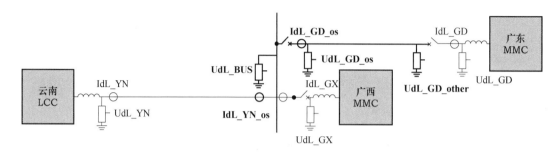

图 2.57　柳北换流站直流线路测量系统布置

2.8　混合三端直流主回路参数

2.8.1　基础数据

1. 系统接线

乌东德工程采用三端直流输电方案。工程起点位于云南省昆明市禄劝彝族苗族自治县茂山镇的昆北换流站，受端 3000MW 直流落点为广西壮族自治区柳州市鹿寨县中渡镇的柳北换流站，5000MW 直流落点为广东省惠州市龙门县龙潭镇的龙门换流站。昆北换流站至柳北换流站直流线路长度为 932km，柳北换流站至龙门换流站直流线路长度为 557km。

三个换流站都为双极结构，昆北换流站每极由两个 400kV 的 12 脉动阀组串联，柳北换流站和龙门换流站每极由两个 400kV 柔性直流阀组构成。不投后备冷却时，系统能在最大环境温度下保持额定功率连续运行。

2. 运行接线方式

（1）三端运行接线方式

三端运行接线方式如图 2.58 ~ 图 2.64 所示。

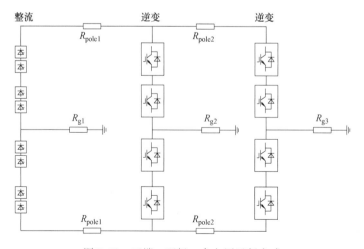

图 2.58　三端、双极、全电压运行方式

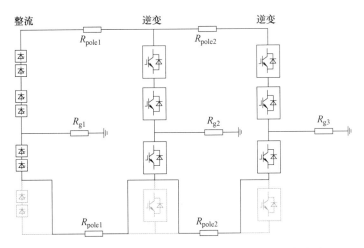

图 2.59　三端、双极、一极全电压一极半电压运行方式

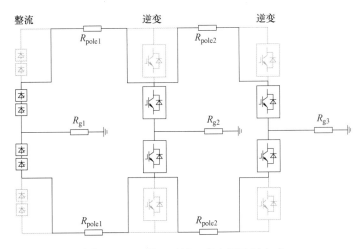

图 2.60　三端、双极、半电压运行方式

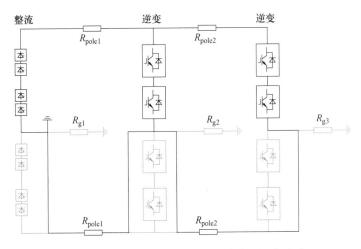

图 2.61　三端、单极金属回线、全电压运行方式

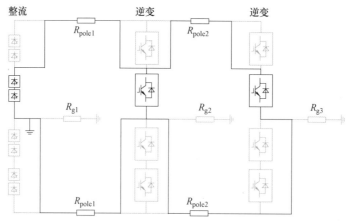

图 2.62 三端、单极金属回线、半电压运行方式

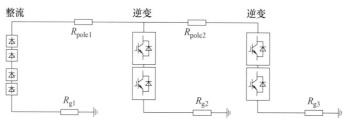

图 2.63 三端、单极大地回线、全电压运行方式

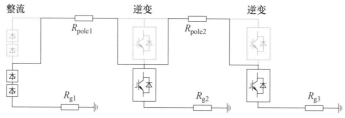

图 2.64 三端、单极大地回线、半电压运行方式

（2）云南—广东两端运行接线方式

云南—广东两端运行接线方式如图 2.65～图 2.71 所示。

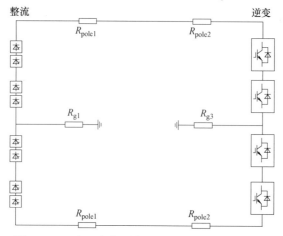

图 2.65 云南—广东两端、双极、全电压运行方式

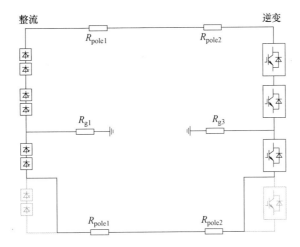

图 2.66　云南—广东两端、双极、一极全电压一极半电压运行方式

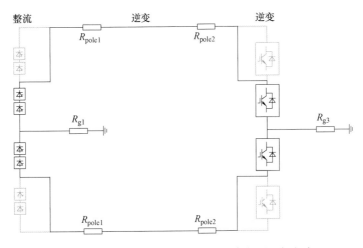

图 2.67　云南—广东两端、双极、半电压运行方式

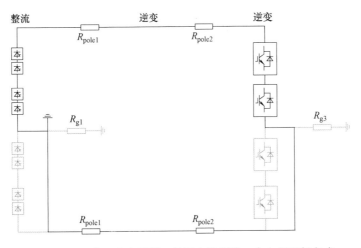

图 2.68　云南—广东两端、单极金属回线、全电压运行方式

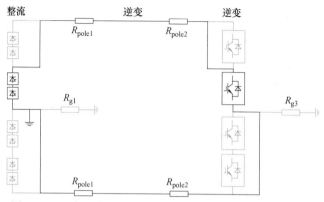

图 2.69 云南—广东两端、单极金属回线、半电压运行方式

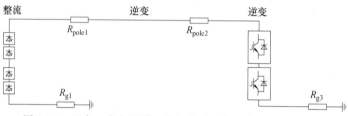

图 2.70 云南—广东两端、单极大地回线、全电压运行方式

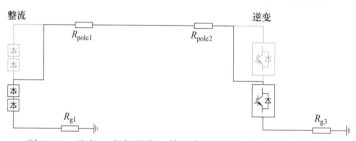

图 2.71 云南—广东两端、单极大地回线、半电压运行方式

（3）云南—广西两端运行接线方式

该运行方式接线与云南—广东两端运行接线方式类似。

（4）广西—广东两端运行接线方式

广西—广东两端运行接线方式如图 2.72 ~ 图 2.78 所示。

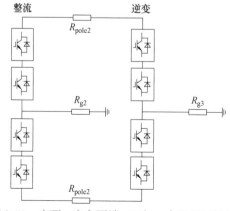

图 2.72 广西—广东两端、双极、全电压运行方式

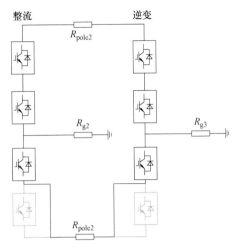

图 2.73　广西—广东两端、双极、一极全电压一极半电压运行方式

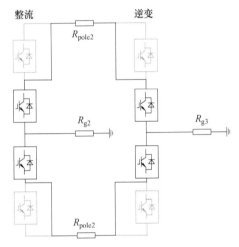

图 2.74　广西—广东两端、双极、半电压运行方式

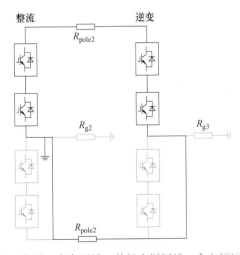

图 2.75　广西—广东两端、单极金属回线、全电压运行方式

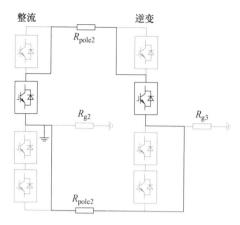

图 2.76　广西—广东两端、单极金属回线、半电压运行方式

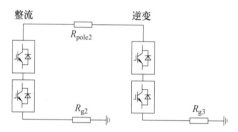

图 2.77　广西—广东两端、单极大地回线、全电压运行方式

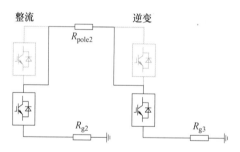

图 2.78　广西—广东两端、单极大地回线、半电压运行方式

（5）STATCOM 运行接线方式

STATCOM 运行接线方式如图 2.79 所示。

3. 运行方式

乌东德工程直流系统具备以下几种运行方式：

1）三端，全电压运行，昆北换流站整流运行，柳北和龙门换流站逆变运行。

2）三端，降电压运行（80%、70%），昆北换流站整流运行，柳北和龙门换流站逆变运行。

3）三端，半电压运行（50%），昆北换流站整流运行，柳北和龙门换流站逆变运行。

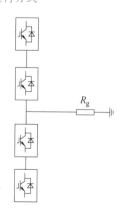

图 2.79　STATCOM 运行方式

4）两端，全电压运行，昆北换流站整流运行，柳北换流站逆变运行。

5）两端，降电压运行（80%、70%），昆北换流站整流运行，柳北换流站逆变运行。

6）两端，半电压运行（50%），昆北换流站整流运行，柳北换流站逆变运行。

7）两端，全电压运行，昆北换流站整流运行，柳北和龙门换流站逆变运行。

8）两端，降电压运行（80%、70%），昆北换流站整流运行，龙门换流站逆变运行。

9）两端，半电压运行（50%），昆北换流站整流运行，龙门换流站逆变运行。

10）两端，全电压运行，柳北换流站整流运行，龙门换流站逆变运行。

11）两端，降电压运行（80%、70%），柳北换流站整流运行，龙门换流站逆变运行。

12）两端，半电压运行（50%），柳北换流站整流运行，龙门换流站逆变运行。

4. 交流系统特性

交流系统特性见表 2.21 ~ 表 2.23。

表 2.21　交流系统电压　　　　　　　　　　　　　　（单位：kV）

项　目	柳北换流站	龙门换流站
正常运行电压	525	525
系统最高电压，稳态	550	550
系统最低电压，稳态	500	500
系统最大极端电压，长期耐受	550	550
系统最小极端电压，长期耐受	475	475

表 2.22　交流系统频率特性

项　目	柳北换流站	龙门换流站
直流运行方式	联网	联网
正常频率/Hz	50	50
稳态频率变化范围/Hz	±0.2	±0.2
暂态频率变化范围/Hz	±0.5	±0.5
极端暂态频率变化范围及最大耐受时间	±1.0Hz，10min	±1.0Hz，10min

表 2.23　交流系统短路特性

交流运行方式	柳北换流站	龙门换流站
远期联网方式最大三相短路电流（建议值）/kA	63	63
远期联网方式最大单相短路电流（建议值）/kA	63	63
近期联网方式最大三相短路电流计算值/kA	35.6	46.1（同步）
X/R 计算值	11	4.1（同步）
近期联网方式最小三相短路电流有效值/kA	25.6	26.9（同步） 13.7（异步）
X/R 计算值	14	3.9（同步） 2.8（异步）

5. 直流线路参数

直流线路参数见表 2.24~表 2.26。

表 2.24 直流电阻 （单位：Ω）

直流线路电阻	导体温度/℃		
	20	最　　大	最　　小
云南—广西	3.7513 （一极导线）	4.38（61.9度） （一极导线）	3.451（0度） （一极导线）
广西—广东	3.6298 （一极导线）	4.2323（61.5度） （一极导线）	3.3394（0度） （一极导线）
送端接地极引线电阻	1.656 （1根导线）	2.254 （1根导线）	1.4605 （1根导线）
送端接地电阻	0.199（接地极）		
广西侧接地极引线电阻	4.88 （1根导线）	6.54 （1根导线）	4.49 （1根导线）
接地电阻	0.255（接地极）		
广东侧接地极引线电阻	6.9856 （1根导线）	9.696 （1根导线）	6.4268 （1根导线）
接地电阻	0.556（接地极）		

表 2.25 直流输电线路参数

项　　目		云南—广西	广西—广东
导线	长度/km	932	557
	直流电阻20℃/（Ω/km）	0.0322 （一根导线）	0.0391 （一根导线）
	型号	JL/G2A-900/75	JL/LB1A-720/50
	分裂数	8	6
	分裂间距/mm	500	450
	导线外径/mm	40.6	36.23
	导线高度/m	51 （导线平均高）	50 （导线平均高）
	导线弧垂/m	21	20
	导线间距/m	21-22	22
避雷线	型号	JLB20A-150	JLB20A-150
	分裂数	1	1
	避雷线外径/mm	15.75	15.75
	避雷线高度/m	66 （地线平均高）	65 （地线平均高）
	避雷线弧垂/m	19.5	20
	避雷线间距/m	27~27.5	28
	避雷线电阻/（Ω/km）	0.5807	0.5807
土壤电阻率/Ω·m		约1000	2000

表 2.26　接地极线路参数表

项　目		云　南	广　西	广　东
导线	长度/km	36	81.2	71.5
	直流电阻20℃/（Ω/km）	0.0460（一根导线）	0.0601（一根导线）	0.0977（一根导线）
	型号	JNRLH60/LB1A-630/45	JNRLH60/G1A-500/45	JNRLH60/G3A-300/40
	分裂数	2	1	2
	分裂间距/mm	500	—	500
	导线外径/mm	33.6	30	23.94
	导线高度/m	29	32（线平均高）	20
	导线弧垂/m	14	14.5	13
	导线间距/m	6	6	10
避雷线	型号	JLB20A-100	JLB20A-100	JLB20A-80
	分裂数	1	1	1
	避雷线外径/mm	13.0	13.0	11.4
	避雷线高度/m	34.5	44（线平均高）	30
	避雷线弧垂/m	9	6.5	7.5
	避雷线间距/m	—	—	—
	避雷线电阻/（Ω/km）	0.8524	0.8524	1.0788
土壤电阻率/Ω·m		100～2000	1000	2000

2.8.2　昆北换流站主回路参数计算

1. 计算输入数据

送端换流站计算输入数据见表 2.27。

表 2.27　送端换流站计算输入数据

名　称	说　明	公　差
δd_x	在正常抽头位置直流感性电压降的制造公差	$\pm 3.75\% d_{xN}$
δU_{dmeas}	U_d 的测量公差	$\pm 1.0\% U_d$
δI_{dmeas}	I_d 的测量公差	$\pm 0.75\% I_d$
$\delta\gamma$	γ 的测量误差	$\pm 1.0°$
$\delta\alpha$	α 的测量误差	$\pm 0.2°$
α_N	正常触发延迟角	$15.0°$
$\Delta\alpha$	稳态控制时 α 的允许变化范围	$\pm 2.5°$
γ_N	正常熄弧角	$17°$
$\Delta\gamma$	稳态控制时 γ 的允许变化范围	$17.0°～19.5°$
d_r	两站直流阻性电压降	0.4%
D_{xN}	两站直流感性电压降	10%

2. U_{dio}的计算

考虑各种测量误差、设备制造公差以及触发延迟角/熄弧角的调整范围等因素组合形成的U_{dio}的偏差，根据乌东德工程情况，可计算出U_{dio}及有载调压开关OLTC结果。

3. 换流变阀侧电压、电流及容量计算

送端换流站换流变压器阀侧线电压额定值为

$$U_{secN} = \frac{232.5}{\sqrt{2}} \times \frac{\pi}{3} kV = 172.3 kV$$

送端换流站换流变压器阀侧电流额定值为

$$I_{vN} = \sqrt{\frac{2}{3}} I_{dN} = 4082.5 A$$

送端换流站每台单相双绕组换流变压器容量为

$$S_{n2w} = \frac{\sqrt{3}}{3} U_{vN} I_{vN} = \frac{\sqrt{2}}{3} \times 172.2 \times 5000 MV \cdot A = 405.8 MV \cdot A$$

4. 换流变压器短路阻抗及阀侧最大短路电流的计算

在忽略触发延迟角变化影响和换流变压器相对阻性电压降的前提下，直流最大短路电流值为

$$\hat{I}_{kmax} = \frac{2I_{dn}}{u_k + \dfrac{S_n}{S_{kmax}}}$$

式中，I_d为额定直流电流，$I_d = 5.0 kA$；S_n为额定换流变视在功率（6脉动），$S_n = 405.8 \times 3 MV \cdot A = 1217.4 MV \cdot A$；$S_{kmax}$系统最大短路功率，$S_{kmax} = \sqrt{3} \times 525 \times 63 MV \cdot A = 57287.6 MV \cdot A$。

5. 平波电抗器主要参数选择

平波电抗器最主要的参数是电感量。从平波电抗器的作用来看，其电感量一般趋于选大些，但也不能太大。因为电感量太大，运行时容易产生过电压，使直流输电系统的自动调节特性的反应速度下降，而且平波电抗器的投资也增加，所以平波电抗器的电感量在满足主要性能要求的前提下应尽量小些，其选择应考虑以下几点：

1）限制故障电流的上升率，有

$$L_d = \frac{\Delta U_d}{\Delta I_d} \Delta t = \frac{\Delta U_d (\beta - 1 - \gamma_{min})}{\Delta I_d \times 360 f}$$

式中，f为交流系统额定频率，$f = 50 Hz$；γ_{min}为不发生换相失败的最小关断角；ΔU_d为直流电压下降量；ΔI_d为不发生换相失败所容许的直流电流增量；Δt为换相持续时间；β为逆变器的额定超前触发延迟角。

2）平抑直流电流的纹波，有

$$L_d = \frac{U_{d(n)}}{n \omega I_d \dfrac{I_{d(n)}}{I_d}}$$

式中，$U_{d(n)}$为直流侧最低次特征谐波电压有效值；I_d为额定直流电流；$I_{d(n)}/I_d$为允许的直流侧最低特征谐波电流的相对值；n为最低次特征谐波；ω为基频角频率。

3）防止直流低负荷时的电流断续，有

$$L_{\mathrm{d}} = \frac{U_{\mathrm{dio}} \times 0.023 \sin a}{\omega I_{\mathrm{dp}}}$$

式中，U_{dio} 为换流器理想空载直流电压；α 为直流低负荷时换流器触发延迟角；I_{dp} 为允许的最小直流电流限值。

4）平波电抗器电感值应与直流滤波器参数统筹考虑。

5）平波电抗器电感量的取值应避免与直流回路在 50Hz、100Hz 发生低频谐振。

2.8.3　柳北换流站和龙门换流站主回路参数计算

1. 柔直换流器稳态运行特性

换流器的稳态运行特性是主回路参数设计的基本理论依据。以 A 相为例，换流器主电路的外部稳态电压、电流表达式为

$$i_{\mathrm{a}} = \sqrt{2} I_{\mathrm{a}} \sin(\omega t + \varphi)$$

$$I_{\mathrm{ad}} = \frac{P}{3 U_{\mathrm{d}}}$$

$$u_{\mathrm{a}} = \sqrt{2} U_{\mathrm{a}} \sin(\omega t)$$

换流器内部稳态电压、电流表达式为

$$i_{\mathrm{ap}} = \frac{\sqrt{2}}{2} I_{\mathrm{a}} \sin(\omega t + \varphi) + I_{\mathrm{ad}} + I_{\mathrm{az}} \sin(2 \omega t + \theta)$$

$$i_{\mathrm{an}} = -\frac{\sqrt{2}}{2} I_{\mathrm{a}} \sin(\omega t + \varphi) + I_{\mathrm{ad}} + I_{\mathrm{az}} \sin(2 \omega t + \theta)$$

$$I_{\mathrm{az}} = \frac{\sqrt{(A \cos\varphi + B)^2 + (A \sin\varphi)^2}}{1 - \dfrac{N}{16 \omega^2 C L_{\mathrm{s}}} - \dfrac{M^2 N}{24 \omega^2 C L_{\mathrm{s}}}}$$

$$\theta = \arccos\left(-\frac{A \sin\varphi}{I_{\mathrm{az}}} \right)$$

式中，$A = \dfrac{3\sqrt{2}}{64} \dfrac{M N I_{\mathrm{a}}}{\omega^2 C L_{\mathrm{s}}}$；$B = -\dfrac{N}{16} \dfrac{M^2 I_{\mathrm{ad}}}{\omega^2 C L_{\mathrm{s}}}$。

功率模块电流表达式为

$$i_{\mathrm{apm}} = \left[\frac{1}{2} - \frac{1}{2} M \sin(\omega t) \right] i_{\mathrm{ap}}$$

$$i_{\mathrm{anm}} = \left[\frac{1}{2} + \frac{1}{2} M \sin(\omega t) \right] i_{\mathrm{an}}$$

功率模块电容电压表达式为

$$u_{\mathrm{apm}} = \frac{1}{C} \int i_{\mathrm{apm}} \mathrm{d}t + U_{\mathrm{m}}$$

$$u_{\mathrm{anm}} = \frac{1}{C} \int i_{\mathrm{anm}} \mathrm{d}t + U_{\mathrm{m}}$$

2. 柔直变压器与桥臂电抗器设计

（1）设计原则

柔直变压器与桥臂电抗器是柔性直流换流站与交流系统之间传输功率的纽带。柔直变压器的电压比选择应使得换流器出口电压与阀侧电压匹配，而柔直变压器的漏抗与桥臂电抗器的电感值往往需要综合考虑。具体需要考虑以下因素：

1）换流器额定功率输出范围。在额定运行条件下，柔性直流换流器的功率输出范围满足以下约束条件：

$$P^2 + Q^2 = S_N^2$$

$$P^2 + \left(Q - \frac{U_s^2}{X}\right)^2 = \left(\frac{U_s U_c}{X}\right)^2$$

式中，X 为变压器漏抗与等效桥臂电抗值（桥臂电抗值的一半）之和；U_c 为换流器在额定运行工况下输出线电压有效值；U_s 为交流系统额定电压折算到柔直变压器二次侧的有效值。

2）功率器件通流能力。在额定运行工况下，要求柔性直流换流阀流过的电流有效值不能超过其额定电流，并保留足够的安全裕度。根据与换流阀厂家的技术调研，建议在额定工况下 IGBT 的电流使用率不超过 65%。

3）桥臂环流抑制能力。桥臂二倍频环流与工频分量的比值可以表示如下：

$$\lambda = \frac{I_{ci2}}{I/2} = \left| \frac{3mN/2}{48\omega^2 LC - (3 + 2m^2) N} \sqrt{9 + m^2 (m^2 - 6) \cos^2\varphi} \right|$$

式中，m 为额定功率水平下的调制比；N 为每桥臂功率模块数量；C 为功率模块电容值（mF）；$\cos\varphi$ 为额定功率因数；ω 为工频角频率（rad/s）。

从上式可以看出，桥臂电抗的数值越大越有利于降低桥臂的二倍频环流幅值。实际上，当桥臂间环流不是很大时，对柔性直流换流器的运行影响较小，在设计桥臂电抗时一般不需特别考虑这方面因素。当桥臂二倍频环流的有效值为桥臂电流额定值的 x 倍时，桥臂电流总有效值的增加为 $\sqrt[2]{1 + x^2}$，比如当 x 为 30% 时，桥臂电流仅增加到约 1.05 倍，对整个换流器桥臂电流和发热并没有十分明显的影响。因此，本章在设计桥臂电抗器的电感值时，重点考虑换流器额定功率输出范围和交流系统故障穿越能力两个因素，仅对桥臂环流抑制能力进行校核计算。如果校核结果不满足桥臂二倍频环流含量低于 30% 的要求，则适当增加桥臂电抗器的电感值，同时调整变压器的电压比和漏抗值，直至满足要求。

由于环流的大小主要是影响桥臂电流的畸变度和峰值，而且在实际工程运行中通常会由环流抑制控制器对环流进行抑制，因此在最小电抗值的基础上可以适当减小。

（2）柔直变压器容量

针对换流站的容量，考虑 15% 左右的裕度，乌东德工程的柔直变压器视在容量见表 2.28。

表 2.28　柔直变压器容量　　　　　　　　　　　　（单位：MV·A）

技 术 参 数	龙门换流站	柳北换流站
视在容量	480	290

（3）柔直变压器漏抗

针对换流站的容量，综合变压器制造、运输等方面的考虑，乌东德工程的变压器短路阻抗选择见表 2.29。

表 2.29　柔直变压器漏抗推荐值　　　　　　　　（单位：p.u.）

技 术 参 数	龙门换流站	柳北换流站
漏抗值	18%	16%

（4）柔直变压器电压比

经过分析计算，乌东德工程柔直变压器的额定电压比见表 2.30。

表 2.30　柔直变压器额定电压比推荐值　　　　　　（单位：kV/kV）

技 术 参 数	龙门换流站	柳北换流站
电压比	525/244	525/220

（5）桥臂电抗器

经过分析计算，对于乌东德工程的桥臂电抗器值见表 2.31。

表 2.31　桥臂电抗器电感值　　　　　　　　　　（单位：mH）

技 术 参 数	龙门换流站	柳北换流站
电感值	40	55

（6）柔直变压器分接头

采用有载调压柔直变压器，可以扩大换流站的调节范围，并优化换流器运行的电压和电流。考虑电压波动范围，并且满足龙门换流站和柳北换流站输出功率范围的要求，可以计算出额定直流电压运行时柔直变压器分接头级数需求，计算结果见表 2.32。

换流变分接头设计过程如下：

变压器分接头调节档位方向约定为档位数越高，变压器二次侧电压越低；档位数越低，变压器二次侧电压越高。

变压器最大分接头级数计算公式如下：

$$N_{\max} = \frac{\dfrac{U_{\mathrm{smax}}}{525}\dfrac{U_{\mathrm{tr2N}}}{U_{\mathrm{tr2}}} - 1}{0.0125}$$

变压器最小分接头级数计算公式如下：

$$N_{\min} = \frac{\dfrac{U_{\mathrm{smin}}}{525}\dfrac{U_{\mathrm{tr2N}}}{U_{\mathrm{tr2}}} - 1}{0.125}$$

式中，U_{smax} 为系统最大电压（kV）；U_{smin} 为系统最小电压（kV）；U_{tr2N} 为柔直变压器二次侧额定电压（kV）；U_{tr2} 为不同运行方式下要求的柔直变压器二次侧额定电压（kV）。

表 2.32　柔直变压器分接头级数配置需求（1.25% 一档）

技 术 参 数	龙门换流站	柳北换流站
变压器分接头级数	-4 ~ +4	-4 ~ +4

3. 功率运行范围

图 2.80 和图 2.81 所示分别为在有载调压开关档位正确调节，且系统在连续运行工作范围内情况下龙门换流站和柳北换流站单个阀组的 PQ 运行曲线图。点画线框为要求的运行范围。

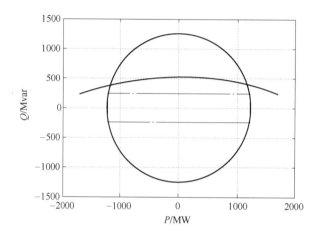

图 2.80　龙门换流站 PQ 运行曲线

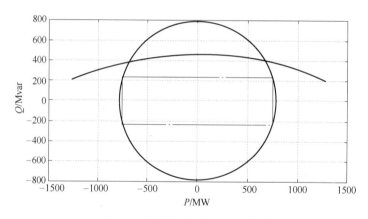

图 2.81　柳北换流站 PQ 运行曲线

4. 功率模块数量

功率模块的直流电压等级需要与所选择的 IGBT 电压等级相配合，相应地也决定了所需的功率模块数目。单桥臂串联功率模块数的计算公式为

$$N = \mathrm{ceil}\left(\frac{\max(U_{\mathrm{dcn}}, 0.5U_{\mathrm{dcm}} + U_{\mathrm{m}})}{U_{\mathrm{cref}}}\right)$$

式中，$\mathrm{ceil}(x)$ 是向上取整函数；U_{dcn} 为空载运行最大直流电压（kV）；U_{dcm} 和 U_{m} 为不同运行工况下的直流电压和柔性直流换流阀输出的交流相电压幅值（kV）。

IGBT 器件的标称电压通常是指其集电极和发射极之间所能承受的最大阻断电压，IGBT 器件在运行时所承受的电压（包括暂态过程的峰值电压）均不应超过此值。在乌东德工程中使用的高压 IGBT 器件的标称电压等级主要是 4500V。在实际设计时，考虑到开关器件开关动作时产生的尖峰电压，以及直流电容电压上存在的波动，在选择功率模块直流电压等级时需要考虑留有 2 倍左右的裕量。

在计算功率模块数量时,空载运行最大直流电压取为 ±800kV。为了提高直流系统的运行可靠性,功率模块冗余比例取为 8%。

5. 功率模块直流电容

由于功率模块直流电容承受交流电流,因此会产生电压波动。为了抑制电压波动,需要选择合适的电容值,选取理论依据如下:

$$C \geqslant \frac{NS}{3(1+\lambda)m\omega\varepsilon U_{dc}^2}\left[1-(m\cos\varphi/2)\right]^{3/2}$$

式中,m 为额定功率水平下的调制比;N 为每桥臂功率模块数量;C 为功率模块电容值(mF);S 为换流器视在容量(MW);$\cos\varphi$ 为额定功率因数;ω 为工频角频率(rad/s);U_{dc} 为换流器额定直流运行电压(kV);ε 为电容电压波动幅值设计值。

在实际设计时,还需要考虑环流分量和阀控均压措施对功率模块电压波动幅度的影响,因此,功率模块电容值还应该在上述计算结果的基础上取一定的裕度。

6. 启动电阻

启动电阻的作用主要用于限制对电容器充电时启动瞬间在桥臂电抗器上的过电压及功率模块二极管上的过电流。另外,充电速度不宜太快或太慢,以免电压电流上升率过高,或在充电过程中发生电容电压发散问题。参考已有工程经验,为控制启动时的冲击电流电压,宜将换流阀冲击电流峰值限制在 100A 以内,同时启动电阻设计时还应考虑最小单次启动能量要求。启动电阻安装的位置可以为变压器网侧,也可以为变压器阀侧。当安装在变压器网侧时,启动电阻会恒定流过变压器的励磁电流,该电流在启动电阻上产生较大的热损耗,导致启动电阻温升较高。因此,若启动电阻安装在网侧,需要尽快投入旁路开关将其退出,因此建议旁路开关选择交流断路器。当安装在变压器阀侧时,启动电阻在稳态阶段流过的电流较小,热累积主要集中在充电的初始阶段,因此对旁路开关动作时机无严格要求,选取隔离开关即可。

启动电阻安装在网侧或者阀侧均是可行的。考虑换流站平面布置、阀厅占地面积等因素,建议启动电阻安装位置优先考虑在网侧,其次为阀侧。参考现有工程启动电阻应用经验,乌东德工程启动电阻初步推荐值为 5kΩ,后续可进一步优化。

7. 直流电抗器

直流侧装设直流电抗器主要有以下作用:

1)抑制直流开关场或直流线路所产生的陡波冲击波进入阀厅,使换流阀免于遭受过电压而损害。

2)削减长距离输电直流线路上的谐波电流,消除直流线路上的谐振。

3)防止直流低负荷时发生电流断续现象。

4)抑制直流线路故障时换流阀的暂态电流上升率。

对于柔性直流输电而言,由于采取模块化多电平拓扑结构,其交、直流侧谐波含量非常低,直流电抗器设计不需要考虑谐波抑制问题。同时,柔性直流输电直流侧也不存在电流断续现象。因此,柔性直流输电的直流电抗器设计重点需要考虑换流阀暂态电流抑制要求和直流侧陡波冲击,同时需要避免直流线路上的谐振问题。

为将故障时换流阀暂态电流上升率限制在合理水平,留给控制保护充分时间判断识别故障，保证换流阀 IGBT 在安全电流水平下可靠关断，需要设计合理的直流电抗器值。此外，在设计时安全裕度一般按照 10% 考虑。

在直流最严重工况下，即直流故障位于换流阀 800kV 直流母线出口，如图 2.82 所示。为了确保直流故障时，换流阀暂态电流峰值能控制在安全范围内，建议直流电抗器安装在中性母线位置；为了防止直流线路的陡波冲击，建议直流极线也安装直流电抗器，其具体数值需要考虑过电压和绝缘配合要求。

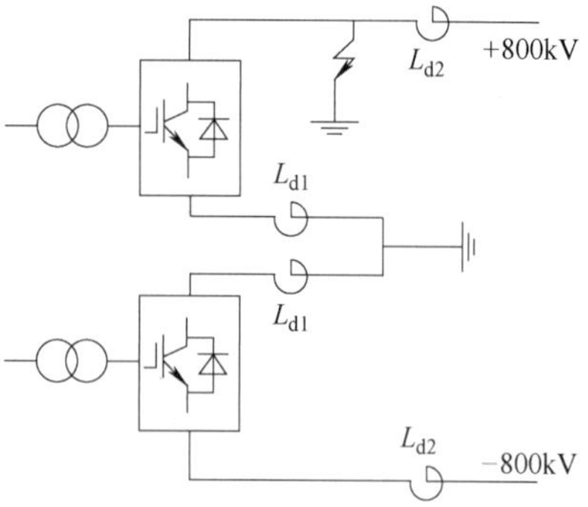

本节重点讨论中性母线位置的直流电抗器的设计，即 L_{d1}。为避免交流系统故障时，换流阀暂态电流上升引起 IGBT 暂时性闭锁，要求暂态电流满足以下约束条件：

图 2.82　直流电抗器安装位置

$$I_{\max} + \Delta i_{ac}t_{ac} + \Delta i_{dc}t_{dc} < I_0$$

式中，t_{ac} 为控制保护装置延时，取 600μs；t_{dc} 为换流阀快速过电流保护动作时间，取 200μs；$I_{\max}$ 为换流阀最大峰值电流（kA）；I_0 为设置的器件最大关断电流值（kA）。

换流阀 800kV 母线出口发生直流故障时，换流阀暂态电流上升率近似计算如下：

$$\begin{cases} \Delta i_{dc} = \dfrac{U_{dc}}{3L_d + 2L_s} & （单阀组）\\[3mm] \Delta i_{dc} = \dfrac{U_{dc}}{3L_d + 4L_s} & （高低阀组）\end{cases}$$

交流系统故障时，换流阀暂态电流上升率计算需要考虑最严苛工况，为此主要设定以下边界条件：

1）柔性直流输电换流站输出额定有功功率和额定无功功率。

2）交流故障时刻，柔性直流换流阀输出最大电压（相电压幅值为直流电压一半）。

3）交流系统故障时，换流母线电压瞬间跌落。因此，交流系统故障时，换流阀暂态电流上升率为

$$\begin{cases} \Delta i_{ac} = \dfrac{U_{dc}}{4L_t + 2L_s} & （单阀组）\\[3mm] \Delta i_{ac} = \dfrac{U_{dc}}{8L_t + 4L_s} & （高低阀组）\end{cases}$$

式中，L_t 为交流侧变压器的短路阻抗值（mH）；L_s 为换流阀桥臂电抗器的电感值（mH）；L_d 为备选直流电抗器的电感值（mH）。

经上述计算，中性母线直流电抗器取值建议见表 2.33。

表 2.33　中性母线直流电抗器推荐值（龙门、柳北换流站）　　　　（单位：mH）

技 术 参 数		龙门换流站	柳北换流站
中性母线位置直流电抗器	取值约束	≥17	≥52
	推荐值	75	75

考虑到现有成型设备的情况，同时尽量保持柔性直流换流站直流侧阻抗成对称分布，建

议龙门换流站和柳北换流站直流极线直流电抗器值也选择为 75mH。

2.8.4　各种主要运行方式下的主回路参数

1. 主回路主要参数

昆北换流站主回路主要参数有直流电压、直流电流、直流功率、无功功率、触发延迟角、变压器分接头位置。

龙门换流站和柳北换流站主回路主要参数有直流电压、直流电流、直流功率、无功功率、换流阀交流电流、换流阀桥臂电流、换流阀二倍频换流、功率模块电容电压、功率模块电容电流、A 点电压、B 点电压、C 点电压，如图 2.83 所示。

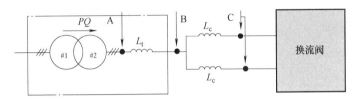

图 2.83　主回路电气量

限于篇幅，本书仅给出在正常交流电压（昆北 525kV、龙门 525kV、柳北 525kV）下三端双极全电压运行方式下和单端 STATCOM 方式下的主回路参数。

2. 三端双极全电压运行

在交流电压昆北 525kV、柳北 525kV、龙门 525kV 下，直流功率从 0.1p. u. 至 1.05p. u. 时的运行特性如下。

（1）昆北换流站

昆北换流站主回路数据见表 2.34。

表 2.34　昆北换流站主回路数据

P/p. u.	I_d/A	U_{dR}/kV	P_{dR}/MW	Q_{dR}/Mvar	α/(°)	变压器分接头 位置 TCR
0.1	500	400	200	66.8	16.4	8
0.25	1250	400	500	200.7	17.3	6
0.5	2500	400	1000	458.7	16.3	4
0.75	3750	400	1500	768.5	15.5	2
1	5000	400	2000	1128.1	15	0
1.05	5265.1	398.9	2100	1193.9	14.3	0

（2）柳北换流站

单 400kV 阀组数据，以 0Mvar 无功功率情况为例，结果见表 2.35。

表 2.35　0Mvar 无功功率

数　据　项	直流电流水平/p. u.					
	0.10	0.25	0.50	0.75	1.00	1.05
换流阀组直流电压/kV	399.57	398.28	396.12	393.96	391.81	385.73
换流阀组直流电流/A	187.50	468.75	937.50	1406.25	1875.00	1994.25

（续）

数 据 项		直流电流水平/p. u.					
		0.10	0.25	0.50	0.75	1.00	1.05
	换流阀组直流功率/MW	−74.92	−186.69	−371.36	−554.01	−734.64	769.23
	无功功率/Mvar	0.00	0.00	0.00	0.00	0.00	0.00
	A 点线电压有效值/kV	220.00	220.00	220.00	220.00	220.00	220.00
	B 点线电压有效值/kV	220.02	229.12	220.50	221.11	221.95	222.14
	C 点线电压有效值/kV	220.08	238.29	221.96	224.34	227.57	228.29
	阀侧电流有效值/A	196.61	767.27	974.57	1453.90	1927.92	2018.72
	桥臂电流直流分量/A	62.50	156.25	312.50	468.75	625.00	664.75
不考虑2次谐波环流	桥臂电流工频分量/A	98.31	383.63	487.29	726.95	963.96	1009.36
	桥臂电流有效值/A	116.49	414.23	578.88	864.98	1148.85	1208.59
	桥臂电流正向峰值/A	201.53	698.79	1001.63	1496.81	1988.25	762.70
	桥臂电流负向峰值/A	−76.53	−386.29	−376.63	−559.31	−738.25	−2092.20
	模块电容热电流有效值/A	34.91	180.61	171.79	256.12	340.42	349.50
	功率模块电压波动正向幅度/V	2112.65	2175.62	2164.72	2198.39	2232.91	2236.58
	功率模块电压波动负向幅度/V	2087.65	2055.77	2042.66	2018.08	1996.14	1995.59
考虑2次谐波环流	2次谐波环流有效值/A	22.97	121.97	113.03	169.12	226.13	229.77
	桥臂电流有效值/A	118.73	431.82	589.81	881.35	1170.89	1230.24
	桥臂电流正向峰值/A	169.11	671.33	846.81	1271.42	1696.21	1085.30
	桥臂电流负向峰值/A	−109.00	−536.32	−536.09	−797.47	−1056.03	−1793.18
	模块电容热电流有效值/A	46.10	238.16	226.91	338.76	451.35	461.69
	功率模块电压波动正向幅度/V	2116.08	2199.92	2182.53	2225.95	2270.96	2275.27
	功率模块电压波动负向幅度/V	2084.32	2048.90	2027.22	1995.76	1967.30	1966.55

（3）龙门换流站

单 400kV 阀组数据，以 0Mvar 无功功率情况为例，结果见表 2.36。

表 2.36　0Mvar 无功功率

数 据 项	直流电流水平/p. u.					
	0.10	0.25	0.50	0.75	1.00	1.05
换流阀组直流电压/kV	399.31	397.23	393.77	390.31	386.85	380.18
换流阀组直流电流/A	312.50	781.25	1562.50	2343.75	3125.00	3323.75
换流阀组直流功率/MW	−124.78	−310.34	−615.27	−914.79	−1208.90	1263.61
无功功率/Mvar	0.00	−250.00	0.00	0.00	0.00	0.00
A 点线电压有效值/kV	244.00	244.00	244.00	244.00	244.00	244.00
B 点线电压有效值/kV	244.03	251.91	244.74	245.63	246.84	247.10
C 点线电压有效值/kV	244.10	258.76	246.48	249.44	253.43	254.28
阀侧电流有效值/A	295.26	942.95	1455.84	2164.56	2860.49	2989.94

（续）

数 据 项		直流电流水平/p. u.					
		0.10	0.25	0.50	0.75	1.00	1.05
	桥臂电流直流分量/A	104.17	260.42	520.83	781.25	1041.67	1107.92
	桥臂电流工频分量/A	147.63	471.47	727.92	1082.28	1430.24	1494.97
不考虑 2 次谐波环流	桥臂电流有效值/A	180.68	538.61	895.06	1334.80	1769.37	1860.76
	桥臂电流正向峰值/A	312.95	927.18	1550.27	2311.83	3064.34	1006.29
	桥臂电流负向峰值/A	-104.62	-406.35	-508.60	-749.33	-981.01	-3222.12
	模块电容热电流有效值/A	49.70	204.99	242.42	360.50	478.94	491.37
	功率模块电压波动正向幅度/V	2111.61	2156.63	2159.42	2190.33	2221.97	2224.68
	功率模块电压波动负向 幅度/V	2088.77	2069.64	2049.90	2030.41	2014.49	2015.63
考虑 2 次谐波环流	2 次谐波环流有效值/A	31.94	133.83	154.51	229.12	303.94	306.17
	桥臂电流有效值/A	183.48	554.99	908.30	1354.32	1795.29	1885.78
	桥臂电流正向峰值/A	267.82	837.78	1334.85	1996.44	2651.91	1437.53
	桥臂电流负向峰值/A	-149.77	-583.81	-726.84	-1072.53	-1409.08	-2803.74
	模块电容热电流有效值/A	66.43	272.55	323.08	479.97	637.26	649.49
	功率模块电压波动正向幅度/V	2115.07	2174.97	2177.09	2217.41	2259.02	2262.05
	功率模块电压波动负向 幅度/V	2085.41	2062.09	2034.62	2008.56	1986.49	1987.74

（4）广东 STATCOM 运行

广东 STATCOM 运行模式下的主回路参数见表 2.37。

表 2.37 广东 STATCOM 运行模式下的主回路参数

参 数 名 称	计 算 数 值			
无功功率/Mvar	-375.000	-187.500	187.500	375.000
A 点线电压有效值/kV	244.000	244.000	244.000	244.000
B 点线电压有效值/kV	255.588	249.794	238.206	232.412
C 点线电压有效值/kV	265.244	254.622	233.378	222.756
阀侧电流有效值/A	887.321	443.661	443.661	887.321
桥臂电流工频分量/A	443.661	221.830	221.830	443.661

2.8.5 极限运行电压计算

1. 计算原则

在混合三端直流输电系统不同功率水平条件下，柔性直流换流阀的输出电压是不同的，这影响到换流站 B 点（柔直变压器阀侧套管位置）和 C 点（桥臂电抗器靠近阀侧）的运行电压。B 点和 C 点的极限运行电压影响到柔直变压器和换流阀的交直流电压耐受要求，需要进行扫描计算，以确定其运行边界。

在计算确定 B 点和 C 点的运行边界时，需要充分考虑变压器分接开关位置、变压器漏抗值、桥臂电抗器电感值的误差，还应该考虑系统的运行方式。根据分析，两端运行方式下和 STATCOM 运行方式下，B 点和 C 点的电压相对更高。因此本章计算中，以云南—广东、云南—广西、广西—广东、STATCOM 运行方式为主，相关设备参数误差考虑如下：

Ⅰ. 换流变压器分接开关存在一个负档位偏差，而此时连接变压器电压比仍为额定电压比。

Ⅱ. 换流变压器分接开关存在一个正档位偏差，而此时连接变压器电压比仍为额定电压比。

Ⅲ. 换流变压器漏抗与桥臂电抗实际值处于最大正制造偏差，即漏抗（+5%），桥臂电抗（+3%）。

Ⅳ. 换流变压器漏抗与桥臂电抗实际值处于最大负制造偏差，即漏抗（-5%），桥臂电抗（-3%）。

B 点和 C 点的对地电位是由直流分量和工频分量叠加而成的，其大小与直流功率水平、换流器无功输出大小有关。图 2.84 所示为柳北换流站 B 点的对地电位随着直流功率水平的变化曲线，计算条件：云南—广西两端运行方式、输出额定无功功率、考虑Ⅰ+Ⅲ组合误差。可以看出，B 点实际最大对地电位约为 790kV。

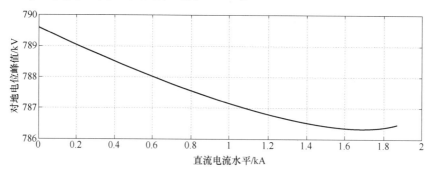

图 2.84 柳北换流站 B 点对地电压

2. 龙门换流站

图 2.85 所示为龙门换流站 C 点的对地电位随着直流功率水平的变化曲线，计算条件：云南—广东两端运行方式、输出额定无功功率、考虑Ⅰ+Ⅲ组合误差。可以看出，C 点实际最大对地电位约为 814kV。

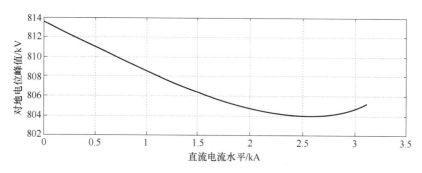

图 2.85 龙门换流站 C 点对地电压

2.8.6　过负荷能力

对特高压混合多端直流技术方案的昆北换流站过负荷能力要求如下：在不额外增加换流站设备投资的前提下，云南送端 2h 过负荷能力暂按额定输送容量的 1.05 倍考虑，暂态（3s）过负荷暂按额定输送容量的 1.3 倍考虑。直流系统运行时的过负荷能力与环境温度、备用冷却装置是否投入有关。

对于柳北换流站和龙门换流站，主要考虑有二倍频换流分量与无二倍频换流分量时，换流阀桥臂电流的最大有效值；同时按照大容量功率器件的额定电流值，结合换流阀厂家提供的技术参数，确定水冷却系统的设计可否将 IGBT 的结温控制在 100℃ 以下，即低于器件允许的最大运行结温（一般为 125℃），以确保系统运行安全。

2.9　本章小结

1）本章对比研究了 4 种不同特高压多端直流输电的技术性能。根据已有 ±800kV 特高压传统直流输电和柔性直流输电技术的发展，本章论述的 4 种多端方案技术上均是可行的，换流站直流主设备不构成制约性因素。

2）本章对比研究了特高压柔性直流换流阀的单阀组方案和高低阀组串联方案。研究表明，直流换流站采取单阀组方案和高低阀组串联方案在技术上均是可行的。考虑技术特性、设备投资和占地等因素，建议乌东德工程特高压柔性直流换流站优先采用高低阀组串联方案。

3）本章对比研究了多种不同的换流阀拓扑结构。经过对比分析，特高压柔性直流换流阀拓扑结构既可采用全部全桥结构，也可以采用全桥和半桥混合结构。

4）本章研究提出了不同换流器拓扑结构下不控整流启动特性及启动电阻技术参数要求。发现换流器拓扑结构和启动控制方式对启动电阻选型影响极大，全桥拓扑结构下启动电阻冲击能量最低，混合（半桥）拓扑结构下启动电阻冲击能量最高。

5）本章研究了柔性直流换流阀主设备的选取原则。确定工程主设备选型应遵循安全可靠、满足系统运行要求、能通过设备型式试验、具备供货业绩、满足工程进度等原则。

第3章 特高压柔性直流输电系统内过电压

为使柔性直流输电工程的设备绝缘水平和造价经济合理，需尽可能地限制过电压，确认避雷器保护水平及设备的绝缘水平要求，因此进行过电压仿真计算是柔性直流输电工程前期的重要工作环节。本章使用电力系统仿真软件 PSCAD/EMTDC，结合乌东德柔性多端直流输电工程的主回路参数，选取柔性直流输电工程的典型故障工况进行过电压仿真研究。其中，雷电过电压将在第4章中讨论；本章主要讨论内过电压问题，并将常规直流和柔性直流情况进行一些对比。

3.1 接地极线路过电压

直流输电工程中，当直流极线或者阀厅区域发生故障时，会在中性母线以及接地极线路上产生过电压，因此需要选择适当的中性母线以及接地极线路的绝缘水平。为此，本节主要介绍如何对接地极线路过电压水平进行仿真研究。具体参数依托乌东德工程相关数据。

3.1.1 系统数据

1. 交流系统参数

交流系统电压参见表 3.1，交流系统短路特性参见表 3.2。

表 3.1　交流系统电压　　　　　　　　　（单位：kV）

交流系统参数	昆北换流站	柳北换流站	龙门换流站
系统电压范围	500~550	500~550	500~550
系统最大极端电压（长期耐受）	550	550	550
系统最小极端电压（长期耐受）	475	475	475
交流母线电压	525	525	525

表 3.2　交流系统短路特性　　　　　　　　（单位：kA）

短路特性参数	昆北换流站	柳北换流站	龙门换流站
远期联网方式最大三相短路电流（建议值）	63	63	63
远期联网方式最大单相短路电流（建议值）	63	63	63

2. 主回路参数

（1）常规直流方案主回路参数

常规直流方案主回路参数详见表 3.3。

表 3.3　常规直流主回路参数

技 术 参 数	昆北换流站	柳北换流站	龙门换流站
额定功率（整流器直流母线处）P_N/MW	8000	3000	5000
最小功率 P_{min}/MW	400	250	250

（续）

技术参数	昆北换流站	柳北换流站	龙门换流站
额定直流电流 I_{dN}/kA	5.0	1.875	3.125
直流最大短路电流 I_{kmax}/kA	50	36	36
额定直流电压 U_{dN}/kV	±800（极对中性线）	±800（极对中性线）	±800（极对中性线）
额定空载直流电压 U_{di0N}/kV	232.7	223.1	222.7
理想空载直流电压最大值 U_{diomax}/kV	239.2	230.8	230.5
额定整流器触发延迟角 α/（°）	15（12.5~17.5）	—	—
额定逆变器熄弧角 γ/（°）	—	17（17~20.5）	17（17~20.5）
换流变压器容量（单相双绕组）/MV·A	406.0	146.0（高端阀组）	243.0
换流变压器容量（单相三绕组）/MV·A	—	292.0（低端阀组）	—
换流变压器短路阻抗 U_k（%）	20.0	14.0	17.0
换流变压器网侧绕组额定（线）电压/kV	525	525	525
换流变压器阀侧绕组额定（线）电压/kV	172.3	165.2	164.9
换流变压器分接开关级数	+24/-6	+22/-8	+22/-8
分接开关的间隔（%）	1.25	1.25	1.25
平波电抗器电感值/mH	200	200	200
中性母线冲击电容/μF	15	15	15

（2）混合直流方案主回路参数

混合直流方案主回路参数详见表3.4（昆北换流站）和表3.5（柳北换流站、龙门换流站）。

表3.4 昆北换流站主回路参数

技术参数	昆北换流站
额定功率（整流器直流母线处）P_N/MW	8000
最小功率 P_{min}/MW	400
额定直流电流 I_{dN}/kA	5.0
直流最大短路电流 I_{kmax}/kA	50
额定直流电压 U_{dN}/kV	±800（极对中性线）
额定空载直流电压 U_{di0N}/kV	232.7
理想空载直流电压最大值 U_{diomax}/kV	239.2
额定整流器触发延迟角 α/（°）	15（12.5~17.5）
换流变压器容量（单相双绕组）/MV·A	406.0
换流变压器短路阻抗 U_k（%）	20.0
换流变压器网侧绕组额定（线）电压/kV	525
换流变压器阀侧绕组额定（线）电压/kV	172.3
换流变压器分接开关级数	+24/-6
分接开关的间隔（%）	1.25
平波电抗器电感值/mH	300
中性母线冲击电容/μF	15

表 3.5　柳北和龙门换流站主回路参数

技 术 参 数		龙门换流站	柳北换流站
		高低阀组	高低阀组
柔直变压器	联结组标号	YNy	YNy
	额定容量/MV·A	480	290
	电压比	525/244	525/220
	漏抗（%）	18	16
	分接头级数	-4 ~ +4	-4 ~ +4
桥臂电抗器	电感值/mH	40	55
换流阀	器件类型	压接式 IGBT	压接式 IGBT
	器件额定电压/V	4500	4500
	器件额定电流/A	3000	2000
	模块电容值/mF	18	12
	每桥臂功率模块数量（含冗余）/个	216	216
	每桥臂全桥功率模块数量（含冗余）/个	176	176
	每桥臂半桥功率模块数量（含冗余）/个	40	40
	每桥臂功率模块数量（不含冗余）/个	200	200
	每桥臂全桥功率模块数量（不含冗余）/个	160	160
	每桥臂半桥功率模块数量（不含冗余）/个	40	40
启动电阻	阻值/Ω	5000	5000
中性母线直流电抗器电感值/mH		75	200
直流极线直流电抗器电感值/mH		75	100
中性母线冲击电容		—	—

3. 直流线路和接地线路

线路参数详见第 2 章表 2.24 ~ 表 2.26。

3.1.2　常规直流方案接地极线路上产生的操作过电压

接地极线路的绝缘水平整体上较低，且在双极对称运行时，接地极线路基本处于无电压无电流的工作状态，此时如果发生雷击引起接地极闪络则电弧会自然熄灭。若在双极不平衡运行时，接地极线路因雷击发生闪络，则可通过极平衡来使电弧熄灭。单极运行方式下接地极发生闪络也可通过重启来使得电弧熄灭。

1. 仿真条件

运行方式选择：单极运行时，即使接地极线路在极线故障时闪络，随着直流系统的重启，接地极线路上的故障也会同时清除，因此本节主要研究双极运行的过电压情况，研究的故障包括站内各关键点对地故障；基于计算结果提出接地极线路的绝缘水平要求，降低双极运行时单极故障引起接地极线路闪络进而导致双极故障的可能性。

交流系统短路容量选择：根据理论分析和绝缘配合研究的结果，选择最大系统短路容量作为研究的条件。

直流电流和电压的选择：电压考虑直流极线最大电压，电流考虑额定直流电流。

故障选择：选择可能引起接地极线路过电压的各种典型工况进行计算，包括直流母线接地故障、阀厅出口处极母线接地故障、各换流变压器阀侧接地故障、换流器连接母线接地故障等。

2. 仿真结果

（1）昆北换流站

昆北换流站的接地极线路沿线过电压计算结果见表 3.6。表中 0.0km 位置处指昆北换流站接地极线路出口处，36.0km 指接地极处。从表中可以看出，沿线的过电压水平与距离接地极的距离基本上成正比，接地极线路过电压最大值为 258.6kV，出现的工况为昆北换流站极母线平波电抗器（简称"平抗"）阀侧接地故障。根据 GB/T 311.3—2017，将接地极线路按直流户外设备处理，取 15% 的裕度计算接地极沿线最小耐受电压要求。杆塔绝缘子串（含招弧角）50% 冲击放电电压 U_{50} 由要求耐受电压计算得出，在计算时考虑了大气条件的影响，即

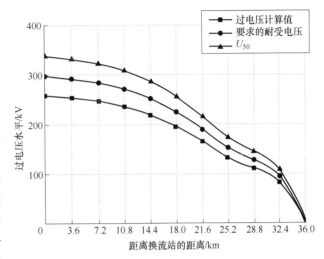

图 3.1　昆北换流站接地极线路沿线代表性过电压水平及最小耐受水平要求

$$U_{50(\text{corr})} = \frac{U_{0(\text{corr})}}{1 - 2\sigma}$$

式中，$U_{50(\text{corr})}$ 为外绝缘要求耐受电压水平（kV）；σ 为标准偏差，对于操作冲击为 0.06。

图 3.1 和表 3.6 分别给出了沿线各点最大过电压的变化趋势、要求耐受电压水平以及 50% 放电电压要求。设计单位可结合实际情况分段进行设计，如杆塔位置的海拔超过 1000m，还需要考虑海拔修正。

表 3.6　昆北换流站接地极线路沿线代表性过电压及绝缘要求

位置/km	操作过电压水平/kV	要求耐受电压/kV	50% 放电电压/kV
0.0	258.6	297.3	337.9
3.6	253.4	291.4	331.1
7.2	246.6	283.6	322.3
10.8	235.8	271.2	308.2
14.4	218.4	251.2	285.5
18.0	195.4	224.7	255.3
21.6	165.0	189.7	215.6
25.2	132.4	152.3	173.0
28.8	111.0	127.6	145.0
32.4	81.8	94.1	106.9
36.0	3.2	3.7	4.2

图 3.2 所示为平抗阀侧接地故障时，昆北换流站接地极线路 0km、18km、36km 处电压波形。

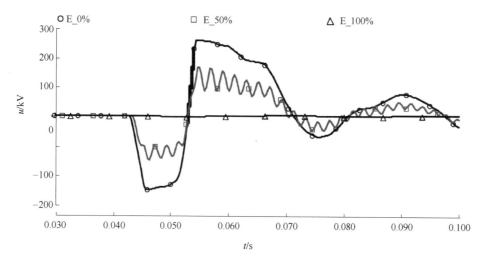

图 3.2　昆北换流站接地极线路处电压波形

（2）龙门换流站

表 3.7 给出了龙门换流站的过电压计算结果。表中各故障点的描述均基于龙门换流站，表中位置是指距离换流站的接地极线路长度。从表 3.7 中可以看出，沿线的过电压水平随与接地极的距离增加而降低。接地极线路过电压最大值为 244.7kV，其余计算方法同第 2 小节。图 3.3 给出了龙门换流站接地极线路沿线过电压、要求的耐受电压和 U_{50} 的变化曲线。

表 3.7　龙门换流站接地极线路沿线代表性过电压及绝缘要求

位置/km	操作过电压水平/kV	要求耐受电压/kV	50% 放电电压/kV
0.0	244.7	281.4	319.8
7.1	228.0	262.2	298.0
14.2	209.4	240.8	273.7
21.4	190.1	218.6	248.4
28.5	170.8	196.4	223.2
35.6	150.1	172.7	196.2
42.7	126.5	145.5	165.3
49.8	99.2	114.1	129.6
57.0	69.1	79.5	90.4
64.1	35.7	41.0	46.6
71.2	2.8	3.2	3.6

（3）柳北换流站

图 3.4 给出了柳北换流站接地极线路沿线过电压、要求的耐受电压和 U_{50} 的变化曲线。其计算过程同龙门换流站，此处不再赘述。

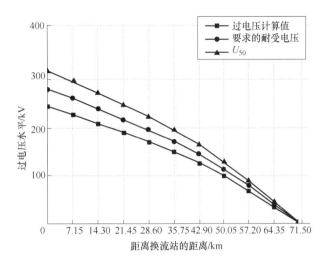

图 3.3　龙门换流站接地极线路沿线过电压水平及最小耐受水平要求

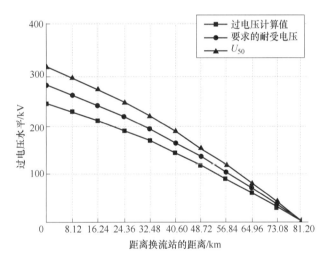

图 3.4　柳北换流站接地极线路沿线过电压水平及最小耐受水平要求（双阀组）

3.1.3　混合直流方案接地极线路上产生的操作过电压

1. 仿真条件

运行方式选择：和常规三端直流方案相同，只考虑双极运行方式。

交流系统短路容量选择：根据理论分析和绝缘配合研究的结果，选择最大系统短路容量作为研究的条件。

直流电流和电压的选择：电压考虑直流极线最大电压，电流考虑额定直流电流。

故障选择：选择可能引起接地极线路过电压的各种典型工况进行计算，包括直流母线接地故障、阀厅出口处极母线接地故障、各换流变压器/连接变压器阀侧接地故障、换流器连接母线接地故障等。

2. 仿真结果

（1）昆北换流站

昆北换流站的接地极线路沿线过电压计算结果见表 3.8。表中 0.0km 位置处指昆北换流站接地极线路出口处，36.0km 指接地极处。从表中可以看出，沿线的过电压水平与距离接地极的距离基本上成正比，接地极线路过电压最大值为 245.8kV，出现的工况为昆北换流站低端 YD 换流变压器阀侧接地故障。由于混合直流方案的平抗值大于常规直流方案，且中性母线装设有 100Hz 阻波器，采用混合直流方案昆北换流站接地极线路的过电压水平略低于常规直流方案，整体水平相当。

图 3.5 分别给出了沿线各点最大过电压的变化趋势、要求耐受电压水平以及 50% 放电电压要求。

表 3.8 昆北换流站接地极线路沿线代表性过电压及绝缘要求

位置/km	操作过电压水平/kV	要求耐受电压/kV	50% 放电电压/kV
0.0	245.8	282.6	321.2
3.6	230.8	265.4	301.6
7.2	214.4	246.5	280.1
10.8	196.7	226.2	257.0
14.4	178.1	204.8	232.7
18.0	159.1	182.9	207.9
21.6	140.8	161.9	183.9
25.2	122.8	141.2	160.5
28.8	102.7	118.1	134.2
32.4	66.9	77.0	87.5
36.0	2.5	2.9	3.3

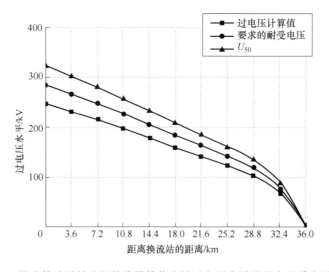

图 3.5 昆北换流站接地极线路沿线代表性过电压水平及最小耐受水平要求

图 3.6 所示为低端 YD 换流变压器接地故障时，昆北换流站接地极线路 0km、18km、36km 处电压波形。

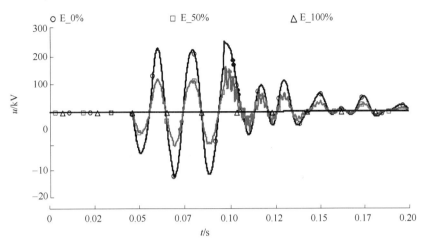

图 3.6　昆北换流站接地极线路处电压波形

（2）龙门换流站

表 3.9 给出了龙门换流站的中性母线不带冲击电容器的过电压计算结果。表中各故障点的描述均基于龙门换流站，表中位置是指距离换流站的接地极线路长度。接地极线路过电压最大值为 397.7kV，出现位置在靠近接地极线路中点的位置，超出站内 E 型避雷器的保护水平约 50%。

表 3.9　龙门换流站接地极线路沿线代表性过电压及绝缘要求

位置/km	操作过电压水平/kV	要求耐受电压/kV	50% 放电电压/kV
0.0	261.5	300.8	341.8
7.1	327.1	376.1	427.4
14.2	363.3	417.8	474.8
21.4	358.5	412.2	468.5
28.5	357.8	411.4	467.5
35.6	380.5	437.6	497.3
42.7	397.7	457.3	519.7
49.8	394.2	453.4	515.2
57.0	338.2	389.0	442.0
64.1	200.3	230.3	261.7
71.2	8.9	10.3	11.7

图 3.7 给出了龙门换流站接地极线路沿线过电压、要求的耐受电压和 U_{50} 的变化曲线，如直接按此取值将明显提高接地极线路的过电压水平。图 3.8 给出了沿线过电压最高工况下

母线处、线路 50%、线路 60% 位置处（最大电压点）和接地极位置的过电压波形，从波形中可以看出，产生过电压的原因是流经接地极线路的故障电流由于直流闭锁，线路电感中的储能向线路对地电容释放产生操作过电压，在换流站内反射波的叠加下产生了较高的过电压水平。

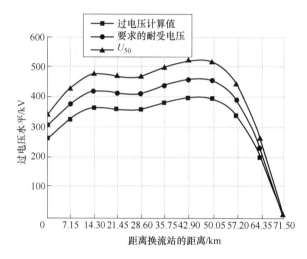

图 3.7 龙门换流站接地极线路沿线过电压水平及最小耐受水平要求

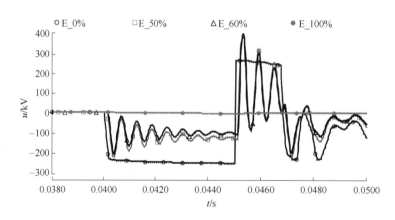

图 3.8 龙门换流站直流电抗器阀侧接地故障接地极线路上的过电压波形

如果要降低过电压水平，则可从以下两个方面考虑：

1）增加直流电抗器的大小，从而降低短路电流的上升速度，减小在闭锁时接地极线路上的电流。

2）在换流站内中性母线上设置冲击电容器，降低线路电感储能向线路电容充电产生的过电压水平，同时可以降低反射波的强度。降低短路电流上升速度需要增加电抗器的成本较高，且在运行时损耗较大，考虑到冲击电容器在正常运行时几乎没有持续运行电压，损耗小，成本低，因此采用增设中性母线冲击电容器的方式来降低接地极线路上的过电压水平。若采用混合直流方案，推荐龙门和柳北两个柔直换流站中性母线上增设 $10\mu F$ 的冲击电容器，以降低接地极线路上的过电压水平。

图 3.9 给出了龙门换流站增设 10μF 的冲击电容器后接地极线路上的过电压水平和要求的耐受电压水平。从图中可以看出，增设 10μF 的冲击电容器后，柔直换流站接地极线路上的过电压分布规律和常规直流类似，明显降低了接地极线路上的过电压水平和绝缘要求。

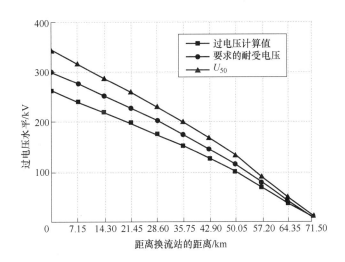

图 3.9　增设冲击电容器后，龙门换流站接地极线路沿线过电压水平及最小耐受水平要求

图 3.10 所示为增设冲击电容器后，龙门换流站直流电抗器阀侧接地故障接地极线路上的过电压波形。

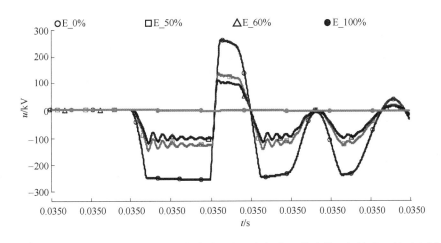

图 3.10　增设冲击电容器后，龙门换流站直流电抗器阀侧接地故障接地极线路上的过电压波形

（3）柳北换流站

图 3.11 给出了柳北换流站接地极线路沿线过电压、要求的耐受电压和 U_{50} 的变化曲线。

根据以上分析，表 3.13 给出了常规三端方案和混合三端方案接地极线路过电压水平对比。从表中数据可以看出，在柔直换流站中性母线上增设冲击电容器后，常规直流和混合直流接地极线路过电压的变化趋势一致；昆北换流站常规直流方案略高于混合直流方案，柳北和龙门换流站混合直流方案略高于常规直流方案。

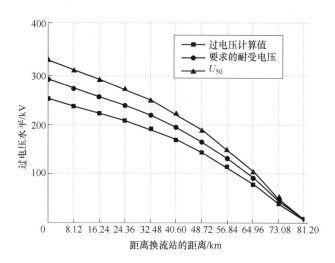

图 3.11　柳北换流站接地极线路沿线过电压水平及最小耐受水平要求（单阀组）

表 3.13　常规三端方案和混合三端方案接地极线路过电压水平对比

位置（%）	云　　南		广　　东		广　　西	
	常规直流/kV	混合直流/kV	常规直流/kV	混合直流/kV	常规直流/kV	混合直流/kV
0	258.6	245.8	244.7	262.0	244.7	254.7
10	253.4	230.8	228.0	242.2	227.0	238.4
20	246.6	214.4	209.4	219.5	208.5	224.2
30	235.8	196.7	190.1	198.5	188.3	208.9
40	218.4	178.1	170.8	176.3	166.6	191.2
50	195.4	159.1	150.1	152.4	142.4	170.4
60	165.0	140.8	126.5	128.0	116.6	144.7
70	132.4	122.8	99.2	100.6	88.9	114.6
80	111.0	102.7	69.1	69.3	60.7	79.1
90	81.8	66.9	35.7	36.9	30.6	39.4
100	3.2	2.5	2.8	9.1	2.4	6.6

3.1.4　结论

本节对比了常规直流和混合直流两种方案下直流典型故障时，换流站接地极线路的操作过电压水平，得出结论如下：

1）对于常规直流方案，由于接地极电阻很小，基本不存在反射，因此站内或直流线路接地故障引起的过电压基本随接地极线路长度的增加而降低，且基本上呈线性。

2）对于混合直流方案的柔直直流换流站，换流器在闭锁时故障电流在线路电感上的储能向线路电容释放产生较高的过电压水平，可以考虑的措施是在中性母线上增设冲击电容器。

3）增设冲击电容器后，柔直方案和常规直流方案的接地极线路过电压水平变化趋势一致，过电压水平差异不大。

4）若接地极线路杆塔海拔高于 1000m，则应在相应要求基础上考虑额外的海拔修正。

3.2　VSC 侧典型故障下的过电压特性

本节主要研究 VSC 侧典型工况下的过电压特性。通过无保护措施下（无避雷器、无保护动作）的过电压工况仿真，明确过电压特性以及故障回路，进而观察保护动作后的过电压特性。

3.2.1　双阀组接线方式

1. 高端阀组换流变压器阀侧接地

在无保护措施情况下，VSC 侧（例如龙门侧）高端阀组换流变压器阀侧单相接地后（见图 3.12），由于送、受端直流电压差增大，导致直流电流增大，流经模块电容电流增加，导通模块电容在故障发生后 15ms 内被充电至 4.23kV（见图 3.13），超出其电压耐受能力；另一方面，由于阀组电容电压不能突变，故障瞬间高压阀组下桥臂以及低压阀组电压被加在中性母线上，导致中性母线出现 −440kV 的过电压，随后在故障电流作用下产生最大幅值为 147kV 的电压波动（见图 3.14）。

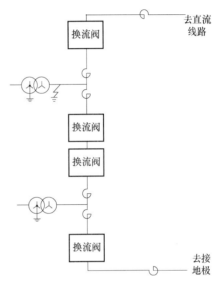

图 3.12　高端阀组换流变压器阀侧接地故障点示意图

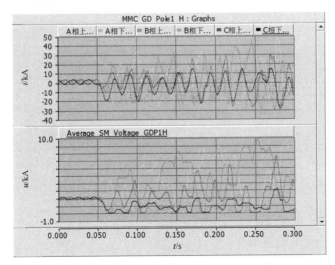

图 3.13　无保护措施下故障桥臂电流和模块电压波形（龙门极 1 高端阀组）

为保护模块电容，需要在故障后尽快闭锁换流阀。仿真中模拟控制保护检测模块过电压故障后 3ms 动作出口极闭锁信号，柳北侧通信延时 10ms 闭锁，昆北侧通信延时 20ms 移相闭锁。非故障侧之所以选择通信延时闭锁而不通过保护检测电气量闭锁，主要原因为根据直流保护的选择性原则，对侧站内故障本侧保护不应动作。龙门侧闭锁后由于送、受端电压差依然存在，送端直流电流持续注入龙门侧阀模块，使模块电压增加，当送端闭锁后 VSC 模块充电回路被切断，模块充电停止。图 3.15 为此过程中故障侧阀模块电压波形，电压仍然达到 5.2kV，超出电容电压耐受值。因此，考虑在 VSC 侧高端阀组上桥臂加装 V 型避雷器来限制模块过电压。

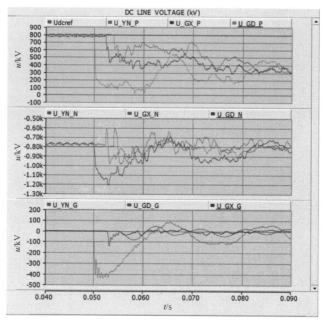

图 3.14　无保护措施下故障电压波形

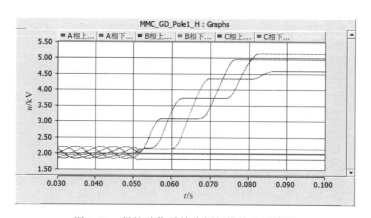

图 3.15　保护动作后故障侧阀模块电压波形

2. 直流 400kV 母线接地短路

VSC 侧 400kV 母线接地短路故障原理和高端阀组换流变压器阀侧接地类似（见图 3.16），龙门侧故障发生后直流电压发生跌落，送、受端电压差增大，直流电流增加，龙门侧高端阀组导通。模块电容电压持续增加，故障发生后 60ms 电容电压达到 3600V，随后送端定电流控制作用增大触发延迟角，送端直流电压下降，直流电流降低，电容持续充电；另

一方面，故障点与低端阀组及中性母线构成故障回
路，导致低端阀组桥臂电流过电流至 15kA，中性母
线过电压至 -304kV。

由上述分析可见，故障后高端阀组模块充电能
量来源于送端，故障后需要保护快速动作，一方面
闭锁故障端换流阀，另一方面尽快闭锁送端，切断
能量回路。

龙门侧保护动作后由于阀闭锁，受端直流电流
通路被切断，送端电流往线路等效电容充电，导致
直流线路电压上升。直流线路-龙门侧高端阀组-故
障点形成充电回路，模块电压增高，直至高端阀组
电压与直流线路电压相等时充电停止。此过程中高
端模块最大电压为 3.85kV，超过电容器分钟级耐压
能力，因此考虑在高端阀组端间装设 C2 型避雷器
来限制 400kV 母线故障下高端阀组端间电压以及模
块电压。

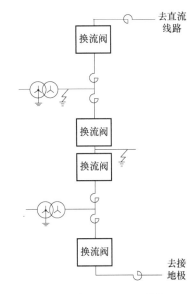

图 3.16　直流 400kV 母线接地
短路故障点示意图

同理，高端阀组端间短路故障下会引起低端阀组模块过电压，因此，在 400kV 母线对
地装设 C1 型避雷器来保护低端阀组。C1、C2 型避雷器同型。

3. 低端阀组换流变压器阀侧接地

VSC 侧低端阀组换流变压器阀侧接地故障发生后，直流电流通过高端阀组和低端阀组上
桥臂流入故障相（见图 3.17），导致龙门侧低端阀组的桥臂电流增大，上桥臂模块电压增
加，故障相上桥臂模块电压在 19ms 内上升至 4.79kV（见图 3.18a）；另一方面，故障点经
过低端阀组换流变压器和下桥臂与接地极形成故障回路，导致龙门侧中性母线电压发生波
动，最大幅值为 234kV。

故障后需要保护快速动作切断上述故障
回路，此类故障可快速引起直流差动保护出
口。仿真中考虑龙门侧故障发生后延时 3ms
闭锁，柳北侧通信延时 10ms 闭锁，昆北侧通
信延时 20ms 闭锁，各站闭锁后 100ms 跳交流
开关。仿真计算结果如图 3.18b 所示，可见保
护动作后有效切断了故障通路，低端阀组桥
臂过电流和模块过电压情况消失。因此不需
要特殊配置避雷器来限制此类故障过电压。

4. 直流极母线接地短路

VSC 侧直流母线短路故障后，短路点经
过高、低端阀组与中性母线形成故障回路
（见图 3.19），引起中性母线电压升高至
420kV，同时直流系统出现过电流（见图
3.20），需要保护快速闭锁，同时中性母线需

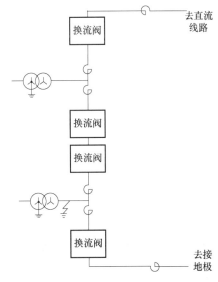

图 3.17　低端阀组换流变压器
阀侧接地故障点示意图

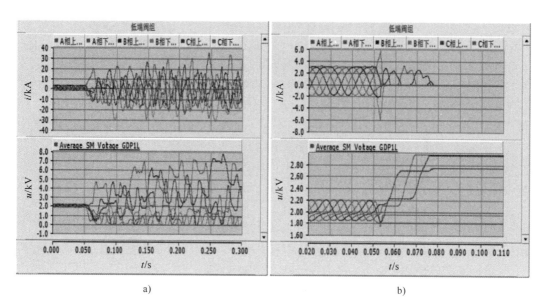

a)   b)

图 3.18   低端阀组桥臂电流和电压波形

a) 保护不动作情况   b) 保护动作情况

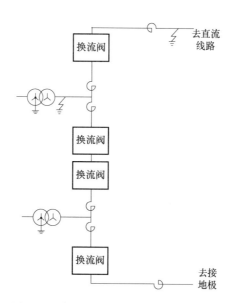

图 3.19   直流极母线接地短路故障点示意图

配置 E 型避雷器。从故障回路分析，直流母线接地点与阀模块、桥臂电抗器、换流变压器、中性母线直流电抗器、接地极线路形成故障回路，与常规直流发生此类故障相比，柔性直流回路中串入的桥臂电抗器抑制了接地故障电流幅值，在接地极线路阻抗上产生的暂态过电压低，因此直流母线接地短路故障时 E 型避雷器应力不大。此故障引起直流电压、电流明显波动，可通过直流突变量保护闭锁。

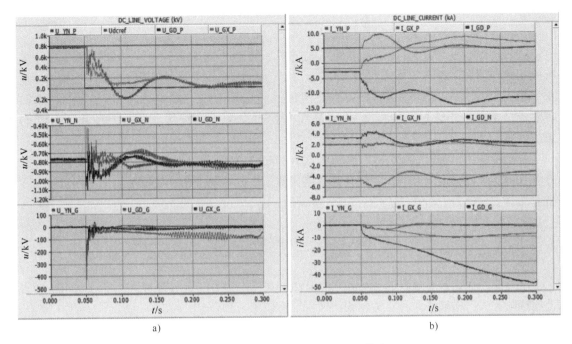

a)

b)

图 3.20　电压、电流波形（无保护措施）
a）电压波形　b）电流波形

3.2.2　单阀组接线方式

　　VSC 侧若采用单阀组接线方式，在换流阀区外故障时故障特性与双阀组接线方式接近，但对于换流变压器阀侧接地故障，由于故障中串入充电回路的模块个数为双阀组方案的两倍，因此单个模块电容过电压降低（见图 3.21a），但模块电容电压仍达到 4.5kV，超过其分钟级电压耐受能力，需要在上桥臂配置 V 型避雷器来限制模块过电压（见图 3.21b）。

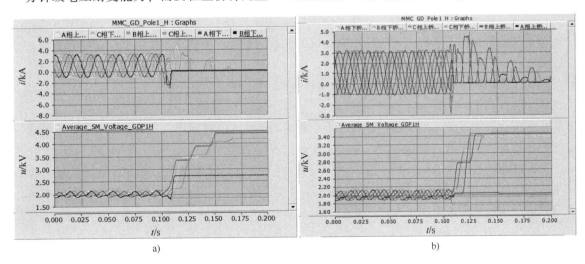

a)

b)

图 3.21　单阀组方案桥臂电流和模块电压波形
a）不配置 V 型避雷器　b）配置 V 型避雷器

3.2.3 结论

对双阀组接线方式的 VSC 侧典型工况过电压特性研究表明，在高端阀组换流变压器阀侧接地、直流 400kV 母线接地工况下会导致换流阀模块电容电压超过其耐受能力，需要加装 V、C2 型避雷器进行保护；在直流极母线接地故障、换流变压器阀侧接地故障、接地极开路故障的工况下会导致中性母线产生过电压，需配置 E1、E2 型避雷器进行保护。

若系统采用单阀组接线方式，换流阀区外故障时故障特性与双阀组接线方式接近，且在换流变压器阀侧接地工况下，同样会导致换流阀模块电容电压超过其耐受能力，需要加装 V 型避雷器进行保护。

3.3 LCC 侧典型故障下的过电压特性

LCC 侧换流站基于现有的 ±800kV 换流站避雷器配置方式进行研究。对于 ±800kV 常规直流输电方式，送端通常需要考虑的故障工况有以下几种：

1）直流极母线接地短路。
2）换流变压器阀侧接地短路。
3）400kV 直流母线接地短路。
4）逆变侧换相失败。
5）逆变侧不投旁通对闭锁。
6）接地极/金属回线开路故障。
7）逆变侧丢失交流电源。

对于极母线接地短路，故障回路为接地点-晶闸管-换流变压器-接地极，主要引起中性母线过电压，LCC 作为混合直流送端，本章不进行讨论。

常规直流逆变侧换相失败工况不适用于混合直流，因此不做讨论。常规直流不投旁通对闭锁引起直流过电压的机理为交流分量串入直流极线，对于混合直流，受端 VSC 闭锁后直流电流通路被切断，送端电流往线路等效电容充电，导致直流线路电压上升，D 型避雷器动作，在过电压计算中需考虑此工况。

对于接地极/金属回线开路工况，故障机理与 VSC 侧发生此类故障机理一致，本章不做讨论。

常规直流逆变侧丢失交流电源后，由于直流功率注入逆变侧交流滤波器电容引起交流母线电压升高，而混合直流受端交流母线不装设交流滤波器，因此该工况不做讨论。

需注意的是，送端阀厅内短路故障（包括换流变压器阀侧接地、400kV 母线接地）发生后，引起 VSC 侧电流反向，经送端避雷器流入故障点，引起避雷器能量过载，需要采取措施防止这一现象。以下重点讨论此类工况。

3.3.1 LCC 侧 400kV 母线接地故障

昆北侧 400kV 母线故障后，昆北侧直流电压、电流下降（见图 3.22）；龙门侧（定电压侧）直流电流下降至零后反向增大（见图 3.23）。昆北侧高压阀组阀电流过零后关断，直流电压上升，高压阀组端间 C2 型避雷器端间电压超过其参考电压并动作，龙门侧直流电流通过昆北侧 C2 型避雷器流向故障点，C2 型避雷器能量随时间增大（见图 3.24），若龙门侧保护不动作，昆北侧 C2 型避雷器将发生能量过载而损坏。

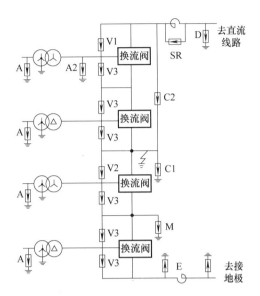

图 3.22　LCC 侧 400kV 母线接地故障点示意图

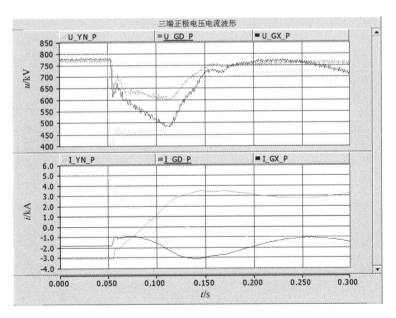

图 3.23　昆北 400kV 母线接地故障三端电压、电流波形

为避免送端阀组端间避雷器损坏，要求受端定电压侧快速闭锁以防止电流反向。站间通信正常情况下昆北侧故障后直流差动保护动作可将闭锁信号发到对侧，但通信故障下龙门侧阀无法闭锁。因此建议受端加装电流反向保护，检测直流电流反向后立即闭锁阀。

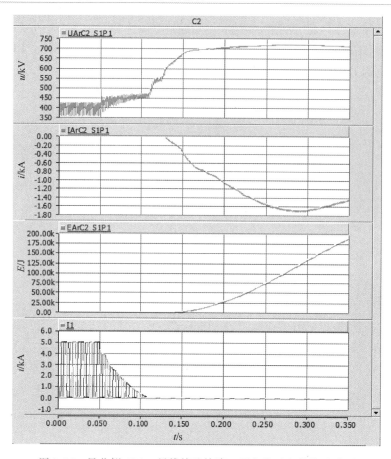

图 3.24 昆北侧 400kV 母线接地故障，无电流反向保护波形图

3.3.2 LCC 侧高端阀组 YY 换流变压器阀侧接地故障

故障发生后约 15ms，LCC 侧发生换相失败，高端阀组 1、3、5 号阀无法导通，直流电流、电压下降，在高端阀组 YY 换流变压器以及直流电压作用下，高端 6 脉动阀三相 V1 型避雷器轮流导通，直流电流发生反转，功率从 VSC 侧经 V1 型避雷器送入故障点，因此 V1 型避雷器能量随时间增大。另外，高端阀组上 6 脉动阀的 2、4、6 号阀与换流变压器、中性母线和故障点形成短路回路，如图 3.25 所示。

从龙门侧电流反转时刻到昆北侧 V1 型避雷器能量过载时间为 29ms。因此，故障发生后要求受快速闭锁，防止电流反向，送端要求 5ms 内闭锁，切断短路回路。站间通信正常情况下昆北侧故障后桥差保护动作可将闭锁信号发到对侧，但通信故障下龙门侧阀无法闭锁。因此建议受端加装电流反向

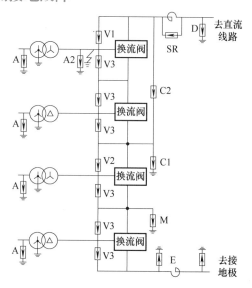

图 3.25 LCC 侧高端阀组 YY 换流变压器阀侧接地故障点示意图

保护，检测直流电流反向后立即闭锁阀。

3.3.3　结论

对 LCC 侧过电压特性研究表明，受端 VSC 侧需加装电流反向保护，以防止出现无通信情况送端故障下直流电流反向注入送端避雷器的问题。

3.4　系统电压特性与避雷器类型的关联

对于 LCC 侧，避雷器选型方案与常规 ±800kV 直流输电换流站避雷器选型方案一致，此处不再赘述。本节重点讨论 VSC 侧避雷器的使用与系统故障过电压的关联。

3.4.1　双阀组接线方式

结合 3.2 节 VSC 侧典型故障研究的结果，换流站过电压重点关注的节点有以下几个：
1）换流变压器阀侧对地。
2）高端阀组上桥臂端间。
3）高端阀组端间。
4）极母线对地。
5）中性母线对地。
6）桥臂电抗器端间。
本节逐一分析以上节点稳态以及故障时的电压特性，进而提出对避雷器使用类型的建议。

1. 换流变压器阀侧对地

以高端阀组换流变压器阀侧相对地电压为例。正常运行时，此点电压包括变压器中性点直流分量以及绕组交流分量内部分，其中直流分量为 600kV，交流分量为 243.4/1.732 × 1.414kV = 198.7kV。

当发生换流变压器阀侧单相接地故障时，电压波形如图 3.26 所示，此时电压变化主要有两个方面原因：健全相电压交流分量上升至线电压；换流变压器阀侧中性点直流偏置降为 0。这两个因素共同作用使健全相的电压降低。

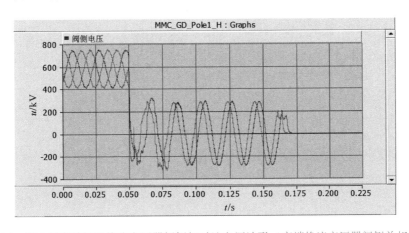

图 3.26　VSC 侧高端阀组换流变压器阀侧相对地电压波形（高端换流变压器阀侧单相接地）

直流极线故障时高端阀组换流变压器中性点直流偏置降为0，交流分量仍维持在变压器阀侧电压，电压波形如图3.27所示。

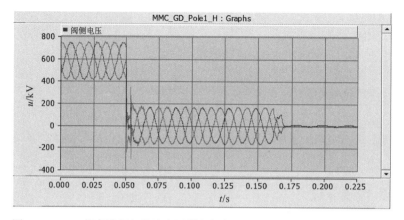

图3.27　VSC侧高端阀组换流变压器阀侧相对地电压波形（直流极线故障）

当低端阀组阀侧发生单相接地故障时，阀闭锁后直流极线电压的上升使模块充电在短时间内得以持续，模块电压上升，引起高端阀组换流变压器阀侧电压上升，随着送端移相闭锁，充电停止，换流变压器阀侧电压下降。

从上述分析可见，直流故障时高端阀组换流变压器阀侧对地过电压现象并不严重，但考虑到交流侧操作冲击对阀侧设备的影响，此处需配置A2型避雷器。

2. 高端阀组上桥臂端间

正常运行时，桥臂端间电压随着投入的模块数量增加而增加，在0～400kV范围内变动。

当高端阀组换流变压器阀侧发生接地短路时，由3.2.1节分析可知上桥臂端间出现过电压并引起模块过电压，其波形如图3.28所示。故而高端阀组上桥臂端间需加装V型避雷器进行保护。

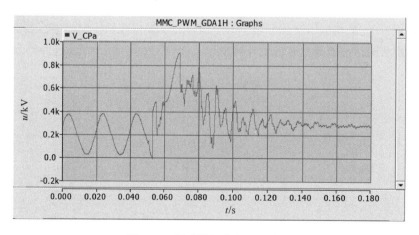

图3.28　桥臂端间稳态电压波形

3. 直流极线对地

正常运行时，由于送端LCC换流站的作用，直流极线对地承受12脉波的直流电压。当受端定电压控制时，送端直流极线出口电压被控制在 800kV，受端电压与直流线路参数以及输送功率有关。

当受端 VSC 侧闭锁而送端 LCC 侧未闭锁时，送端电流往线路等效电容充电，导致直流线路电压上升，电压波形如图 3.29a 所示。可见闭锁后直流电压最大上升至 1577kV，由于常规直流 ±800kV 工程直流极母线操作冲击绝缘水平为 1600kV，绝缘裕度下降至 1%，不满足 GB/T 311.3—2017 规定 15% 的要求，因此极母线对地需要安装 D 型避雷器进行保护。另外，D 型避雷器也可起到防护雷电侵入波的作用。配置 D 型避雷器后 VSC 侧闭锁，直流电压如图 3.29b 所示。

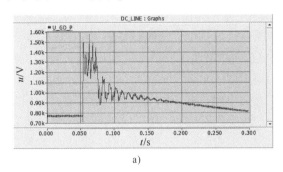 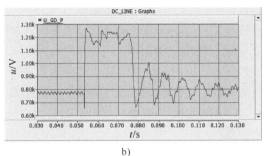

a)　　　　　　　　　　　　　　b)

图 3.29　VSC 侧闭锁后直流极母线电压

a）无避雷器保护　b）装设极母线 D 型避雷器

4. 阀组端间

正常运行时，VSC 侧定电压侧分别控制每个阀组电压，电压指令为送端 800kV 直流电压减去线路电压降除以 2。考虑测量误差，送端最大直流电压不超过 816kV，因此受端单个阀组电压不超过 408kV。

当 VSC 侧 400kV 母线接地短路后，由于高端阀组电压控制在 400kV，阀组端间电压短时内变化不明显，当高端阀组闭锁后，阀组高端电压上升导致高端阀组端间出现过电压，电压波形如图 3.30 所示。

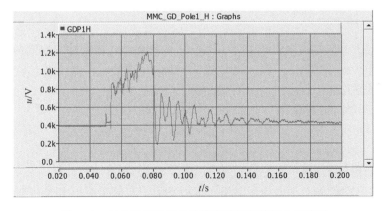

图 3.30　400kV 母线接地故障高端阀组端间电压波形

高端阀组端间过电压由 C2 型避雷器保护，避雷器动作后将与送端及故障点形成回路，承受送端闭锁前的直流功率，因此 C2 型避雷器为高能避雷器。低端阀组端间稳态承受电压与 C2 型避雷器相似，考虑到低端单阀组运行时的防雷需要，可在低端阀组高压端对地加装 C1 型避雷器。

5. 中性母线对地

正常运行时，VSC 侧中性母线对地电压为直流电流的等效直流分量和交流分量在接地极线路产生的电压降之和，因此，VSC 侧中性母线稳态运行最大电压与接地极线路参数、接地电阻、运行方式、接地点位置等因素有关，待确定以上参数后可得出中性母线对地最大运行电压幅值。

当发生直流极线接地故障或者换流变压器阀侧接地故障时，由故障点-换流变压器-桥臂电抗器-阀组-中性母线-接地极线路-接地极形成故障回路，引起中性母线电压升高，需要在中性母线直流电抗器两端分别安装 E1、E2 型避雷器来保护中性母线设备。

6. 桥臂电抗器端间

正常运行时，桥臂电抗器端间最大电压可由桥臂最大电流交流分量乘以桥臂电抗器阻抗得出，其中桥臂电流交流分量分别考虑基频和二倍频电流（按 30% 基频电流考虑）。

当 VSC 侧闭锁时，桥臂电抗器截流引起端间过电压（见图 3.31），需加装 BR 型避雷器进行保护。

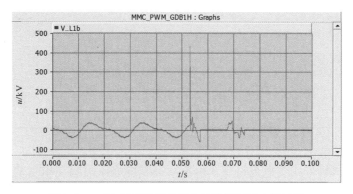

图 3.31 VSC 闭锁引起桥臂电抗器端间过电压波形

3.4.2 单阀组接线方式

VSC 侧采用单阀组接线方式时，对于阀厅以外区域，电压特性与双阀组接线方案相似，该点避雷器选型方案与双阀组一致。因此重点考虑阀厅内的避雷器选型方案，需关注过电压情况的节点有以下几个：

1）换流变压器阀侧对地。

2）上桥臂端间。

3）桥臂电抗器端间。

1. 换流变压器阀侧对地

对于换流变压器阀侧对地电压，其稳态运行波形与双阀组类似，为换流变压器阀侧交流分量与直流分量的叠加。在桥臂电抗器阀侧配置 A2 型避雷器，主要用于防止来自交流侧的操作冲击。

2. 上桥臂端间

正常运行时，桥臂端间电压随着投入的模块数量增加而增加，在 0～800kV 范围内变动。由 3.4.1 节分析可见，换流变压器阀侧单相接地故障时桥臂端间出现过电压，相应地引起阀模块过电压，桥臂端间需要加装 V 型避雷器进行保护。此外，避雷器动作后到送端保护出口移相的这段时间内，VSC 侧直流功率全部经过 V 型避雷器，因此 V 型避雷器承受能量较大，需要多台并联安装。

3. 桥臂电抗器端间

与双阀组的情况类似，当 VSC 侧闭锁时，桥臂电抗器截流引起端间过电压，需加装 BR 型避雷器保护。

3.5　本章小结

1）对于混合直流方案的柔性直流换流站，换流器在闭锁时故障电流在线路电感上的储能向线路电容释放从而产生较高的过电压水平，可以考虑在换流站中性母线上增设冲击电容器。

2）对双阀组接线方式的 VSC 侧典型工况过电压特性研究表明，在高端阀组换流变压器阀侧接地、直流 400kV 母线接地工况下会导致换流阀模块电容电压超过其耐受能力，需要加装 V、C2 型避雷器进行保护。

3）若系统采用单阀组接线方式，换流阀区外故障时故障特性与双阀组接线方式接近，在换流变压器阀侧接地工况下同样会导致换流阀模块电容电压超过其耐受能力，需要加装 V 型避雷器进行保护。

4）对 LCC 侧过电压特性研究表明，VSC 侧需加装电流反向保护，以防止出现功率正送且无通信情况下 LCC 侧故障导致直流电流反向注入送端避雷器的问题。同时需采取措施防止功率反送时的类似情况。

5）柔性直流输电系统的稳态及暂态过电压特性与避雷器类型有较密切的关联，需要根据避雷器的详细配置方案进行更准确的过电压计算（参见第 5 章）。

第4章 特高压柔性直流输电系统雷电过电压

换流站是直流输电系统中最重要的部分,它完成交流和直流之间的变换。一旦换流站遭受雷击损坏,将会造成严重的后果,因此要求有可靠的防雷措施。换流站的雷害来源有两个方面:一是雷直击换流站;二是沿线路传过来的电压波。因为雷击线路的概率远比雷直击换流站大,所以沿线路侵入换流站的雷电过电压行波是很常见的,这也是对换流站电气设备构成威胁的主要方式之一。讨论特高压柔性直流输电系统的过电压问题,就必须对雷电侵入波在换流站电气设备上所产生的过电压进行仿真计算,找出过电压的分布及变化规律,从而可为防护雷电过电压、保护电气设备提供有价值的参考依据,进一步优化换流站的工程设计。

换流站内出现的雷击过电压一般都是从进线段侵入的,雷直击换流站的概率很小。由于交流场有多路进线段、交流场避雷器以及变压器等阻尼雷电波的设备,因此雷电过电压的情况一般不太严重。另外,换流变压器的屏蔽作用,可以阻断雷电波侵入换流阀侧,因此,本章主要讨论沿换流站直流侧侵入的雷电过电压。

在计算沿换流站直流侧侵入的雷电过电压时,通常将雷击点分为近区雷击和远区雷击,并考虑雷击杆塔绝缘子串的绝缘闪络特性、直流工作电压和进线段杆塔冲击接地电阻等因素的影响,对绕击和反击雷电侵入波进行系统的计算和分析。

4.1 基础定义及方法

4.1.1 雷击方式

直流换流站可分为交流开关场、直流开关场和阀厅三大部分。其防雷保护系统可以分为三个子系统:

1)第一个子系统由接闪装置、引流线和接地装置构成,其作用是防止雷直击至换流站电力设备上。

2)第二个子系统是进线段保护。换流站附近的一段线路(通常为2km)为进线段,进线段以外线路遭受雷击时,雷电波受到冲击电晕和大地效应而大大衰减,而进线段内架空线路遭受雷击将会对换流站设备绝缘强度产生威胁,因此进线段的避雷线除了线路防雷外,还担负着避免或减少换流站雷电侵入波事故的作用。

3)第三个子系统主要由换流站避雷器组成,其期望将侵入变电所的雷电波降低到电气装置绝缘强度允许值。

一般来说,由于第一个子系统的作用,雷直击换流站设备的概率非常小,因而可将此种情况忽略不计;第二个子系统要求进线段避雷线的设置具有很好的屏蔽效果和较高的耐雷水平。但无论如何,雷电沿进线段侵入换流站的情况仍有可能发生。

对于全线架设避雷线的线路来说,雷击有三种情况:雷击塔顶或塔顶附近的避雷线、雷击避雷线档距中央及其附近、雷绕过避雷线而直接击于导线上。其中，为了避免雷击避雷线档距中央时反击导线，我国标准《交流电气装置的过电压保护和绝缘配合设计规范》（GB/T 50064—2014）规定档距中央空气间隙 S（m）与档距 l（m）之间应满足如下关系式：

$$S \geqslant 0.015l + l \tag{4.1}$$

因此，在计算时可不考虑雷击档距中央避雷线时发生反击的情况，只考虑雷击塔顶或塔顶附近避雷线发生反击和雷绕过避雷线直击导线的情况。

4.1.2　雷电流

雷电流波形参数，包括幅值、波头和波尾时间，均具有不确定性。目前存在的雷电流测量方法主要有以下几种：

1）直接测量法。此法测量结果真实、准确，可测波形，但要得到样本很困难，主要因为自然雷击正好打到测量设备上的概率微乎其微，且测量系统复杂。

2）火箭引雷法。此法样本相对可控，测量结果真实、准确，可测波形，但现场测试任务艰巨，测量系统复杂。

3）雷电定位系统遥测法。此法需要大样本，时间长，误差不确定，且不能测陡度。除了测量手段和测量技术水平的原因外，雷电放电本身存在一定的随机性，其受气象、地形和地质等因素的影响，因而各种实测数据都具有一定的分散性和误差。

采用简单的数学表达式来描述雷电流波形有助于定量分析。Stekolnikov、Bruce 和 Golde 在1941年同时提出了双指数波雷电流表达式：

$$i = \eta I_{\mathrm{m}}(\mathrm{e}^{-t/T_1} - \mathrm{e}^{-t/T_2}) \tag{4.2}$$

式中，T_1、T_2 分别为波尾时间常数和波头时间常数，它们决定电流上升和衰减的时间，对于常用的雷电流波形，一般有 $T_1 > T_2$。这种模型公式简单，式中的参数容易确定，被我国标准《建筑物防雷设计规范》（GB 50057—2010）列为推荐采用的雷电流波形，并被广泛应用。本次计算中也采用双指数雷电流模型，波形为 2.6/50μs。

此外，实测表明雷电流幅值的变动范围很大，最小只有几千安，最大可达数百千安以上。因此，在进行防雷分析时必须考虑其统计规律，即其幅值-概率关系。

1972年，Popolansky 对欧洲、澳大利亚和美国等的 624 个雷电观测结果进行了统计分析，认为雷电流服从式（4.3）所示的对数正态分布。

$$P(I) = \frac{1}{\sigma_{\lg I}\sqrt{2\pi}}\int_0^{\lg I}\exp\left[-\frac{1}{2}\left(\frac{\lg I - \lg \bar{I}}{\sigma_{\lg I}}\right)^2\right]\mathrm{d}(\lg I) \tag{4.3}$$

该正态分布可以用式（4.4）逼近：

$$P(I) = \frac{1}{1 + \left(\dfrac{I}{a}\right)^b} \tag{4.4}$$

式中，a 为雷电流中值（kA）；I 为雷电流幅值（kA）；b 为拟合系数；$P(I)$ 为幅值大于 I 的雷电流概率。

1972—1987 年间，Eriksson 和 Anderson 在南非东部的闪电观测塔上通过电流互感器进行雷电观测，该塔所在的海拔为 1400m，塔高 60m。根据观测结果，采用式（4.3）进行拟合，得到的中值电流为 33kA，对数方差为 0.42；采用式（4.4）拟合，得到的雷电流中值为 31kA，拟合系数为 3.72。IEEE 工作组对 Eriksson 和 Anderson 的研究结论进行了修订，推荐式（4.4）所示的形式，其中 $a=31$，$b=2.6$。

我国电力行业标准《交流电气装置的过电压保护和绝缘配合》（DL/T 620—1997）中规定，对于雷电流幅值超过 I 的概率一般可由式（4.5）计算得到。

$$\lg P_I = -\frac{I}{88} \tag{4.5}$$

本节计算中雷电流幅值-概率关系也由式（4.5）计算得到。

1. 反击雷电流幅值

对于反击雷电流幅值取值，我国无规程规定。此值太高会造成浪费，太低则不安全。日本统计的雷电流幅值比较低，在 500kV 系统中，最大雷电流计算取 150kA；欧洲一些国家取 250kA。结合我国国情，根据我国雷电流幅值分布概率，最大雷电流计算值一般取 210 ~ 230kA，由式（4.5）计算得到大于或等于它的概率为 0.41% ~ 0.24%。乌东德工程在计算中，基于略偏严格的考虑，取反击雷电流幅值为 240kA，大于或等于它的概率约为 0.19%。

2. 绕击雷电流幅值

绕击雷电流幅值根据实际线路情况，采用电气几何模型（EGM）计算线路最大绕击雷电流得到。EGM 将雷电的放电特性与线路的几何结构尺寸联系起来建立，其基本假设如下：

1）线路和地面有各自相应的击距，雷电先导先到达哪一物体的击距范围内，即向该物体放电。因此可根据几何作图法得出各物体可能受雷击的范围，对于导线是一个以其轴线为圆心、击距为半径的圆弧；对于地面则是一条高度为击距、平行于地面的直线。

2）击距大小与先导头部电位有关，而后者又和主放电电流有关，因此认为击距是雷电流幅值的函数，其函数关系可表述为 $r_s = kI^p$。通过该关系和几何方法，即可计算出在某一雷电流下线路可能遭受绕击的范围。对于击距系数 k 和 p，不同研究者有不同的取值：1968 年，美国最先提出 EGM 的学者 Armstrong 和 Whitehead 在实验的基础上得到 $k=6.72$，$p=0.8$；1973 年，美国的 Love 在其硕士论文中提出 $k=10$，$p=0.65$；1985 年，IEEE WG 在 Love 击距公式的基础上考虑 20% 的安全系数，推荐 $k=8$，$p=0.65$；2010 年，日本东京电力公司（TEPCO）在实验的基础上再次验证了 Armstrong 击距系数的准确性。不同的击距系数对最大绕击雷电流的计算略有影响，但结果差别不大，乌东德工程在计算中采用 Armstrong 和日本 TEPCO 的击距系数 $k=6.72$，$p=0.8$。

另外还需考虑的有，对于导线和地面的击距存在换算系数 β，即对地面击距是对导线击距的 β 倍；先导接近地面时的入射角 Ψ 满足一定的概率分布，垂直落雷概率最大，水平落雷概率下降到 0；以及地面倾角的影响等。

EGM 示意图如图 4.1 所示。

图 4.1 示出输电线路的横截面图，其中 B 为

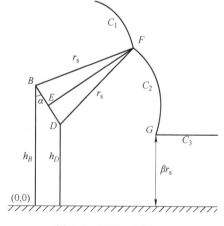

图 4.1　EGM 示意图

避雷线，D 为相导线，分别以 B、D 为圆心，r_s 为半径作圆弧，相交于 F 点；再作与地面平行、高为 r_{sk} 的直线，与以 D 点为圆心的圆弧交于 G 点，则 F、D 所夹弧段即为导线可能遭受绕击的弧段 C_2，称为暴露弧。EGM 的问题即为在某一雷电流入射角下，计算暴露弧 C_2 在地面的投影问题。

由图 4.1 可见，当击距增大时，暴露弧将不断缩小；在某一击距下，暴露弧将减小至零，此击距称为临界击距 r_{sk}。同时，当绕击线路的雷电流幅值大于线路绕击耐雷水平时，才会引起绝缘的闪络。因此，当线路绕击耐雷水平所对应的击距大于 r_{sk} 时，在理论上线路将不会发生绕击闪络事故，此时的线路称为有效屏蔽。事实上，许多线路即是按有效屏蔽来设计的。

在 EGM 计算中，首先判断该线路布置是否为有效屏蔽。若是，则绕击跳闸率为零；如果不是，才需要对绕击跳闸率进行计算。

当对导线击距与对地面击距不等时，临界击距的计算方法如图 4.2 所示。

设杆塔保护角为 α，导线与避雷线距离的一半为 d，导线与避雷线中点的 y 坐标为 Y_0，对地击距与对导线击距之比为 β，求雷电流对导线的临界击距 r_{sk}。在解的过程中，可能出现两个解，仅取在线路右侧的 r_{sk}。

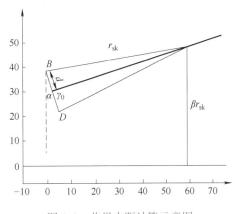

图 4.2　临界击距计算示意图

由图中几何关系，可列出：

$$\sqrt{r_{sk}^2 - d^2}\sin\alpha + Y_0 = \beta r_{sk} \qquad (4.6)$$

两边取二次方，可得

$$(r_{sk}^2 - d^2)(\sin\alpha)^2 = (\beta r_{sk} - Y_0)^2 \qquad (4.7)$$

注意：二次方后失去了一个条件（称为条件 1，该条件保证 r_{sk} 在线路的右侧），即当 $\sin\alpha > 0$ 时，$\beta r_{sk} - Y_0 > 0 \Rightarrow r_{sk} > \dfrac{Y_0}{\beta}$；当 $\sin\alpha < 0$ 时，$\beta r_{sk} - Y_0 < 0 \Rightarrow r_{sk} < \dfrac{Y_0}{\beta}$。

求解该方程，得

$$r_{sk} = \frac{\beta Y_0 \pm \sqrt{\sin^2\alpha\left[(\sin^2\alpha - \beta)d^2 + Y_0^2\right]}}{\beta^2 - \sin^2\alpha} \qquad (4.8)$$

当 $\beta^2 - \sin^2\alpha > 0$ 时，可证得两解均为正，再考查是否满足条件 1：当 $\sin\alpha > 0$ 时，在 $|\beta\sin\alpha| < Y_0$ 条件下（该条件在实际中必然满足），取负号的根不满足条件，因此取正号；当 $\sin\alpha < 0$ 时，在 $|\beta\sin\alpha| < Y_0$ 条件下，取负号的根满足条件，因此取负号。故在 $\beta^2 - \sin^2\alpha > 0$ 条件下，式（4.8）可化简为

$$r_{sk} = \frac{\beta Y_0 + \sin\alpha\sqrt{(\sin^2\alpha - \beta^2)d^2 + Y_0^2}}{\beta^2 - \sin^2\alpha} \qquad (4.9)$$

当 $\beta^2 - \sin^2\alpha < 0$ 时，仅有取负号的根为正，因此取负号。

综合以上情况，方程的解为

$$r_{sk} = \begin{cases} \dfrac{\beta Y_0 + \sin\alpha \sqrt{(\sin^2\alpha - \beta^2)d^2 + Y_0^2}}{\beta^2 - \sin^2\alpha}, & \beta > |\sin\alpha| \\[4mm] \dfrac{\beta Y_0 - |\sin\alpha| \sqrt{(\sin^2\alpha - \beta^2)d^2 + Y_0^2}}{\beta^2 - \sin^2\alpha}, & \beta < |\sin\alpha| \end{cases}$$

通过以上判据，可取得在线路右侧的解，如图 4.3 所示（其中 r_{sk2} 为所求解）。

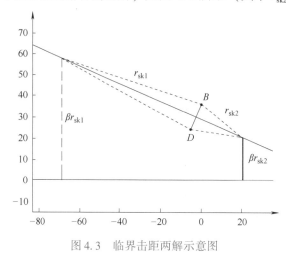

图 4.3　临界击距两解示意图

4.1.3　雷击点

4.1.1 节中提到，进线段内架空线路遭受雷击将会对换流站设备绝缘强度产生危险，因此在计算时将换流站和直流开关场进线段结合起来，选择进线段 2km 以内的杆塔遭受反击和绕击的情况进行雷电侵入波过电压的计算。由于终端门型构架受换流站避雷针和避雷线保护，一般计算中不考虑终端门型构架直接遭受雷击的情况。

对于换流站交、直流开关场来说，近区雷击的侵入波过电压一般均高于远区雷击的侵入波过电压，问题是近区雷击第几基杆塔时过电压幅值最大。经验表明，除了雷击 1#杆塔之外，雷击 2#杆塔往往也会在换流站形成严重的侵入波过电压。因为 1#杆塔和换流站的终端门型构架（也称 0#杆塔）距离一般较近，加之门型构架的冲击接地电阻比较小，雷击 1#杆塔塔顶时，经地线由 0#杆塔返回的负反射波很快返回 1#杆塔，可能会降低 1#杆塔塔顶电位，使侵入波过电压减小；2#杆塔离 0#杆塔较远，受负反射波的影响较小，过电压有可能较雷击 1#杆塔更高。而且进线段各塔的塔型、高度、绝缘子串放电电压和杆塔接地电阻不同，也会造成雷击进线段各塔时的侵入波过电压的差异。所以仅计算雷击 1#杆塔侵入波过电压是不全面的。

对大型柔直输电工程而言，比较严谨的做法是对直流开关场进线段 2km 以内的杆塔遭受雷击的情况都进行计算分析，找出雷电侵入波过电压最严重的雷击点之后，再对这种最严重的情况进行深度分析。

4.2　仿真计算模型

4.2.1　线路模型

由于雷电流波形中含有丰富的高次谐波，而线路的参数随频率变化，不同频率的谐波分量在线路中传播时的衰减和畸变各不相同。常用的输电线路模型一般有以下几种：π 型模型、Bergeron 模型以及考虑频率特性的模型。

π 型模型是将输电线路的分布参数效应用多级集中参数的 π 型等效电路级联来模拟，其计算效率较低，模拟一条输电线路就要耗费很多节点，而且容易产生虚假振荡。Bergeron 模型是将分布参数的线路用集中电路的分析方法来研究，它能正确反映输电线路的波过程。频率特性模型是将输电线路参数与频率变化联系起来，又分为频率相关（模式）模型和频率相关（相位）模型。其中频率相关（模式）模型基于常量转换矩阵，其元件参数与频率相关。该模型在考虑线路换位的情况下，采用模态技术求解线路常数，能较精确模拟理想换位导线和单根导线的系统。但在用于精确模拟交直流系统相互作用的时候该模型就不能给出可靠的解，另外不能准确模拟不对称的线路也是该模型的一个缺点。频率相关（相位）模型考虑了内部转换矩阵，在相位范围内直接求解换位问题，可精确模拟所有结构的传输线，包括不平衡几何结构的线路。

由于雷电流波形中含有丰富的高次谐波，而线路的参数随频率变化，不同频率的谐波分量在线路中传播时的衰减和畸变各不相同，因此本节线路模型中的传输线采用频率相关（相位）模型。该模型直接计算了地线与导线之间的耦合系数，所以在计算过程中，特别是绝缘子串闪络过程中，就不必再考虑被击避雷线与已闪络导线对未闪络导线的耦合电压。

换流站直流侧进线段的线路及杆塔仿真模型结构如图 4.4 所示。

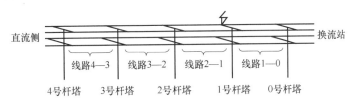

图 4.4　换流站直流侧进线段的线路及杆塔仿真模型

考虑杆塔结构尺寸、导/地线型号、档距等线路参数，分别对换流站交、直流开关场进线段的前几基杆塔（视实际需要而定），以及杆塔与杆塔之间的每一档距分别建模。线路及线路杆塔连接模型图如图 4.5 所示。

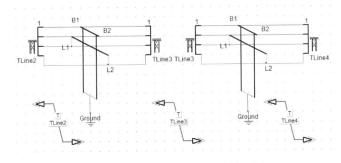

图 4.5　线路及线路杆塔连接模型图

根据柔性直流输电工程的各段线路参数可以基于上述模型开展计算，从而得到各换流站点侧的直流极线档距及接地电阻、接地极线档距及接地电阻等重要工程参数。

4.2.2 杆塔模型

目前，在国内的输电线防雷计算中，杆塔的模拟通常有两种模型：一是采用集中电感进行模拟，忽略杆塔上的波过程。采用该方法进行高杆塔或同杆双回线路防雷性能的计算时，结果往往过于保守，造成线路建设投资过大。二是当杆塔高度较高时，根据杆塔结构，把杆塔看作均匀参数，用一个波阻抗来模拟。考虑到雷电波从塔的顶部运动到塔基是需要时间的，因此第二种模型显然要优于第一种。

实际上，波沿杆塔传播时，不同高度的杆塔部分由于 L_0、C_0 都不同，这使沿杆塔分布的波阻抗是变化的，即不同位置杆塔的波阻抗不同。因而近年来，有部分学者尝试使用多波阻抗来模拟输电线路的杆塔，建立了多波阻抗杆塔计算模型。该类模型在计算中把铁塔简化成一个多平行导体系统，忽略铁塔支架的影响。而实测表明，简单地将铁塔简化成多平行导体系统并不准确。铁塔在有支架情况下波阻抗值比无支架情况下的波阻抗小约 10%，但支架对铁塔波阻抗的影响有多大目前尚无定论，只能粗略估计支架每部分波阻抗为对应主体部分的 9 倍。若计算采用多波阻抗杆塔模型，将杆塔简化为多平行导体系统进行计算后，再估计支架对整塔波阻抗的影响，所得结果并不一定准确。我国电力行业标准《交流电气装置的过电压保护与绝缘配合》（DL/T 620—1997）中明确指出了各类型杆塔的波阻抗的参考值，其中铁塔波阻抗为 150Ω。在乌东德工程的仿真研究中，杆塔的波阻抗采用此标准参考值。考虑到横担的影响，横担波阻抗比塔身阻抗稍大，可取 200Ω。

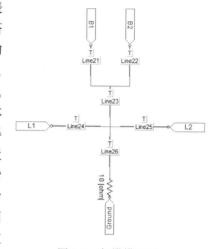

图 4.6 杆塔模型图

杆塔模型图如图 4.6 所示。

4.2.3 雷电模型

在 4.1.2 节中提到，以乌东德工程为例，计算中雷电流模型采用 2.6/50μs 的双指数波来模拟，反击雷电流幅值取发生概率为 0.19% 的 240kA，绕击雷电流幅值根据实际线路情况采用 EGM 计算线路最大绕击雷电流得到。反击雷电通道波阻取 300Ω，绕击雷电通道波阻抗取 800 Ω。

双指数雷电流模型及反击雷电流波形如图 4.7、图 4.8 所示。

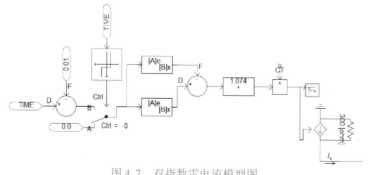

图 4.7 双指数雷电流模型图

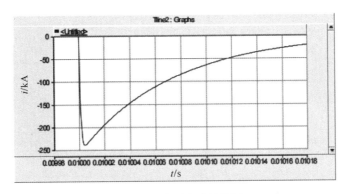

图 4.8　反击雷电流波形图

4.2.4　空气间隙闪络模型

1. 相交法

雷电放电过程是沿最小空气间隙对杆塔放电，绝缘闪络判据采用相交法。当空气间隙上过电压较高时，空气间隙伏秒特性曲线与空气间隙两端电压曲线相交，即判定为空气间隙闪络。绝缘子串伏秒特性曲线采用 Darveniza 等人提出的用绝缘子串长度的函数来描述绝缘子串的伏秒特性 U_{s-t}：

$$U_{s-t} = 400L + 710L/t^{0.75} \tag{4.10}$$

式中，L 为绝缘子串长度（m）；t 为雷击开始到闪络所经历的时间（μs）。以上空气间隙伏秒特性公式是在正极性雷击情况下得出的。由于负极性雷空气间隙闪络电压比正极性高，仿真计算时空气间隙负极性放电电压近似取正极性放电电压的 1.13 倍。

采用相交法判断绝缘子串的闪络是指比较绝缘子串上的电压和标准波（1.2/50μs）下的伏秒特性值 $v(t)$。绝缘子串上过电压较高时，绝缘子串伏秒特性曲线与绝缘子串上电压曲线相交，相应时刻即为闪络时刻。

如图 4.9a 所示，绝缘子串两端电压曲线 1 在 t_s 时刻与绝缘子串伏秒特性曲线 2 相交，则判为闪络。需要指出的是，假若绝缘子串两端电压按图 4.10b 中曲线 1 变化，尽管它没有与绝缘子串伏秒特性曲线 2 相交，但其峰值超过了绝缘子串的 50% 冲击闪络电压 $U_{50\%}$，也判为闪络。以曲线 2 和 $U_{50\%}$ 第二个交点对应的时间 t_s 为闪络发生时刻，如图 4.9b 所示。

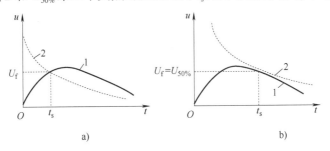

图 4.9　绝缘子串闪络判断图

a）1 与伏秒特性曲线相交　b）1 不与伏秒特性曲线相交

1—绝缘子串两端电压曲线；2—绝缘子串伏秒特性曲线

U_f—闪络时刻绝缘子串两端电压；$U_{50\%}$—绝缘子串的 50% 放电电压

绝缘子串两端的电压、绝缘子串的伏秒特性和绝缘子串的 50% 冲击闪络电压分别是时间的函数。判断绝缘子串闪络流程图如图 4.10 所示。

根据图 4.10，在 PSCAD/EMTDC 中建立 TACS 组合控制模型模拟绝缘子串闪络过程，如图 4.11 所示。

图 4.11 可分为以下 4 个部分：

1）利用 CSM（Continuous System Model）函数生成绝缘子串的伏秒特性曲线。

2）绝缘子串两端的电压与绝缘子串的伏秒特性实时比较部分。比较器 1 的 A 通道为绝缘子串两端的电压曲线，B 通道输入模拟绝缘子串的伏秒特性曲线，当某一时刻 "A≥B" 时，比较器输出一电平。

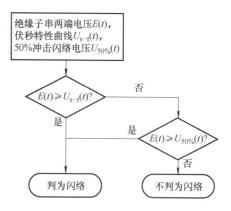

图 4.10　判断绝缘子串闪络流程图

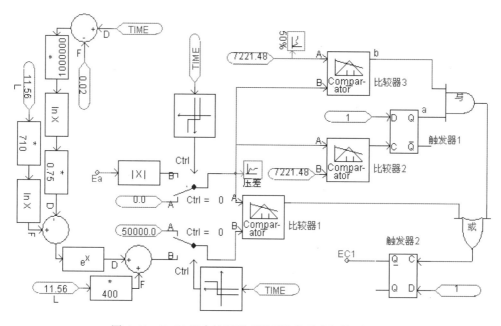

图 4.11　TACS 组合控制模型模拟绝缘子串闪络原理图

3）绝缘子串两端的电压与绝缘子串的 50% 冲击闪络电压实时比较部分。由判断绝缘子串闪络流程图 4.10 可知：当绝缘子串两端的电压第一次超过绝缘子串的 50% 冲击闪络电压时刻，不闪络；当绝缘子串两端的电压第一次落后绝缘子串的 50% 冲击闪络电压时刻，闪络。比较器 2 的 A 通道为绝缘子串两端的电压曲线，B 通道输入绝缘子串的 50% 冲击闪络电压曲线，当某一时刻 "A≥B" 时，比较器输出电平，触发 D 触发器 1，使其输出端 a 为 "1"；比较器 3 的 A 通道为绝缘子串的 50% 冲击闪络电压曲线，B 通道输入绝缘子串两端的电压曲线，当 "A≥B" 时，比较器输出端 b 为 "1"；再将 a、b 相与即可。

4）将上述 2）和 3）的输出信号求或，并把结果送入触发器 2 的触发端。触发器 2 的输出端 Q 输出是否闪络的控制信号。此装置开关一次闭合后就不再打开，可正确模拟绝缘子串的闪络特性。

2. 先导法

由上述可知，基于相交法的绝缘子串闪络模型的建立需要获得绝缘子串的伏秒特性曲线。一方面，绝缘子串的 50% 冲击闪络电压和相交法中采用的伏秒特性曲线都是在标准雷电冲击波下试验得到的，而在实际情况中由于邻近杆塔的折反射作用，在雷击杆塔时，绝缘子串两端的过电压不是标准波；另一方面，如果柔性直流输电工程的绝缘水平较高（例如乌东德工程），绝缘子串长度较长，则伏秒特性的经验公式不一定适用如此长的绝缘子串。已有研究表明，绝缘子串在冲击作用下的闪络过程可视为同样长度的空气间隙的击穿过程。

先导发展模型作为绝缘闪络判据，是近年来国内提出的一种新的方法，它结合了长空气间隙放电的物理过程来判断绝缘闪络。这种模型考虑了电力系统遭到雷击时真正加到绝缘子串上的千差万别的电压波形，从理论上来说比较符合放电的物理过程，利用了过电压波的全部信息，能分析任意波形下绝缘子串的闪络情况。因此考虑将先导发展模型引入仿真建模中。

在冲击电压下，绝缘的击穿过程如下：当施加电压超过流注起始电压后，流注开始从棒电极向间隙空间发展，当流注贯通整个间隙时，离子化波开始沿着流注通道在间隙中传播，并加速间隙空气分子的离子化过程。当离子化波到达电极附近高导电区域时，棒电极产生具有较高离子浓度的先导，先导在外加电压作用下逐步在间隙中发展。如果外加电压保持足够高，可使先导贯穿整个气隙，导致间隙击穿。由此得到，间隙的击穿 5 个步骤的时间分别是电晕起始时间 t_p、流注发展时间 T_s、离子波传播时间 T_i、先导发展时间 T_l 和气体升温时间 T_g，如下式：

$$T_b = t_p + T_s + T_i + T_l + T_g \tag{4.11}$$

其中，电离波传播时间 T_i 与其他时间相比是非常小的，一般可认为包含在先导发展时间 T_l 中，气体升温时间 T_g 试验测得的值要小于 $0.1\,\mu s$，因此计算中 T_g 可忽略。另外，实际计算中电晕起始时间 t_p 一般可忽略或直接包含在流注发展时间中计算，这样式（4.11）可化简为

$$T_b = T_s + T_l \tag{4.12}$$

流注发展时间 T_s 可采用式（4.13）求得

$$T_s = \frac{E_{50}}{1.25E - 0.95\,E_{50}} \tag{4.13}$$

式中，E_{50} 为绝缘子串击穿的平均场强；T_s 为流注发展时间；E 为绝缘子串上最大电场梯度。先导发展时间由先导发展速度计算得到

$$\frac{\mathrm{d}l}{\mathrm{d}t} = kU\left(\frac{U}{D\text{-}l} - E_{l0}\right) \tag{4.14}$$

式中，$\mathrm{d}l/\mathrm{d}t$ 为先导发展速度；U 为间隙上承受电压；D 为间隙长度；l 为先导已发展长度；E_{l0} 为先导发展最低场强；k 为先导速度发展系数。

由先导发展速度可得到先导发展的长度，通过比较剩余间隙长度与最终跃变的最小距离可以确定绝缘击穿的时间。绝缘子串的先导闪络过程如图 4.12 所示。

在 PSCAD/EMTDC 中，利用自定义模块建立绝缘子串先导闪络模型，编写判断绝缘子串闪络的 Fortran 语言程序。模型如图 4.13 所示。

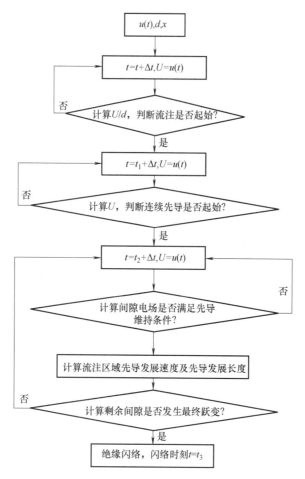

图 4.12　绝缘子串先导闪络流程图

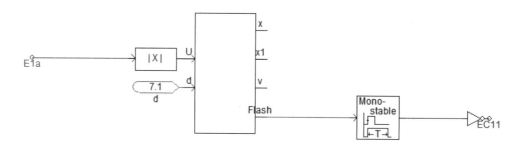

图 4.13　绝缘子串先导闪络模型图

4.2.5　避雷器模型

1. 仿真模型

在陡波电流下, 避雷器阀片相当于一个极高阻值的非线性电阻与电容器的并联。当加于阀片的电压低于某一临界值时, 阀片相当于极高阻值的电阻, 即在正常电压范围内, 它的斜率几乎为无限大。而在较高电压时，阀片在过电压保护范围内的斜率几乎是零。避雷器电阻的非线性用指数函数描述，其电流、电压之间的关系服从下述规律：

$$i = p \left(\frac{u}{u_{\text{ref}}} \right)^q \tag{4.15}$$

式中，p、q 和 u_{ref} 是常数；u_{ref} 为参考电压；q 的典型值为 20～30。一般难以用一个指数函数来描述整个范围内的特性，因此，避雷器模型中将电压范围分成几段，每一段有其自己的指数函数，即采用分段线性函数模型来模拟。需要说明的是，无间隙金属氧化物的模型只需一个指数函数来描述其特性。

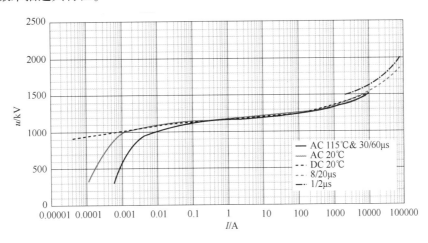

图 4.14　D 型避雷器伏安特性曲线

PSCAD/EMTDC 直接提供的避雷器模型为单一的非线性电阻模型，采用分段线性化方法来拟合其伏安特性，总共可以输入 11 对 V-A 对应值。其中电压值以标幺值表示，基准值为避雷器参考电压。以直流极线上 D 型避雷器为例，其伏安特性曲线如图 4.14 所示。

2. 换流站避雷器配置方案

由于昆北换流站属 LCC 方式，其避雷器配置方案较为简单，此处不再赘述。

柳北、龙门换流站单极避雷器保护的建议配置方案如图 4.15 所示。

其中避雷器的型号与用途介绍如下。

1）A 型避雷器：安装在换流变压器进线上紧靠换流变压器网侧绕组处，用于限制换流变压器交流侧的过电压，并限制交流侧产生的传递到直流侧的操作过电压。

2）A2 型避雷器：用于保护高阀组连接变压器二次侧设备、阀电抗器等。

3）A1 型避雷器：用于保护低阀组连接变压器二次侧设备、阀电抗器等。

4）C2 型避雷器：用于保护高阀组阀。

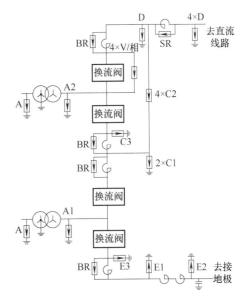

图 4.15　柳北、龙门换流站单极避雷器保护配置

5）C1 型避雷器：用于保护于直流母线设备，包括旁通断路器、隔离开关和穿墙套管等。

6）C3 型避雷器：用于保护高阀组阀底设备。

7）D 型避雷器：用于保护直流母线设备，并限制阀顶过电压。

8）BR 型避雷器：用于保护阀电抗器。

9）高阀组上桥臂并联 V 型避雷器：用于保护高阀组上桥臂阀。

10）中性母线 E1、E2 和 E3 型避雷器：保护中性母线及其设备，同时和其他避雷器串联保护换流站内的其他设备。

11）平波电抗器 SR 型避雷器：并联于直流侧高压母线平波电抗器，用于平波电抗器的操作和雷电冲击过电压保护。

4.2.6 其他电气设备等效模型

1. 换流阀模型

昆北换流站的换流阀单阀由两个组件串联而成，组件作为换流阀的最小完整结构单元，其中包括多个串联高压晶闸管，以及高压晶闸管辅助电路，如图 4.16 所示。每个晶闸管需并联一个缓冲电路来阻尼换相过冲，并均匀串联电压分布。为了保护晶闸管免受在导通时缓冲电路和外分布电容放电产生的高涌入电流，将一个饱和电抗器与晶闸管串联来提高晶闸管器件抑制 di/dt 的能力。柳北、龙门换流站的换流器单桥臂由半桥功率子模块和全桥功率子模块串联构成（见图 4.17），全压运行时单阀组上、下桥臂共上百个功率子模块导通，子模块导通时可用电容器等效。

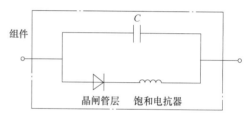

图 4.16 昆北换流站阀组件示意图

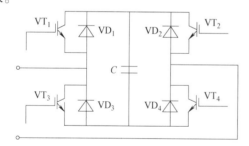 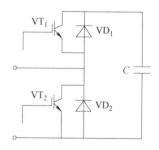

图 4.17 柳北、龙门换流站子模块示意图

根据换流阀的导通、关断状态，将阀回路进行简化，建立 PSCAD/EMTDC 中使用模型，如图 4.18 所示。

2. 平波电抗器模型

昆北、柳北、龙门换流站高压极母线上平波电抗器模型分别如图 4.19 所示。

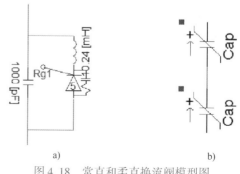

图 4.18 常直和柔直换流阀模型图

a）昆北换流站的换流阀模型图　b）柳北、龙门换流站的换流阀模型图

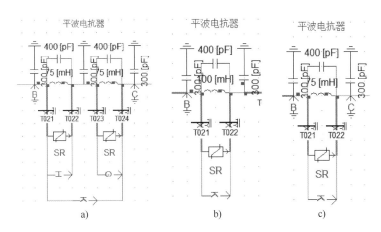

图 4.19　平波电抗器模型图

a）昆北换流站　　b）柳北换流站　　c）龙门换流站

3. 直流滤波器模型

直流滤波器接线图如图 4.20 所示。

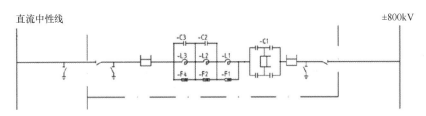

图 4.20　直流滤波器接线图

计算时考虑直流滤波器各个设备之间的距离，可建立直流滤波器模型。

4. 其他设备

由于雷电侵入波等值频率高，传播速度快，维持时间短，通常 $10\mu s$ 左右即可算出最大过电压幅值。换流站设备如变压器、隔离开关、断路器、互感器等，在雷电波作用下，均可等值成冲击入口电容，它们之间由线路分布参数相隔。

在雷电侵入波作用下，换流站各设备等值入口电容见表 4.1。

表 4.1　换流站设备等值入口电容值

换流变压器/pF	隔离开关/pF	支柱绝缘子/pF	断路器/pF
5000	150	100	300

电流互感器/pF	电容式电压互感器/pF	高压极线耦合电容/nF	中性线电容/μF
150	5000	2.8	15

由于雷电冲击的频率很高，波头很短，因此在研究雷电冲击波对母线及其连接线的作用时，导线一般应按分布参数考虑。对于各个设备间的电气线路采用贝杰龙模型模拟，其长度为相邻设备间的电气距离，波阻抗取 300Ω。

4.3 昆北换流站直流侧过电压特性

昆北换流站为乌东德直流工程的送端换流站。直流侧单极由两组 12 脉动换流器组成，两极与中性母线间装设有直流滤波器，极线和中性线接有平波电抗器。

4.3.1 反击侵入波过电压

1. 极线反击过电压

表 4.2 为单极运行情况下，相反极性 240kA 雷电流雷击杆塔时换流站各设备上的过电压情况。（限于本书篇幅，仅以前两根杆塔为例。）

表 4.2 雷击杆塔时换流站各设备上的过电压（昆北换流站）

雷电流/kA	杆塔号	运行电压/kV	极线各设备上过电压/kV							
			极线高压耦合电容器	极线隔离开关 DS	直流电压测量装置	DCF 高压侧对地	平抗极线侧	平抗阀侧	阀侧隔离开关	阀侧套管
-240	1#	+800	877	852	926	889	897	849	849	849
+240	1#	-800	877	852	926	889	897	849	849	849
-240	2#	+800	922	918	1004	964	980	844	844	844
+240	2#	-800	922	918	1004	964	980	844	844	844

由表 4.14 可知，240kA 雷电流反击相反极性线路时，沿极线侵入换流站设备上的过电压并不严重。若线路遭到极性相同雷电流雷击，绝缘子串发生闪络，则要提高雷电流的幅值，但 240kA 的雷电流概率已经非常小，再继续提高雷电流幅值没有实际意义。

综上所述，昆北换流站直流线路进线端绝缘水平和耐雷水平已经较高，240kA 雷电流难以造成绝缘子串的闪络，沿线路侵入换流站的仅为感应过电压分量，对换流站内设备的绝缘不构成威胁。

2. 接地极线反击过电压

一般来说，接地极线路的绝缘水平较低，幅值较高的雷电流雷击塔顶发生反击时，通常会造成多基杆塔的闪络。接地极线路绝缘子串两端装有招弧角，招弧角空气间隙约为 0.7m，在接地极线反击过电压的计算中，取招弧角放电电压为 350kV。接地极线路反击雷电流幅值取概率为 4.33% 的 120kA。在正极性单极大地回线运行方式下，接地极线各基杆塔遭受雷电流反击时各设备上过电压情况见表 4.3。

表 4.3 接地极线各基杆塔遭受雷电流反击时各设备上过电压情况（昆北换流站）

（单位：kV）

雷击点	中性线各设备上过电压										
	入口处支撑绝缘子	线路侧 DS	直流电压测量装置	冲击电容器	HSNBS	阻波器线路侧	阻波器阀侧	平抗线路侧	平抗阀侧	阀侧 DS	阀顶套管
1#杆塔	311	72	76	15	15	15	15	15	19	19	19
2#杆塔	244	43	40	12	12	12	12	12	28	28	28

4.3.2　绕击侵入波过电压

换流站直流侧绕击侵入波过电压研究考虑三种情况：①极线绕击侵入波过电压；②接地极线绕击侵入波过电压；③金属回线绕击侵入波过电压。绕击侵入波过电压大小与各杆塔的最大绕击电流、雷击点离换流站的距离和线路运行电压极性等因素有关。

1. 极线绕击过电压

为考核换流站内电气设备绝缘水平，进行极线绕击侵入波过电压计算时，偏严格考虑，采用单极大地回线的运行方式。这种运行方式下，换流站投入的设备最少，雷电泄流通道最少，各个设备上的雷电侵入波过电压也最高。

（1）雷击点的影响

关于雷击点的定位，详见 4.1.3 节。例如可通过计算#1 至#2 杆塔发生绕击时，记录高压极线耦合电容、极线隔离开关、直流滤波器、平波电抗器及换流阀上的电压最大值，来分析雷击点对绕击侵入波过电压水平的影响，计算结果见表 4.4。

表 4.4　雷击点对设备上过电压的影响（昆北换流站）

雷击点	计算用绕击电流/kA	极线各设备上过电压/kV							
		极线高压耦合电容器	极线隔离开关 DS	直流电压测量装置	DCF 高压侧对地	平抗极线侧	平抗阀侧	阀侧隔离开关	换流阀顶端对地
1#杆塔	20	1405	1337	1333	1332	1332	1223	1223	1223
2#杆塔	21	1386	1352	1353	1353	1353	1225	1225	1225

计算过程中，各基杆塔发生绕击时均未发生闪络。由于各基杆塔最大绕击雷电流不同，致使近区雷击和远区雷击在各设备上产生的过电压有一定差别。

雷击点的选择：最大绕击雷电流所在杆塔。

（2）运行电压及雷电流极性的影响

对乌东德工程而言，需考虑 +800kV 单极大地回线运行和 –800kV 单极大地回线运行两种系统运行方式，分别比较运行电压与雷电流极性对设备上过电压的影响。一般来说，由于工作电压的作用，线路遭受与工作电压相同极性的雷击时设备上的过电压幅值更高。

（3）正极性雷绕击正极性线路时各设备上过电压分析

1）平波电抗器。一般需要计算平波电抗器线路侧、阀侧及端子间过电压以及平波电抗器并联避雷器放电电流的大小。例如表 4.5 中 1#为阀侧平波电抗器，2#为线路侧平波电抗器，可对比两者端子间的过电压水平。

表 4.5　平波电抗器上过电压幅值　　　　　　　　（单位：kV）

项　　目	1#端子间	2#端子间
过电压水平	241	354

由表 4.5 可知，平波电抗器端子间过电压幅值并不高，此时并联在平波电抗器两端的 SR 型避雷器放电电流 <0.02kA。

2）直流滤波器。一般为方便计算，首先对直流滤波器各节点进行编号，然后计算滤波器上各节点支路电压及相应的避雷器放电电流。值得注意的是，滤波器的电容如首端与高压极线相连，末端与滤波器电感相连，则在电容器末端和各电感上有可能出现较高幅值的过电压。

3）其他各避雷器的放电电流。以乌东德工程为例，可计算 +800kV 单极大地回线运行，25kA 雷电流绕击雷击点时换流站直流侧各避雷器的放电电流。例如中性母线及阀侧的避雷器放电电流见表 4.6。

表 4.6　中性母线及阀侧各避雷器的放电电流　　　　　　（单位：kA）

项　　目	中性母线 E 型	阀侧 C 型
电流	< 0.01	0.15

由表 4.6 可知，中性母线 E 型避雷器未发生动作，阀侧 C 型避雷器最大电流为 0.15kA，中性母线和换流阀上的过电压情况并不严重，不会威胁到线路绝缘。

（4）特殊工况下雷电过电压计算分析

考虑到直流滤波器支路在检修时有可能停运，直流滤波器的停运减少了雷电流泄流通道，大多数设备上的过电压都有所升高，特别是会增加直流滤波器至阀顶段设备的雷电应力，在这种运行方式下需要对极线绕击侵入波过电压进行计算。同时，也需要对平波电抗器线路侧、阀侧及端子间过电压及平波电抗器并联避雷器放电电流进行计算，分析过电压对各设备的绝缘水平是否会构成威胁。

（5）平波电抗器雷电过电压计算分析

极线平波电抗器串联在换流阀桥与极线之间。正常运行时，端子间只有数值很低的纹波电压降。在雷电波作用下，由于其等值频率很高，电抗器电感数值较大，端子间可能出现较高的雷电过电压。

平波电抗器两端所承受的电压与其他设备不同，相反极性雷击极线时，雷电波沿极线侵入，与阀侧直流电压共同作用，平波电抗器端子间也会出现较大的过电压。所以分析平波电抗器的过电压情况需要计算并比较相同极性和相反极性雷击极线线路的结果。

因此，平波电抗器雷电过电压分析时也需要考虑相反极性雷击极线线路的方式。例如图 4.21 所示为平波电抗器上，正极性大地回线、滤波器投入运行，遭受负极性雷击电压波形。

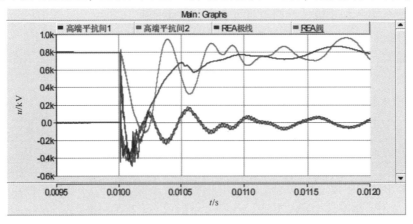

图 4.21　正极性大地回线、滤波器投入运行，遭受负极性雷击电压波形

2. 接地极线绕击过电压

为考核换流站内电气设备绝缘水平，进行接地极线绕击侵入波过电压计算时，与极线绕击侵入波过电压计算一样，采用单极大地回线的运行方式。各设备上的过电压水平计算结果见表4.7、表4.8（仍以前两极杆塔为例）。

表 4.7　接地极线各杆塔发生绕击时，极线上各设备过电压（昆北换流站）

雷击点	绕击电流/kA	中性母线各设备上过电压/kV										
		入口支撑绝缘子	隔离开关 DS	直流电压测量装置	冲击电容器	中性母线开关 HSNBS	直流滤波器低压侧	阻波器线路侧	阻波器阀侧	平抗线路侧	平抗阀侧	低压阀侧套管
1#杆塔	25	160	50	79	7	7	7	7	9	9	25	25
2#杆塔	15	113	38	48	6	6	6	6	7	7	22	22

表 4.8　接地极线 1#杆塔发生绕击时，各避雷器放电电流（昆北换流站）

项　目	中性线 E 型避雷器
电流/kA	<0.01

接地极线遭受绕击时，由于接地极线路杆塔采用了招弧角，多基杆塔绝缘子串均发生闪络，绕击侵入波沿接地极线路侵入换流站。

3. 金属回线绕击过电压

由于金属回线的绝缘水平很高，金属回线发生绕击时，绝缘子串未闪络，雷电沿金属回线侵入换流站，在金属回线和中性线设备上产生过电压，对直流极线设备的影响很小。

需要注意的是，作为金属回线的极线部分电气设备绝缘水平较高，该电压不会威胁到金属回线的极线部分绝缘。

雷电侵入波传播至绝缘水平较低的金属回线上时，金属回线 E 型避雷器的放电电流为 9.38kA，未超过标称放电电流 20kA，如图 4.22 所示。

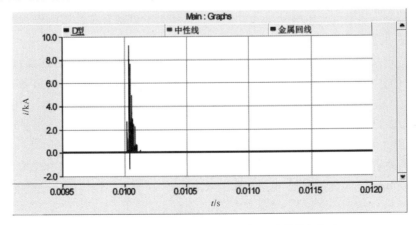

图 4.22　金属回线遭受绕击时，各避雷器放电电流

中性母线上由于存在中性极线电容器，其冲击吸收电容使得中性线设备过电压幅值较低，中性母线上过电压情况并不严重。

综上所述，金属回线遭受绕击时，极线绝缘水平较高，过电压情况并不严重；中性线由于中性线电容器的作用，中性线设备上过电压幅值也较低。

4.3.3 避雷器和设备绝缘水平参数

1. 避雷器参数校验

综合昆北换流站直流侧计算结果和直流侧避雷器配置方案，可得出各避雷器最大放电电流以及对应的运行与雷击方式。表4.9为乌东德工程中部分避雷器最大放电电流所对应的运行与雷击方式。

表4.9 各避雷器最大放电电流对应的运行与雷击方式

避雷器代号	运行方式	雷击方式
D	负极性单极大地无滤波器运行	负极性雷绕击极线
E	负极性单极金属回线运行	负极性雷绕击金属回线
C	负极性单极大地运行	负极性雷绕击极线
SR1	负极性单极大地无滤波器运行	正极性雷绕击极线
SR2	负极性单极大地无滤波器运行	正极性雷绕击极线
Fdc1	正极性单极大地运行	负极性雷绕击极线
Fdc2.0	正极性单极大地运行	正极性雷绕击极线
Fdc2.1	负极性单极大地运行	正极性雷绕击极线
Fdc2.2	负极性单极大地运行	正极性雷绕击极线

由表4.9可知，极线D型、换流器组C型、平波电抗器SR型、直流滤波器Fdc型避雷器最大放电电流都出现在单极大地回线运行方式遭受雷击时，这是由于单极大地回线运行方式下投入运行的设备和线路最少，雷电侵入波过电压情况最严重。其中，由于工作电压的叠加作用，换流器组C型、直流滤波器Fdc型避雷器的最大放电电流都出现在相同极性雷电绕击极线时，SR型避雷器的最大放电电流出现在相反极性雷电绕击极线时。而无滤波器投入运行时，D型避雷器最大放电电流最大，此时投入运行的设备最少，雷电侵入波沿极线侵入对极线D型避雷器的影响最显著。

接地极线遭受绕击时，由于接地极线最大绕击雷电流较小，各个设备上的过电压幅值也不高，且中性线电容器也大大降低了沿接地极线侵入的雷电波，使得各避雷器的放电电流都不高。

E型避雷器的最大放电电流出现在负极性单极金属回线运行、金属回线遭受雷电绕击时。

2. 最大侵入波过电压和设备绝缘水平校验

昆北换流站直流侧极线最大雷电侵入波过电压和设备绝缘水平校核参数主要是雷电冲击耐受水平LIWL（kV）、最大过电压（kV）和绝缘裕度（%）。需要校核的极线设备见表4.10。

表4.10 昆北换流站直流侧需校核的极线设备

极 线 设 备						
高压极线耦合电容器	直流电压测量装置	极线隔离开关DS	直流滤波器高压侧	平抗REA极线侧	平抗REA阀侧	阀侧套管对地

　　昆北换流站直流侧中性线及金属回线最大雷电侵入波过电压和设备绝缘水平校核参数同前。需要校核的设备见表 4.11，其中金属回线上的隔离开关的雷电绝缘水平与极线的绝缘水平相同。

表 4.11　昆北换流站直流侧需校核的中性线及金属回线设备

中性线及金属回线设备									
作为回线上的原高压耦合电容器	线路侧隔离开关	直流电压测量装置	中性线母线开关 HSNBS	直流滤波器低压侧	阻波器线路侧	阻波器阀侧	平波电抗器线路侧	平波电抗器阀侧	低压阀侧套管

4.4　柳北换流站直流侧过电压特性

4.4.1　反击侵入波过电压

1. 极线反击过电压

　　当 240kA 的雷电流雷击塔顶时，柳北换流站直流线路进线段各基杆塔都不会闪络。通过线路侵入换流站内部的雷电侵入波仅为感应过电压分量，远小于绝缘子串闪络侵入的过电压。表 4.12 中为单极运行情况下，240kA 雷电流雷击杆塔时换流站各设备上的过电压情况示例，1# 和 2# 为连接昆北侧线路的杆塔，但详细计算时也应考虑连接龙门侧线路的杆塔过电压情况。

表 4.12　雷击杆塔时换流站各设备上的过电压（柳北换流站）

雷电流 /kA	杆塔号	运行电压 /kV	极线各设备上过电压/kV						
			高压极线耦合电容器	极线隔离开关 DS	直流电压测量装置	平抗两端	平抗 REA 极线侧	平抗 REA 阀侧	阀侧套管
−240	1#	+800	855	815	834	193	875	935	915
+240	1#	−800	855	815	834	193	875	935	915
−240	2#	+800	852	821	876	337	923	944	920
+240	2#	−800	852	821	876	337	923	944	920

　　柳北换流站直流线路进线段绝缘水平和耐雷水平较高，240kA 雷电流沿线路侵入换流站的仅为感应过电压分量，对换流站内设备的绝缘不构成威胁。

2. 接地极线反击过电压

　　此处接地极线路绝缘子串两端装有招弧角，招弧角空气间隙约为 0.68m，招弧角放电电压约为 340kV。接地极线路反击雷电流幅值取概率为 4.33% 的 120kA。其余情况与 4.3.1 节类似。

　　接地极线遭受反击时，中性线其他设备由于避雷器和中性线耦合电容的作用，过电压水平均不高。

4.4.2 绕击侵入波过电压

其仿真过程与昆北换流站类似，参见 4.3.2 节。

4.4.3 避雷器和设备绝缘水平参数

1. 避雷器参数校验

综合柳北换流站直流侧计算结果和直流侧避雷器配置方案，可得出各避雷器最大放电电流以及对应的运行与雷击方式。表 4.13 所示为乌东德工程中部分避雷器最大放电电流所对应的运行与雷击方式。

表 4.13　各避雷器最大放电电流所对应的运行与雷击方式

避雷器代号	运 行 方 式	雷 击 方 式
D	正极性单极大地运行	正极性雷绕击极线
E	正极性单极金属回线运行	正极性雷绕击金属回线
C	正极性雷绕击极线	正极性雷绕击极线
SR	正极性单极大地运行	负极性雷绕击极线

由表 4.17 可知，极线 D 型、平波电抗器 SR 型避雷器最大放电电流都出现在单极大地回线运行方式遭受雷击时，这是由于单极大地回线运行方式下投入运行的设备和线路最少，雷电侵入波过电压情况最严重。其中，由于工作电压的叠加作用，SR 型避雷器的最大放电电流出现在相反极性雷绕击极线时。

接地极线遭受绕击时，各个设备上的过电压幅值不高，且冲击电容器也大大降低了沿接地极线侵入的雷电波，使得各避雷器的放电电流都不高。

E 型避雷器的最大放电电流出现在正极性单极金属回线运行、正极性雷绕击金属回线时。

2. 最大侵入波过电压和设备绝缘水平校验

柳北换流站直流侧单极由高低压阀组串联组成，极性和中性线均接有平波电抗器。柳北换流站直流侧极线最大雷电侵入波过电压和设备绝缘水平校核参数、需校核的极线设备同昆北换流站。

柳北换流站直流侧中性线及金属回线最大雷电侵入波过电压和设备绝缘水平校核参数同昆北换流站，需校核的极线设备参见表 4.14，其中金属回线上的隔离开关的雷电绝缘水平与极线的绝缘水平相同。

表 4.14　柳北换流站直流侧需校核的中性线及金属回线设备

中性线及金属回线设备						
低压隔离开关 DS	中性线开关	直流电压测量装置	平抗线路侧	平抗阀侧	阀侧隔离开关	低压阀侧套管

4.5　龙门换流站直流侧过电压特性

龙门换流站直流侧单极由高低压阀组串联组成，极线和中性线均接有平波电抗器。其计算方法可参见 4.4 节，此处不再赘述。

4.6　本章小结

本章以乌东德工程为例，介绍了雷电侵入波仿真模型的构建方法，对直流侧雷电侵入波过电压进行了仿真计算，详细研究了直流侧极线、金属回线、接地极线遭受负/正极性雷电绕击/反击后换流站内设备承受的雷电应力的计算方式，以及各避雷器的雷电设计参数的校核方法。

第5章 特高压柔性直流输电系统绝缘配合

电力系统的绝缘配合是指综合考虑电力设备在电力系统中可能承受的各种电压、保护装置的特性和设备绝缘对各种作用电压的耐受特性，合理地确定设备必要的绝缘水平，以达到经济上和安全运行上的总体效益最大化。

特高压柔性直流输电是当今直流输电工程领域的一大热点，代表着直流输电技术的最高水平。而直流换流站的绝缘配合研究是直流输电工程的关键技术，其绝缘水平的高低直接影响着整个工程的造价。因此绝缘配合设计是柔性直流输电工程的关键设计技术之一，值得科研人员深入研究和探讨。

5.1 绝缘配合流程与基本原则

柔性直流系统绝缘配合流程如下：

1）分析评估高压直流换流站和系统的特性。

2）评估每台设备的绝缘性能。

3）考虑过电压保护方式和作用于避雷器的电流和能量，并确定避雷器布置。

4）根据过电压计算结果，确定不同种类的代表性过电压。

5）考虑仿真计算模型的局限性，选择确定性配合系数，确定配合耐受电压。

6）考虑型式试验条件和实际运行条件的差别，选择校正因数，确定要求的耐受电压。

7）对于直流设备，将额定耐受水平调整到方便的经验值，从而获得设备额定绝缘水平。

换流站内绝缘配合的基本原则如下：

交流侧的过电压应尽可能由装在交流侧的避雷器加以限制；直流侧的过电压应由装在换流变压器直流侧的避雷器及其组合加以限制；换流关键设备应由与该设备紧密相连的避雷器直接保护；母线或其他设备可直接由连接于被保护设备两端点之间或设备对地之间的避雷器保护，也可以由多只避雷器串联来实现；换流站交流侧和直流侧选用无间隙氧化锌避雷器作为保护设备；设备绝缘水平应保持适当的绝缘裕度。

5.2 绝缘配合参数

5.2.1 绝缘耐受电压

目前，直流系统绝缘配合的方法与交流系统相同，即采用惯用法，也有文献称为确定性法。惯用法的基本思想是在电气设备上可能出现的最大过电压与设备要求耐受电压之间有一定绝缘裕度，最终选择的设备绝缘耐受电压应等于或高于上述所要求的耐受电压，如下式所示：

$$U_{rw} = kU_{rp}$$

式中，U_{rw} 是要求耐受电压；U_{rp} 是代表性过电压，对于受避雷器直接保护的设备，代表性过电压等于避雷器的保护水平；k 是绝缘裕度系数。

在交流系统中，可根据上述计算得到要求耐受电压。按照标准耐受电压等级，得到设备绝缘耐受电压。但在直流系统，尤其是特高压直流系统中，还没有确定的标准耐受电压等级。考虑到特高压直流系统中绝缘水平的略微提高会导致设备尺寸和制造成本的急剧增加，因此通常就近取合适的整数值作为设备绝缘耐受电压，并不再沿用操作冲击绝缘耐受水平与雷电冲击绝缘耐受水平的比小于 0.83 的习惯。

5.2.2　绝缘裕度

电气设备的绝缘耐受水平需高于避雷器的保护水平，这样才能保证受到过电压应力时设备的安全性。考虑到设备的绝缘会随时间的推移而老化（如绝缘材料的老化）、天气因素（如雨、雾等）也会使设备的绝缘能力降低，避雷器自身的老化、环境污染、高海拔地区的影响等诸多因素，需要在避雷器的保护水平上乘以一个系数以获得设备的要求绝缘耐受电压。这个系数即为绝缘裕度，即前文中的系数 k。不同位置、不同绝缘方式的设备对绝缘裕度的要求有所不同，直流系统绝缘配合既要考虑经济性，又要考虑系统的安全稳定运行。绝缘裕度太大会造成不必要的经济浪费，太小又难以确保系统的安全稳定，因而选择适当的绝缘裕度是非常重要的。

现代直流输电系统换流阀大多采用空气绝缘、水冷却的户内悬吊式多重阀结构。由于其造价昂贵，绝缘裕度选取得合理与否对整个工程的造价有很大影响，为此开展重点分析。

换流阀的绝缘具有以下特点：

1）换流阀安装在阀厅内，室内环境条件可以得到很好地控制，而且阀厅基本保证对外呈微正压，运行中基本不受外界环境因素（如干湿度、温度、灰尘等）的影响，这也是换流阀绝缘区别于其他设备绝缘的最重要原因。

2）换流阀单元有严密的监控装置，易于发现有故障的晶闸管阀及其他组件（包括阀电抗器、均压阻尼电容等）。在每一次检修或更换故障元器件后，可以认为阀的绝缘耐受能力恢复到初始值。

3）随着技术的进步，氧化锌避雷器在运行几年之后仍能够保持良好的伏安特性，也即直接保护换流阀的避雷器在过电压应力下仍能起到充分的保护作用。

4）由于阀的成本和损耗近似正比于阀的绝缘水平，降低阀的绝缘水平也能相应降低阀的高度和阀厅的高度。

考虑各方面因素，在特高压柔性直流输电系统中，适当降低换流阀的绝缘裕度在技术上是可行的，并能带来显著的经济效益。

5.2.3　绝缘水平

直流换流站交、直流设备绝缘水平的确定需要分开进行。换流站交流侧的系统可按照相关标准的推荐进行确定。直流侧绝缘水平的确定目前还缺乏相关标准，可按照本节开头所述惯用法进行。

（1）交流侧绝缘水平

换流站交流侧的系统可根据《绝缘配合　第 1 部分：定义、原则和规则》（GB/T

311.1—2012)和《交流电气装置的过电压保护和绝缘配合》（DL/T 620—1997）来确定其绝缘水平。

（2）直流侧绝缘水平

换流站内的换流阀、换流变压器、母线等设备可以由一只避雷器直接保护，也可以多只避雷器串联保护。通常使用仿真计算来确定各避雷器的详细配合情况。实际上，最大配合放电电流不可能在同一故障中同时出现在串联的每只避雷器上，因此该方法给绝缘配合留有额外的裕度。

5.3 绝缘配合计算与避雷器布置及选取

下面以乌东德工程为例，详细说明如何进行柔性直流输电工程的绝缘配合计算与避雷器布置及选取。

5.3.1 系统条件

1. 基础数据

根据系统研究建议，乌东德工程直流额定电压为 ±800kV，昆北侧送端容量为 8000MW，采用常规直流技术；龙门侧和柳北侧两个受端分别输送 5000MW 和 3000MW，采用柔性直流技术。

2. 交流系统参数

此处仅列出柳北换流站和龙门换流站的设计参数。交流系统电压特性参见第 2 章表 2.21，频率特性参见表 2.22，短路特性参见表 2.23。

3. 换流站主回路参数

此处仅列出柳北和龙门换流站的设计参数。柳北换流站的主回路参数见表 2.12，龙门换流站主回路参数见表 2.13。

4. 线路参数

线路参数详见表 2.24 ~ 表 2.26。

5. 保护系统

（1）常规直流保护系统的模拟

直流保护系统能针对不同类型故障采用快速移相、闭锁、投旁路对等措施控制换流阀，关闭直流系统，以保护有关设备的安全。故障所引起的最大瞬态过电压，其幅值和持续时间，在很大程度上受控制和保护系统所左右。

实际工程中，直流侧保护共有多种。本书主要模拟了换流器、直流母线、接地极引线和线路保护中对过电压起决定作用的快速动作保护，它们的保护算法和保护定值参考中国南方电网云广直流工程的相关设定，见表 5.1 ~ 表 5.10。具体保护策略以工程最终建设数据为准。

具有最高优先级的 ESOF（紧急停机）过程由主保护和极控启动，闭锁换流器，隔离交流系统，跳中性母线高速开关隔离直流系统。当上、下 12 脉动换流单元发生 $n-1$ 或 $n-2$ 故障时，为了减小功率传输损失，需用旁路断路器旁路故障换流单元；当故障换流单元修复后需开断旁路断路器重新投入。因此极控 ESOF 需根据故障类型决定是启动极 ESOF 还是换流单元组 ESOF。来自极控和保护的 ESOF 信号经过通信系统同时发送给对侧系统，因而两站 ESOF 过程几乎是同步执行的。

整流站 ESOF 过程包括以下几个步骤:

1) 整流站移相 120°。

2) 若 I_d 降到零左右,整流站移相 160°并等待 100ms 后(若 ESOF 为本站发出则等待 10ms)。

3) 闭锁整流站。

4) 当逆变站收到整流站闭锁信号,闭锁逆变站。

换流站极闭锁后,可跳开中性母线高速开关,隔离故障极,而不影响另一极正常运行。为了避免某些故障造成换流变损坏,要求极闭锁同时,跳开换流变断路器,隔离交流系统。

表 5.1 短路保护

功 能	阀短路和阀接地短路
动作策略	整流站故障:闭锁 VBE;极控 ESOF(紧急停运);跳 HSNBS(中性母线高速开关);跳换流变压器交流断路器 逆变站故障:极控 ESOF;跳 HSNBS;跳换流变压器交流断路器
判据	$I_{acY-MIN}(I_{dH}, I_{dN}) > \Delta$ $I_{acD-MIN}(I_{dH}, I_{dN}) > \Delta$
保护定值	延迟时间 = 0ms;门限值 = 1.7p.u.(5313A)

表 5.2 交流过电流保护

功 能	整流站或逆变站短路故障
动作策略	极控 ESOF;跳 HSNBS;跳换流变压器交流断路器
判据	$I_{ac} > \Delta$
保护定值	延迟时间 = 2ms;门限值 = 3.5p.u.(10938A)

表 5.3 阀组差动保护

功 能	换流单元 DC 侧故障
动作策略	阀组 ESOF;跳换流变压器交流断路器;投旁路开关
判据	$MAX(I_{dH}, I_{dN}) - I_{ac} > \Delta$
保护定值	延迟时间 = 40ms;门限值 = 0.5p.u.(1562A)

表 5.4 桥差动/换相失败保护

功 能	桥内换相失败或触发故障
动作策略	极控 ESOF;跳换流变压器交流断路器
判据	$I_{ac} - I_{acY} > \Delta$;$I_{ac} - I_{acD} > \Delta$
保护定值	延迟时间 = 200ms;门限值 = 0.07p.u.(219A)

表 5.5 直流差动保护

功 能	换流器任何地方接地故障
动作策略	整流站故障:闭锁 VBE;极控 ESOF;跳 HSNBS; 跳换流变压器交流断路器 逆变站故障:极控 ESOF;跳 HSNBS;跳换流变压器交流断路器
判据	$ABS(I_{dH} - I_{dN}) > \Delta$
保护定值	延迟时间 = 5ms;门限值 = 0.05p.u.(156A)

表 5.6　逆变站开路/直流过电压保护

功　能	整流站试图在逆变站开路状态下启动或运行；极控故障
动作策略	极控 ESOF；跳换流变压器交流断路器
判据	$U_d >$ 门限值 $\& I_d = 0$
保护定值	延迟时间 $=10$ms；门限值 $=1.55$p. u.　（1240kV）

表 5.7　基波保护

功　能	逆变站换相失败；交流系统单相接地故障	
动作策略	（50Hz/100Hz）	降低极控电流至 $I_{dref}/I_{dmax} = 0.3$p. u.
判据	$I_{dL}(50\text{Hz}) > I_{dL}(81 \sim 50\text{Hz})$；$I_{dL}(100\text{Hz}) > I_{dL}(81 \sim 100\text{Hz})$	
保护定值	50Hz 检测 Ⅱ 段：门限值 $=0.02$p. u，延迟时间 $=200$ms 100Hz 检测 Ⅱ 段：门限值 $=0.02$p. u，延迟时间 $=200$ms	

表 5.8　交流过电压保护

功　能	切除交流滤波器和并联电容器后仍不能抑制交流过电压
动作策略	极控 ESOF；跳换流变压器交流断路器
判据	$U_{ac}(50\text{Hz}) > \Delta$
保护定值	1 段：门限值 $=1.4$p. u.　（424.4kV 相对地），延迟时间 $=100$ms 2 段：门限值 $=1.4$p. u.　（735kV 相间），延迟时间 $=30$ms 3 段：门限值 $=1.5$p. u.　（787.5kV 相间）；延迟时间 $=10$ms

表 5.9　直流低电压保护或行波保护

功　能	直流线路故障	
动作策略	启动直流线路故障恢复顺序	
判据	$du/dt > \Delta$，$U_{dL} < \Delta$	
保护定值	直流低电压	行波保护
	门限值（du/dt）$=42.5$kV/0.15ms 门限值（U_{dL}）$=200$kV 延迟时间 $=20$ms	$du/dt > 17.5\% \ \& U_{dl} > 40\%$ $\& I_{dl} < 40\%$（逆变站） $\& I_{dl} > 15\%$（整流站） 延迟时间 $=0$ms

表 5.10　接地极线过电压保护

功　能	接地极线开路；金属回线开路	
动作策略	单极运行	闭锁阀；合 HSGS
	双极运行	双极平衡操作；合 HSGS
判据	$U_{dN} > \Delta$	
保护定值	门限值 $=1.6$p. u；延迟时间 $=100$ms	

（2）柔性直流保护系统的模拟

柔性直流保护系统的模拟一般需要详细的 VSC 侧保护定值。可暂定根据以下原则进行保护配置：

1）MMC 模块过压保护。基于模块电容额定电压来确定。例如乌东德工程的模块电容额定电压为 2800V，根据电容器标准，具备 1.3p.u.（3.6kV）的分钟级耐受电压能力。考虑到 MMC 模块闭锁后电容器失去放电回路，承受过电压时间较长，故采用分钟级耐压作为电容器过电压限值。在过电压工况下，MMC 模块电容耐压由避雷器限制在 3.6kV 以内。因此模块过电压保护定值需躲开避雷器保护水平，并留有一定电压裕度。

2）桥臂过电流保护和定值。VSC 侧阀厅内故障通常会引起桥臂过电流，保护检测桥臂电流超过 4.6kA 时延时 200μs 动作闭锁阀。

3）系统的保护和定值。VSC 侧参考 LCC 侧配置直流差动保护、行波保护以及接地极线过电压保护，分别保护阀厅、直流线路以及接地极区域的故障。

5.3.2 避雷器配置原则

避雷器是保护电力设备免受系统中过电压损害的主要设备。根据电力系统的过电压情况合理的配置避雷器、选择避雷器参数成为输电系统绝缘配合的核心内容之一。

1. 基本原则

换流站内设备的主要保护装置为氧化锌避雷器。氧化锌避雷器配置的原则如下：交流侧产生的过电压用交流侧的避雷器限制；直流侧产生的过电压由直流侧的避雷器限制；重点保护设备由紧靠它的避雷器直接保护。一般由保护其他设备的几种类型的避雷器串联来实现换流变压器阀侧绕组的保护。最高电位的换流变压器阀侧绕组可由紧靠它的避雷器直接保护。

2. 单极避雷器配置

乌东德工程换流站为单极两组换流单元串联结构，其优点为：①换流站某极中某组换流单元设备故障时，采用直流断路器和隔离开关切除故障单元，仍可输送该极一半的功率，以减少送端紧急切机数量，保持受端系统稳定；②降低换流变压器制造和运输的困难。具体避雷器配置方案参见第 4 章。

3. 交流侧避雷器

交流侧 A 型避雷器主要用于保护换流站交流侧设备；可装于每台换流变压器网侧、交流滤波器母线和交流母线。

4. 装在换流单元的避雷器

以乌东德工程为例，对于昆北侧：

阀两端的 V 型阀避雷器用于直接保护阀组，同时与其他类型避雷器串并联保护换流变压器阀侧绕组；V 型避雷器按能量大小可分为 V1、V2 和 V3 型。

下 12 脉动换流单元的 6 脉动换流桥 M 型避雷器保护下换流单元的两个 6 脉动换流桥间的直流母线，同时与 V3 型避雷器串联保护高电位下换流单元阀侧 Y 绕组。

400kV 中性点直流母线的 C1 型避雷器用于保护上、下 12 脉动换流单元之间的直流母线设备（包括旁路断路器、隔离开关和穿墙套管等）旁路，限制上 12 脉动换流单元旁路断路器合闸或旁路对投入的操作过电压和下 12 脉动换流单元单独运行时直流极母线的操作和雷电过电压；C1 与 V3 型避雷器串联来保护上换流变压器组阀侧 D 绕组。

在上、下 400kV 12 脉动换流单元单独运行工况下，上组换流单元的 C2 型避雷器保护额定电压为 400kV 的上 12 脉动换流单元。

对于龙门、柳北侧：

高端阀组上桥臂端间配置的 V 型避雷器用于直接保护上桥臂端间及 MMC 子模块。

400kV 中性点直流母线的 C1 型避雷器用于保护上、下换流单元之间的直流母线设备（包括旁路断路器、隔离开关和穿墙套管等）旁路，限制上换流单元旁路断路器合闸或旁路对投入的操作过电压和下换流单元单独运行时直流极母线的操作和雷电过电压。

在上、下 400kV 换流单元单独运行工况下，上组换流单元的 C2 型避雷器保护额定电压为 400kV 的上换流单元。

5. 装在直流极线的避雷器

装于平波电抗器/直流电抗器线路侧和直流母线侧的直流线路 D 型避雷器用于直流开关场的雷电和操作冲击保护，可根据雷电侵入波的计算选择 D 型避雷器的数量和在直流母线上的安装位置。

跨接于直流极母线平波电抗器/直流电抗器两端的 SR 型避雷器用于雷电和操作波保护。昆北侧若选用户外型干式空心电抗器时，因单台电抗器的电抗值小，可能需装 4 台，其中两台可装在中性母线上，位于直流极母线上的其他两个电抗器绕组各由一个 SR 型避雷器保护。

6. 装在中性母线的避雷器

金属回线 E2 型避雷器安装在金属回线回路上，主要用于限制来自金属回线的雷电侵入波，可根据雷电侵入波计算结果确定 E 型避雷器的数量和安装位置。

中性母线 E2H（高能量）避雷器用于吸收双极和单极运行方式下线路或阀厅内接地故障下的操作冲击能量。E2H 为高能量避雷器，由多个避雷器并联。在制造和出厂试验时需保证多个并联的避雷器特性一致。

接地极线 E2 型避雷器安装在接地极线回路上，主要用于限制来自接地极线路的雷电侵入波。

E2 型中性母线避雷器主要用于中性母线的雷电侵入波保护，可根据雷电侵入波计算结果确定 E2 型中性母线避雷器的数量和在中性母线上的安装位置。例如在直流滤波器底部装一只，可限制经直流滤波器传递到中性母线上的雷电过电压。这些 E2 型避雷器在操作过电压下动作并与 E2H 型避雷器共同分担电压。

中性母线装有平波电抗器/直流电抗器时，E1H 型避雷器接于中性母线平波电抗器阀侧，用于保护阀的底部设备并与 V3 型避雷器串联来保护下组换流变压器阀侧 D 绕组。昆北侧 E1H 型避雷器为高能量避雷器，由多个避雷器并联，装在阀厅外，在制造和出厂试验时需保证多个并联的避雷器特性一致。E1H 型避雷器应安装在室外。这种避雷器的"电压-电流"特性与 E2 型避雷器的特性相同。但由于有一平波电抗器各谐波电压降叠加在 MR 或接地极引线的直流电压上，因此 E1 型避雷器的持续运行电压大于 E2 型避雷器。

7. 换流变阀侧避雷器

对于昆北侧，A2 型避雷器用于保护处于最高电位的换流变阀侧 Y 绕组的高压端。

对于龙门、柳北侧，高、低压换流单元连接变压器阀侧分别装设 A2、A1 型避雷器，保护连接变压器阀侧绕组高压端。

8. 装在直流滤波器的避雷器

直流滤波器 Fdc1 和 Fdc2 型避雷器用于保护直流滤波器低压侧元件。

5.3.3 　避雷器布置和参数的选择

1. 避雷器的布置图

（1）昆北侧避雷器布置

避雷器的布置图如图 5.1 所示。这种布置的优点是 A2 型避雷器直接保护处于最高电位的换流变压器阀侧绕组，非常直观。同样因中性母线装设平波电抗器，可降低 A2 型避雷器的持续运行电压峰值（constant continuous operating voltage，CCOV），因其仅半个周波承受高电压，可取较高的荷电率，而获得较低保护水平。缺点是额定电压高，因外绝缘的要求，有较大的高度，安装困难，占空间较大。

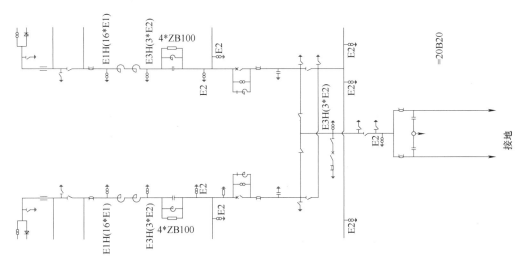

图 5.1 　昆北侧换流站的 E 型避雷器布置

保护上、下 12 脉动换流器中间母线的 C1 型避雷器的最大运行电压几乎是纯的直流电压，CCOV 为 415kV。但在上 12 脉动换流器停运时，该电压为谐波电压。因此，C1 型避雷器的 CCOV 是根据谐波电压来选择的。当上、下组串联运行时，C1 型避雷器较高的 CCOV，提高了 C1 和 V3 型避雷器的电压之和。它提高了保护高压换流变压器 D 绕组端子的 C1 + V3 的保护水平和保护极线穿墙套管及隔离开关的 C1 + C2 的保护水平。

（2）龙门、柳北侧避雷器布置

避雷器的布置图如图 5.2 所示。这种布置的优点是重要设备都由专门的避雷器直接保护，缺点是高端换流单元上桥臂 V 型避雷器台数较多且布置于阀厅内，对阀厅设计有特殊要求。

2. 避雷器参数的选择原则

避雷器参数的选择一般遵循下列原则：避雷器的持续运行电压 MCOV（maximum continuous operating voltage，最大持续运行电压）/CCOV 和持续运行电压最大峰值 PCOV 需高于所安装处的系统最高运行电压，并考虑严酷工况下的运行电压叠加谐波和高频暂态，避免避雷器吸收能量，加速老化，降低可靠性。避雷器的参考电压 U_{ref} 需综合考虑荷电率、PCOV、操作冲击保护水平、雷电冲击保护水平和避雷器的能量等因素来优化选择。

避雷器的操作、雷电和陡波前保护水平分别用标准配合冲击电流波形为 30/60μs、8/20μs 和波前时间 1μs 下的残压确定。避雷器的操作冲击和雷电冲击保护水平及其相应的配合电流需通过理论仿真来研究，并考虑避雷器的通流容量、内部并联柱数确定。最终规定的避雷器配合电流和能量要求需高于仿真研究计算出的电流和能量。设备的雷电冲击和操作冲击耐受电压与相应的避雷器保护水平应满足绝缘配合系数要求。

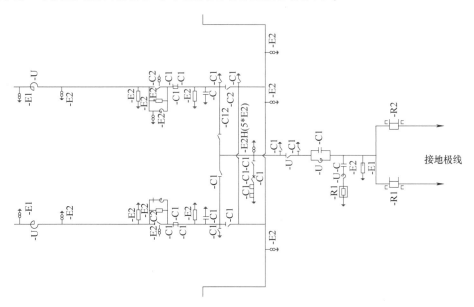

图 5.2　柳北侧换流站的 E 型避雷器布置

3. 平波电抗器分置在极线和中性母线方式对避雷器 PCOV 的影响

对于昆北侧，在中性母线和极线装设平波电抗器，两者电抗值相等，即为换流站所需总平波电抗值的一半。该方式为平波电抗器分置在极线和中性母线方式。

比起平波电抗器全部装在直流极线的方案，这种配置方式可使得串联的两个 12 脉动换流单元中间母线的电压几乎为纯直流电压。因而上组 12 脉动换流单元各点对地 PCOV 可按常规 12 脉动换流单元各点对地 PCOV 的公式计算，然后加上中间母线的直流电压，否则需加上中间母线的 PCOV。这样可降低上组高电位 12 脉动换流单元各点的 PCOV，因此可选择安装于该点避雷器的参考电压 U_{ref} 低于平波电抗器全部装在极线方案下的避雷器的参考电压，以降低避雷器保护水平，也降低了高电位 12 脉动换流单元各点的绝缘水平，降低幅度为 3.1% ~7.1%，不同点的降低幅度不同。

中性母线装平波电抗器的缺点：①阀底部设备（包括最低电位换流变压器）的绝缘水平需高于中性母线的绝缘水平；②E1H 型避雷器的能量（高能量）要求需大于 E2H 型（高能量）。

4. 荷电率的选择

直流侧避雷器未定义额定电压。直流侧避雷器的参考电压 U_{ref} 一般定义为直流 1 ~20mA 电压，即标称有功电压，它是决定避雷器阀片材料特性、几何尺寸和串并联片数的主要参数。对于直径小的单柱阀片避雷器，1mA 参考电压基本为起始动作电压；对于直径大的阀片，5mA 直流参考电压基本为标称有功电压。由两柱阀片组成的避雷器参考电压则对应于 10mA。参考电压的具体选择与阀片单位面积电流密度有关。

直流避雷器的荷电率表征单位电阻片上的电压负荷，是 CCOV 和 PCOV 的电压峰值与直流参考电压 U_{ref} 的比值。合理的荷电率值必须考虑稳定性、泄漏电流的大小、持续运行电压波形峰值、直流电压分量、安装位置（户内或户外）、温度对伏安特性的影响以及污秽对避雷器瓷套或硅橡胶外套电位分布的影响等因素，通过包括老化试验的稳定性试验和污秽试验等来确定。荷电率的高低对避雷器的老化程度影响很大，降低荷电率，在长期连续运行电压下阻性漏电流小，所引起的损耗易与散热能力平衡，不会发生热崩溃；但另一方面提高荷电率，可降低避雷器的保护水平，对降低设备绝缘水平有重要意义。我国交流 500kV 避雷器的荷电率一般为 0.7 ~ 0.8。中国电力科学研究院武汉分院经老化试验证明，500kV 交流避雷器的荷电率达 0.95 时，不发生热击穿，仍能保持性能稳定。

常规直流 V 型避雷器在交流一周中阀不导通时才承受阀电压，因此阀电压下的泄漏电流平均一周产生的热量很小，可选荷电率为 0.95 ~ 1；柔性直流 V 型避雷器在一个周期内承受 0 ~ 400kV 电压，荷电率建议取 0.85 以下。常规直流 A2 型避雷器在交流一周中阀导通时，才承受一次较高的电压，电压从 600kV 跃变至 800kV，高电压持续时间为 10ms，因而也可像 V 型避雷器一样，选较高荷电率 0.95 左右；柔性直流 A2、A1 型避雷器承受连接变压器阀侧带有直流偏置的交流电压，荷电率建议取 0.8。常规直流 C2、M 和 C1 型避雷器上为直流电压叠加 12 脉动谐波电压，谐波电压产生的电流部分通过避雷器杂散电容泄放，尤其是换相过冲，在避雷器阀片上产生的热量较直流分量小，且这些避雷器装在阀厅内，可不考虑污秽和环境温度的影响，也可选较高的荷电率 0.9 左右；柔性直流 C1、C2 型避雷器分别承受低端、高端阀组 400kV 直流电压，建议选择荷电率 0.8 左右。DB、DL 型避雷器承受很高的纯直流电压，若装于户外，污秽可导致避雷器瓷或硅橡胶外套电位分布不均，引起阀片局部过热，环境温度对避雷器散热和伏安特性影响较大，选择荷电率较低更合理，可选 0.8 ~ 0.9。E1H、E2H 和 E2 型避雷器的 PCOV 很低，一般不考虑荷电率。

5. 800kV 直流侧避雷器的伏安特性曲线

800kV 直流侧避雷器的陡波前、雷电和操作冲击电流的伏安特性曲线可从生产厂家型式试验时被试的比例单元的相应残压乘以比例系数算出。比例系数可由 U_{ref} 决定的串联避雷器阀片数导出。

数字仿真计算一般采用避雷器的 8/20μs 和 30/60μs 的雷电和操作冲击电流残压参数。对于串联连接的避雷器，要考虑它们之间电压分配的不均匀性，尤其是雷电和陡波前过电压。当计算串联连接的避雷器最大保护水平时，应采用避雷器最大偏差特性；而决定特定位置的避雷器最大能量要求时，该避雷器应采用最小的偏差特性，而与其相并联的其他避雷器应采用最大的偏差特性，以避免分流。

6. 800kV 直流侧避雷器能量参数

直流侧避雷器的能量与换流站故障类型及持续时间、控制和保护的响应速度及延迟时间密切相关。在确定避雷器能量时，应给出单次冲击或连续冲击放电电流的幅值和持续时间。因直流控制或操作顺序，例如直流系统在接地故障后重启导致避雷器重复动作，可视为单次放电，该单次放电的能量等于累积的重复放电的能量。最终确定等效单次放电的能量时，应考虑持续时间短的冲击放电产生的能量降低了避雷器能耗耐受能力的因素。

提高避雷器的参考电压（U_{ref}）可以降低避雷器的比能量（kJ/kV）要求，同时降低避雷器的制造难度。可选择特性相匹配的金属氧化物避雷器并联，以满足避雷器单次允许能量要求和降低避雷器残压。并联方式可采用一个避雷器瓷套中多柱阀片并联或多支避雷器并联。一般由避雷器厂家考虑多柱式避雷器或多支避雷器并联之间放电电流分配的不均匀性。

选择避雷器允许能量的计算公式如下：允许能量 kJ/单片 × 片数 × 并联柱数 ÷ 不均匀系数。不均匀系数一般随着并联柱数的显著增加而略有增长。

当避雷器的能耗由调节器动态特性和保护所决定时，仿真研究计算所采用的调节器动态特性较差于实际运行中调节器动态特性，保护动作时延应不小于实际运行中可能出现的最长动作时延。

可参考 GB/T 311.3—2017 的 9.1 条，在规定避雷器能量时，考虑一个安全系数。这个安全系数的范围为 0%～20%，具体的系数依赖于输入数据和所用模型的容差以及出现高于研究工况能量的关键故障工况的概率。

7. 避雷器参数的选择

（1）常规直流换流站避雷器参数选择

1）A 型交流母线避雷器。交流母线 A 型避雷器额定电压的选择取决于两端换流站工频过电压计算的结果。例如某 A 型避雷器特性如图 5.3 所示。

2）V 型避雷器。阀避雷器持续运行电压是由带有换相过冲和换相缺口的若干正弦波段组成，不考虑换相过冲的持续运行电压幅值（CCOV）和 U_{dim} 的关系为

$$CCOV = \frac{\pi}{3} U_{dim}$$

式中，U_{dim} 为考虑交流电压的测量容差和换流变压器分接头一级电压偏差的 U_{dio} 最大值。PCOV 确定为 CCOV 与换相过冲之和。U_{ref} 可根据 PCOV 按避雷器在单柱交流峰值电流下的电压选取。所选的 V 型避雷器按照单个避雷器中并联的避雷器柱数可分为 V1、V2 和 V3 型避雷器。例如某 V1 型避雷器特性如图 5.4 和表 5.11 所示。

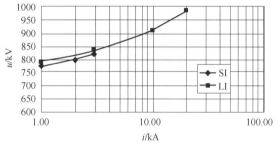

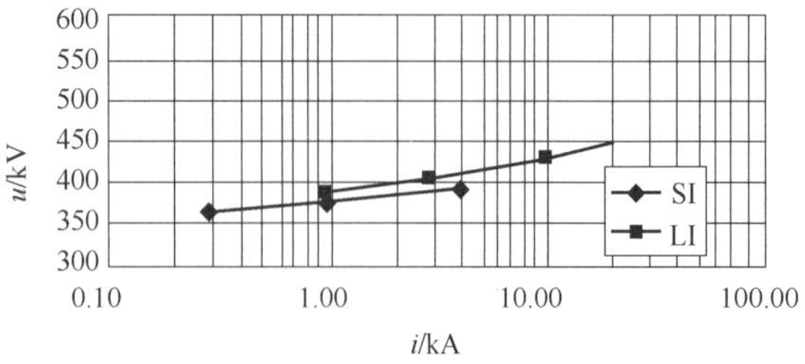

图 5.3　A 型避雷器特性

图 5.4　V1 型避雷器特性

表 5.11　V1 型避雷器

（V1 型，E_{max} = 10MJ，CCOV = 250kV，2 个外壳；8 柱并联）

电流（30/60μs）/kA	电压（max）/kV	电流 8/20μs/kA	电压（max）/kV
0.000020	346	1	383
0.30	364	3	398

（续）

电流（30/60μs）/kA	电压（max）/kV	电流 8/20μs/kA	电压（max）/kV
1	376	10	424
3	391	20	444
4	395		

3）D 型避雷器。DB 和 DL 型避雷器最大的运行电压几乎是纯的直流电压。

4）M 型避雷器。运行电压类似于阀两端持续运行电压加上中性母线平波电抗器阀侧对地电压降。CCOV 与阀一样。

5）C2 型避雷器。对于小的开通角和重叠角，理论上换流器两端电压表示如下：CCOV = 2 × cos2（15°）×（π/3）× U_{diomax}。实际上 CCOV 要小一些。

6）A2 型避雷器。A2 型避雷器 CCOV 为上组换流器两端电压与上、下组之间中性母线对地电压。

7）C1 型避雷器。C1 型避雷器的伏安特性与 C2 型避雷器的相同。

8）E1H 型避雷器（高能量）。E1H 型避雷器（高能量）的 CCOV 电压为直流侧各种运行方式下流经中性母线平波电抗器最大的谐波电流在平波电抗器上产生的电压与大地回线（整流站）下的直流电压降之和。

E1H 型避雷器接在中性母线平波电抗器的阀侧，而 E2、E2H 型避雷器（高能量）接在中性母线平波电抗器的线路侧。中性母线平波电抗器抑制了接地故障中 E2、E2H 型避雷器（高能量）泄放电流的大小，这可导致 E1H 型避雷器能耗比 E2 或 E2H 型避雷器（高能量）大。具体能耗值与平波电抗器大小和 E2 参数等有关。E1H 型避雷器应安装在户外，以避免因能耗大于允许值时发生的爆炸对阀厅内其他设备造成危害。

E1H 型避雷器由多台 E 型避雷器组成。

9）E2 型避雷器。换流站的金属回线上装有 E2 型避雷器，主要用于限制来自金属回线的雷电侵入波。CCOV 的最大值取决于单极大地回线的直流电压降。

10）E2H 型避雷器（高能量）。E2H 型避雷器（高能量）装于双极共用的中性母线上，为多台 E 型避雷器并联，以满足能量的要求。

11）SR 型避雷器。SR 型避雷器跨接在极线平波电抗器两端。极线平波电抗器由多节平波电抗器串联连接组成，因而每节平波电抗器两端跨接一个 SR 型避雷器。其用途主要用于雷电过电压保护。为减轻重量，阀片选单柱，以利于安装，其允许能量小。因而 U_{ref} 的选择应避免操作波下 SR 型避雷器吸收能量，典型故障为线路接地。

详细的 PCOV 计算需要基于平波电抗器和直流滤波器的设计参数进行，估算公式如下：

$$\text{PCOV} = 12\omega I_{\text{d}} \frac{I_{\text{d}(12)}}{I_{\text{d}}} L \times \sqrt{2}$$

式中，I_{d} 为直流电流（kA）；L 为平波电抗器电感（mH）；ω 为工频角频率（rad/s）；$\frac{I_{\text{d}(12)}}{I_{\text{d}}}$ 为考虑大点火角等因素下直流侧最大的 12 次特征谐波的相对值。

（2）柔性直流换流站避雷器参数选择

1）A2、A1 型避雷器。

正常运行时，高端阀组换流变压器阀侧相对地电压包括变压器中性点直流分量以及绕组交流分量两部分。因此，A2 型避雷器承受的电压波形为交直流叠加电压，并非纯直流分量，且由于 A2 型避雷器布置于阀厅内，运行条件较好，因此 A2 型避雷器的荷电率取 0.83。

同理，低端阀组换流变压器阀侧对地 A1 型避雷器荷电率取 0.83。

2）V 型避雷器。正常运行时，桥臂端间电压随着投入的模块数量增加而增加，在 0 ~ 400kV 范围内变动时取 CCOV 为 400kV；另外，考虑到高端阀组换流变压器阀侧接地故障情况，该避雷器在送端保护动作前承受直流输送的能量，为了减少避雷器并联柱数，可选取较高的参考电压。

3）D 型避雷器。选型同常规直流换流站。

4）C2、C1 型避雷器。正常运行时，VSC 侧定电压侧分别控制每个阀组电压，电压指令为送端 800kV 直流电压减去线路电压降除以 2。高端阀组端间过电压由 C2 型避雷器保护，避雷器动作后将与送端及故障点形成回路，承受送端闭锁前的直流功率，因此 C2 型避雷器为高能避雷器。C2 型避雷器布置于阀厅内，运行条件较好，但故障时承受能量较大，为减少避雷器并联柱数，可适当选取较高的参考电压。低端阀组端间稳态承受电压与 C2 型避雷器相似，考虑到低端单阀组运行时的防雷需要，在低端阀组高压端对地加装 C1 型避雷器。

5）E1、E2 型避雷器。正常运行时，VSC 侧中性母线对地电压为直流电流的等效直流分量和交流分量在接地极线路产生的电压降之和，因此，VSC 侧中性母线稳态运行最大电压与接地极线路参数、接地电阻、运行方式、接地点位置等因素有关，待确定以上参数后可得出中性母线对地最大运行电压幅值。

当直流发生直流极线接地故障或者换流变阀侧接地故障时，由故障点—换流变压器—桥臂电抗器—阀组—中性母线—接地极线路—接地极形成故障回路，引起中性母线电压升高，需要在中性母线直流电抗器两端分别安装 E1、E2 型避雷器来保护中性母线设备。其中 E1 型避雷器参考电压选取较高，主要出于两方面考虑：一是充分利用中性母线电抗器来降低故障电流上升率；二是减少中性母线电抗器阀侧避雷器并联柱数，有利于避雷器均流。E2 型避雷器参考电压与常规 ±800kV 直流中性母线避雷器一致。

6）BR 型避雷器。正常运行时，桥臂电抗器端间最大电压可由桥臂最大电流交流分量乘以桥臂电抗器阻抗得出，其中桥臂电流交流分量分别考虑基频和二倍频电流（按 30% 基频电流考虑）。

当 VSC 侧闭锁时，桥臂电抗器截流引起端间过压，需加装 BR 型避雷器保护。CCOV 考虑基频和二倍频电压的作用选取。由于 CCOV 较低，BR 型避雷器参考电压的选取主要考虑桥臂电抗器绝缘水平的影响。

7）SR 型避雷器。SR 型避雷器保护极线直流电抗器端间，避雷器参数同常规直流。

5.3.4 换流站绝缘配合

换流站内所有设备总体的绝缘配合应满足国家标准 GB/T 311.1—2012《绝缘配合 第 1 部分：定义、原则和规则》、行业标准 DL/T 620—1997《交流电气装置的过电压保护和绝缘配合》、国家标准 GB/T 311.3—2017 等效采用的 IEC 60071-5—2014《绝缘配合 第 5 部分：高压直流换流站绝缘配合程序》、行业标准 DL/T 605—1996《高压直流换流站绝缘配合导则》和国际大电网会议（CIGRE）第 33 委员会，33-05 工作组《高压直流换流站绝缘配合和避雷器保护使用导则》中的有关规定。

1. 确定要求的耐受电压

参照 IEC 60071-1—2019、IEC 60071-2—2018 和 IEC 60071-5—2014，采用绝缘配合的确定性法确定换流站设备要求的耐受电压（U_{rw}）：

$$U_{cw} = K_{cd} U_{rp}$$

式中，U_{cw} 为配合耐受电压；U_{rp} 为代表性过电压；K_{cd} 为确定性配合系数。K_{cd} 考虑了以下因素：

1）计算过电压数据及模型的局限性和避雷器大的非线性特性对配合电流的影响。

2）过电压波形和持续时间与标准试验波形之间的差异。

代表性过电压 U_{rp} 是通过计算得到的缓波前、快波前或陡波前过电压。对于受避雷器直接保护的设备，代表性过电压等于避雷器的保护水平。

由于快波前代表性雷电过电压包括概率的影响，并且选择较严酷的计算条件，确定快波前雷电过电压的 $K_{cd} = 1$。

要求的耐受电压 U_{rw} 是通过配合耐受电压 U_{cw}、大气校正因数 K_a 和取决于内部及外部绝缘类型的安全系数 K_s 确定的。

安全系数 K_s 考虑了下列因素：

1）绝缘寿命。

2）避雷器特性的变化。

3）产品质量的分散性。

对于内绝缘，$K_s = 1.15$；对于外绝缘，$K_s = 1.05$。大气校正因数 K_a 的计算公式见 IEC 60071-2—2018。

2. 确定额定耐受电压

选择额定操作耐受电压（SSIWV）、额定雷电耐受电压（SLIWV）和额定陡波前耐受电压（SSFIWV）等于或高于要求的耐受电压 U_{rw}［即要求的操作冲击耐受电压（RSIWV）和雷电耐受电压（RLIWV）］。对于交流设备，GB/T 311.1—2012 规定了相应的标准值，由要求的耐受电压 U_{rw} 向高靠，选取额定耐受电压。对于高压直流设备，没有标准耐受电压，而是将额定耐受电压取舍到合适的可行值。

3. 确定直接保护的设备的裕度系数

换流站直接保护的设备可采用表 5.12 所列出的设备要求的绝缘耐受电压 U_{rw} 与避雷器保护水平的裕度系数。该系数考虑了绝缘配合系数 K_{cd} 和安全裕度 K_s 及外绝缘的 1000m 气象修正 K_a，仅适用于由紧靠的避雷器直接保护的设备。

非避雷器直接保护的交流开关场和直流开关场设备可按第 1 小节进行绝缘配合。

表 5.12　IEC 要求的绝缘耐受电压与冲击保护水平指示性比值

设 备 类 型	RSIWV/SIPL	RLIWV/LIPL	RSFIWV/STIPL
交流开关场母线、户外绝缘和其他常规设备	1.2	1.25	1.25
交流滤波器元件	1.15	1.25	1.25
换流变压器（油绝缘设备） 网侧 阀侧	 1.20 1.15	 1.25 1.20	 1.25 1.25

设 备 类 型	RSIWV/SIPL	RLIWV/LIPL	RSFIWV/STIPL
换流阀	1.15	1.15	1.20
直流阀厅设备	1.15	1.15	1.25
直流开关场设备（户外） 包括直流滤波器和平波电抗器	1.15	1.20	1.25

注：RSIWV—要求的操作冲击耐受电压；

SIPL—操作冲击保护水平；

RLIWV—要求的雷电冲击耐受电压；

LIPL—雷电冲击保护水平；

RSFIWV—要求的陡波前冲击耐受电压；

STIPL—陡波前冲击保护水平；

STIPL 用于阀避雷器。

建议的直流系统绝缘耐受电压与冲击保护水平指示性比值的最小裕度见表 5.13。

表 5.13 绝缘耐受电压与冲击保护水平指示性比值的最小裕度

设 备	最小裕度（操作冲击/雷电冲击/陡波前冲击）
阀	15%/15%/20%
换流变压器（阀侧）	15%/20%/25%
平波电抗器	15%/20%/25%
直流阀厅设备	15%/20%/25%（雷电冲击系数高于表 5.12）
直流场	15%/20%/25%

5.3.5 常规直流换流站避雷器的保护水平、配合电流和能量

（1）A 型避雷器

可选取下列故障情况下的最高雷电和操作过电压、避雷器电流和能量，以便计算 A 型交流母线避雷器保护水平及其相应的配合电流：

1）交流侧接地过电压、交流滤波器和换流变操作过电压。

2）交流网络的雷电侵入波。

（2）V 型避雷器

计算 V 型避雷器保护水平及其相应的配合电流时，选取下列故障情况下的最高雷电和操作过电压、避雷器电流和能量：

1）交流侧相对地和相间操作冲击。交流侧的相对地和相间操作过电压通过换流变压器传递到阀侧，在换流变压器的阀侧端子和阀上产生过电压。过电压的最大幅值取决于 A 型避雷器保护水平。同时，按照行业标准 DL/T 620—1997，保守的做法是相间过电压取相-地过电压的 1.7 倍。

2）换流变压器 Y 绕组阀侧套管闪络。

Ⅰ. 800kV 运行方式 最高电位的换流变压器阀侧 Y 绕组套管（或 A2 型避雷器套管）在运行中承受着很高的交直流叠加在一起的电压。当发生套管对地闪络故障时，由于设备自身电感、对地分布电容和阻尼电容的存在，在接地最初的数 μs 内，各电位来不及做相应的

改变，故障相的高层阀及其 V1 型避雷器两端的过电压具有陡波前性质。随后接于故障相的高层阀与平波电抗器串联承受直流线路全电压，因而产生缓波头的操作过电压。最大缓波头过电压却因故障时桥上交流线电压在故障时刻的相位，而出现在高层换流阀组中非故障相上。

整流站 Y 绕组套管或 A2 型避雷器套管闪络，下 12 脉冲桥和上 12 脉冲下半桥的直流电压通过上半桥导通阀与交流线电压串联向故障点提供短路电流，逆变站则由直流线路通过导通的阀向故障点提供短路电流。故障电流导致极差，过电流保护动作，启动 ESOF，延迟 5ms 后阀基电子设备闭锁，逆变站闭锁 VSC 阀。当最高层三个阀电流熄灭后，最高层三个阀承受最大过电压，V1 型避雷器此时吸收能耗也最大。当系统在大地回线方式运行时，在整流站的中性母线上也有较高的过电压出现。

计算时考虑了两种运行方式。方式 1：交流系统最大短路容量，直流系统以一特定电压和特定电流在 BP（双极两端中性点接地）方式、GR（单极大地回线）方式和 MP（单极金属回线）方式下运行。方式 2：交流系统历年运行最严峻模式，直流系统以一特定电压和特定电流在 BP 方式、GR 方式和 MP 方式下运行。最高电位的换流变压器阀侧 Y 绕组 A 相套管接地故障发生时间在一个周波内均匀分布。

阀过电压大小和 V1、E1H 和 E2H 型避雷器的能量容量与故障发生时间、故障持续时间、极差动、桥差动和过流保护动作时间、ESOF 对策、接地故障类型和电弧的熄灭与重燃等多种因素有关。

例如，MR 模式下 V1 型避雷器的应力（受端电流反向保护 15ms）如图 5.5 所示。

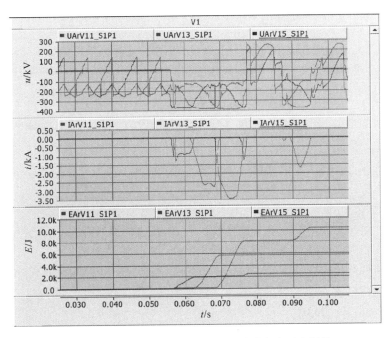

图 5.5　MR 模式下 V1 型避雷器的应力（受端电流反向保护 15ms）

一般来说，直流输送功率越小，上、下换流器的阀在保护动作下越容易关断，线路残余能量越难以释放。因而关断后线路残余电压可导致最高电位层避雷器的过电压较高。

受端保护行为考虑两种情况：一是通过送端发送的故障信号延时 20ms 闭锁；二是受端

VSC 侧电流反向保护动作闭锁阀，保护定值假定为检测 VSC 侧直流电流反向，延时 5ms 闭锁。

在小方式故障情况下，由于受端电流快速反向，导致送端 V1 型避雷器通流能量较大，需要通过电流反向保护快速动作来减少避雷器应力。

Ⅱ. 400kV 运行方式　400kV 下换流器单元单独运行时，V2 型避雷器的应力与故障类型（Y 型变压器套管和绕组的内或外绝缘），和在 ESOF 方式下通过闭锁阀基电子设备切断电弧电流之前的故障持续时间有关，相关波形如图 5.6 所示。换流变压器接地故障的发生时间在一个周期内均匀分布。

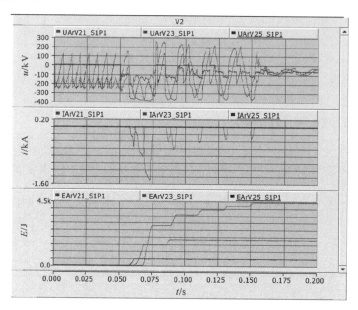

图 5.6　MR 模式下 V2 型避雷器的应力（受端通信延时 20ms）

受端保护行为考虑两种情况：①通过送端发送的故障信号延时 20ms 闭锁；②受端 VSC 侧电流反向保护动作闭锁阀，保护定值假定为检测 VSC 侧直流电流反向，延时 5ms 闭锁。在小方式故障情况下，由于受端电流快速反向，导致送端 V1 型避雷器通流能量较大，需要通过电流反向保护快速动作来减少避雷器应力。

3）上换流单元直流母线中点的对地闪络。上 12 脉冲换流单元上、下两组 6 脉动桥之间的中间母线外绝缘对地闪络。故障使整流站下 12 脉冲桥和 6 脉动桥串联向故障点提供短路电流。逆变站则由直流线路通过导通的阀向故障点提供短路电流。

计算直流两种运行方式：①GR 方式下，交流系统为最小短路容量；②MR 方式下，交流系统为最小短路容量。

4）交流接地故障过电压。

5）雷电侵入波过电压。雷电侵入波可通过换流变压器 500kV 线侧和阀侧绕组之间电容传递到阀上；直流线路反击或绕击雷电侵入波也可通过平波电抗器匝间电容传递到阀上，但阀厅交流侧有换流变压器屏蔽，直流侧有直流滤波器、线路故障定位耦合电容器及中性母线电容对极线和中性母线雷电侵入波的泄放，因而通过换流变压器绕组之间和平波电抗器匝间电容传递到阀上的雷电侵入波幅值很低，波形类似于缓波前过电压。其准确数值与直流场和阀厅的设计数据相关。

6）陡波前过电压。最严重的陡波前过电压发生在最高直流运行电压或过电压下换流变压器阀侧套管对地闪络。计算模型需考虑极顶直流母线对地之间的分布电容和母线电感、穿墙套管电容，换流变压器套管对地电容、引线电感和阀的均压电容，即与阀厅的结构和设备的布置等因素有关。V1 型阀避雷器模型需采用陡波前模型，可根据阀厅最终设计图进行较准确计算。

（3）V3 型避雷器的保护水平

V3 型避雷器的保护水平和能量要求主要考虑故障为交流侧施加相当于 A 型避雷器保护水平 1.7 倍的相间冲击电压和上换流单元直流母线中点的对地闪络。

（4）V2 型避雷器的保护水平

V2 型避雷器的保护水平主要考虑故障为下组 400kV 换流器单独运行时，400kV 高电位换流变压器阀侧绕组接地故障。

（5）V1 型避雷器的保护水平

V1 型避雷器的保护水平主要考虑故障为 800kV 换流变压器 Y 绕组高压阀侧套管闪络。

（6）D 型避雷器

计算 DL 和 DB 型避雷器保护水平及其相应的配合电流时选取下列故障情况下的最高雷电和操作过电压、避雷器电流和能量：

1）VSC 侧故障闭锁。VSC 侧发生站内故障或者控制系统故障均会触发 VSC 阀的故障性闭锁。受端闭锁后将故障信号发送至送端，送端经过通信延时执行移相闭锁的命令。但在 VSC 侧闭锁而 LCC 未闭锁的这段时间中，直流电流向直流线路充电，导致直流电压升高，D 型避雷器动作。

换流站一般设计成交流系统单相接地故障期间，仍然保持运行，因此交流侧的故障，也会引起直流侧的暂态过程。整流站的交流侧发生单相接地故障，直流极线电压呈周期性缺口，主要为 100Hz 分量。交流线路故障在直流侧引起的过电压的大小与运行方式、输送功率、调节器的响应速度、故障相的电压（与接地点的阻抗有关）和接地时的相位等因素有关。如果直流线路及其端部滤波器的电容的谐振频率在 100Hz 左右，则会产生谐振过电压。

2）换流站直流进线段的雷电侵入波过电压。

3）极线 D 型避雷器的保护水平。D 型避雷器最大能量在 VSC 侧闭锁产生。靠近阀侧的 D 型避雷器命名为 DB，包含一个 D 型避雷器；靠近网侧的 D 型避雷器命名为 DL，包含两个 D 型避雷器。

（7）C2 型避雷器

1）与 D 型避雷器相同的故障工况。计算 C2 型避雷器保护水平及其相应的配合电流时，选取与 DB 和 DL 型避雷器相同故障情况下的最高雷电和操作过电压、避雷器电流和能量。

2）中点母线外绝缘对地闪络。中点母线的阀厅穿墙套管或旁路断路器、隔离开关对地闪络故障下 C2 型避雷器的残压大小与交流容量大小、直流潮流大小、直流运行方式等因素有关。

大的输送功率下套管外绝缘对地闪络后，上换流桥继续运行。阀难以关断，保持导通，塔顶电位钳制在 400kV 左右，因此 C2 型避雷器的过电压很低。而小输送功率下，上换流桥容易关断，关断后线路残余电压可导致 C2 型避雷器的过电压较高。

C2 型避雷器的保护水平主要考虑故障为中点母线外绝缘对地闪络。

（8）C1 型避雷器

当计算 C1 型避雷器保护水平及其相应的配合电流时，应选取下列故障情况下的最高雷电和操作过电压、避雷器电流和能量：

1）下阀组 400kV 运行时发生 VSC 侧故障闭锁。

2）交流单相接地故障。

C1 型避雷器的保护水平主要考虑故障为下 400kV 阀组单独运行 VSC 侧故障闭锁。

（9）M 型避雷器

根据运行经验，M 型避雷器动作的机会很小，但若上、下阀组间触发延迟角或换流变压器分接头档位存在差异，则产生的 24 次谐波叠加直流分量将在 M 型避雷器产生过电压。控制保护需严格控制上、下阀组触发延迟角和换流变压器分接头档位的一致性。

M 型避雷器的保护水平主要考虑故障为交流侧 1.7 倍操作冲击。

（10）中性母线 E 型避雷器

中性母线 E1H（高能量）、E2、E2H（高能量）、EM、EL 型避雷器均属于 E 型避雷器。以昆北换流站为例，其 E 型避雷器的总数见表 5.14。

表 5.14　E 型避雷器的总数量　　　　　　　　　（单位：只）

参　　　数		昆北换流站
单极	GR	E1H（16）　+E3H（3）　+E2（2）　+E2H（3）　+EL（1）
	MR	E1H（16）　+E3H（3）　+E2（2）　+E2H（3）　+EM（3）

计算 E 型避雷器保护水平及其相应的配合电流时，选取下列故障情况下的最高雷电和操作过电压、避雷器电流和能量：

1）换流变压器 Y 绕组高压阀侧套管闪络。计算时分别考虑了加装阻波器和不加装阻波器两种情况，交流系统最大短路容量，直流系统以某一特定电压和特定电流在 BP 方式、GR 方式和 MP 方式下运行。最高电位的换流变压器阀侧 Y 绕组 A 相套管接地故障发生时间在一个周波内均匀分布。

2）极顶接地故障。极顶设备如穿墙套管、旁通断路器和隔离开关外绝缘对地闪络，在中性母线设备上产生过电压。同时极线平波电抗器全部承受直流线路的直流电压，在接地故障起始的数 μs 内，平波电抗器的部分绕组还承受陡波前过电压。

3）极母线或线路接地故障。极母线接地故障发生在极差动保护区内的故障，不进行任何重启动尝试。故障中平波电抗器上的过电压比极顶接地故障低得多。但在两台串联平波电抗器连接点绝缘对地闪络时，SR2 型避雷器残压最高。直流线路接地故障后会重新以 100%全电压或 70%全电压启动。若在金属回线运行方式下，保护区外的极对地故障未消除，重新以 100%全电压快速启动，则 E 型避雷器负载随保护动作延迟时间而加大。

4）接地极线路开路故障。当直流系统以单极大地回线方式运行时，接地极线路由于遭受雷击，绝缘子击穿，直流电流旁路接地，若接地回路阻抗较大时不能熄弧，可发生掉串事故。葛上直流工程葛洲坝侧就发生过这类事故。但发生同时烧断两根地极线路导线的情况比较罕见。一旦发生且直流电流在断路点入地通道完全切断的情况下，直流电流被迫经 E1H、E2H（高能量）、EL 型避雷器入地，E 型避雷器遭受较大的能耗强度。由于过电流、桥差和极差保护均不会动作，应由地极线路开路保护或中性母线过电压保护启动 ESOF，投入旁通对或快速合上接地断路器。防止措施可在绝缘子上加装招弧角。另外，地极线金属回线转换断路器（MRTB）在并联隔离开关未闭合时误跳也可导致地极线开路故障。

5）金属回线开路故障。金属回线断线或 MRS 开关在并联隔离开关未闭合时误跳，可发生金属回线开路故障。其过程与接地极线路开路故障类似。E1H 和 E2H 型避雷器的能量与中性母线过电压、极差等保护动作时间有关，ESOF 延迟时间越长，能量越大。另外，金属回线上也产生一定程度的过电压。

6）换流站金属回线或地极线进线段雷电侵入波。E1H 型中单台避雷器的保护水平主要考虑故障为换流变压器阀侧单相接地故障，ESOF 保护动作延迟时间按 5ms 考虑。E2 型单台避雷器的保护水平主要考虑故障为接地极线路开路或金属回线开路。

（11）阻塞滤波器元件暂态定值

1）高端 YY 换流变压侧阀侧接地故障。计算中考虑直流单极大地回线运行，整流站高端 YY 换流变压器阀侧对地短路故障，故障后 5ms 保护出口 ESOF。

2）整流侧交流单相接地故障。计算中分别考虑单极大地回线方式，直流每极输送额定功率。交流故障时间考虑 360ms。

（12）ZB100 型避雷器保护水平和绝缘水平

ZB100 型单台避雷器的保护水平主要考虑故障为高端 YY 换流变压器阀侧接地以及整流侧交流单相接地故障。

（13）A2 型避雷器

计算 A2 型避雷器保护水平及其相应的配合电流时，选取操作过电压最高、避雷器电流和能量最大的工况，此处主要考虑交流侧相对地和相间操作冲击。

此处单独讨论一下 A2 型避雷器对换流变压器的陡波前保护问题。IEC 60700-1—2015 规定陡波前过电压的达到峰值时间为 $3\text{ns} < T_1 < 100\text{ns}$，IEC 60071-5—2014 规定为 $3\text{ns} < T_1 < 1.2\mu\text{s}$，两者有区别。换流变压器阀侧套管对地闪络接地故障下在最高电位的 3 脉动桥中的阀及阀避雷器上产生陡波前过电压，一般不会在换流变压器绕组及套管上产生陡波前过电压。因此 A2 型避雷器对换流变压器的陡波保护作用不大。另一方面，换流变压器绕组及套管对地电容较大，一般为 2～3nF，且换流变压器绕组的油纸绝缘材料耐受陡波前过电压的性能良好，陡波前过电压对换流变压器的威胁不大。

（14）平波电抗器的保护水平和绝缘水平

按照 IEC 60071-5—2014 推荐的公式，考虑出现在平波电抗器端部的与运行直流电压反极性的操作过电压，其幅值为 D 型避雷器操作波保护水平这种最严重的情况。

在进行反极性的操作过电压的仿真计算时，将直流电压反极性的操作过电压施于 DL、DB 型避雷器。计算中，极线平波电抗器两端加了 SR 型避雷器。最大过电压比公式法计算的值小。主要原因是阀侧的直流电压叠加了经平波电抗器传递过来的反极性的操作过电压，因此平波电抗器两端电压差不大；而公式法粗略认为直流电源是理想的无穷大电源，直流电压恒定，因此计算结果偏严。

1）极线平波电抗器的保护水平和绝缘配合。在高压平波电抗器两端装 SR 型避雷器情况下，单台平波电抗器的额定雷电和操作过电压耐受电压可大大降低。SR 型避雷器保护水平主要考虑故障为两平波电抗器串联的中点接地故障。

2）中性母线平波电抗器的保护水平和绝缘水平。为了减少备品数量和种类，可选中性母线平波电抗器的绝缘水平与极线平波电抗器一样。

（15）换流变阀侧的保护水平和耐受电压

换流变阀侧绕组正常运行时，承受交流叠加直流的工作电压。在故障中除承受高幅值的操作过电压外，执行 ESOF 时极性会在 ms 级内翻转成反极性的操作过电压。这对换流变压器的绝缘提出了比特高压交流变压器更严格的要求。

1）相间保护水平和耐受电压。换流变压器阀侧相间保护由 A 型避雷器承担，其保护水平计算值为 A 型避雷器 SIPL 按换流变压器最低分接头电压比换算到阀侧的值。

2）相对地保护水平和耐受电压。取换流变压器阀侧端对地各保护避雷器配合电流大于计算出的各种故障下该避雷器的电流，可得到相应的绝缘水平。换流变压器额定冲击耐受电压主要考虑指标为雷电全波 LI、雷电截波 LIC（型式试验）和操作波 SI。具体计算对象包括以下几个方面：

① 上 12 脉冲换流变压器 Y 绕组；

② 上 12 脉冲换流变压器 Y 绕组中性点；

③ 上 12 脉冲换流变压器 D 绕组；

④ 下 12 脉冲换流变压器 Y 绕组；

⑤ 下 12 脉冲换流变压器 D 绕组（网侧）。

此外，我国 500kV 直流换流站直流侧油浸设备已不使用额定雷电与操作冲击耐受电压之比 0.83，例如三常直流换流变压器 Y 侧为 0.85，D 侧为 0.90，因此直流特高压也不再使用。

（16）换流变压器套管

按 IEC 62199—2014《直流套管标准》，换流变压器套管的交直流耐压试验中，极性翻转试验应为变压器绕组相应耐压试验的 1.15 倍。根据我国交流变压器绝缘配合经验，雷电和操作冲击耐受电压应为变压器绕组相应耐受电压的 1.1 倍。

对于最高电位换流变压器阀侧套管，提高绝缘水平可能带来制造困难和成本的大幅度提高，也可维持与绕组绝缘水平相同。

本节所研究的故障中避雷器动作列表见表 5.15。决定避雷器保护水平、配合电流和能量要求的故障见表 5.16，表中各节点的保护水平是由串联的避雷器保护水平相加决定的，相应的避雷器电流以流过串联避雷器中的最大电流确定。

表 5.15　故障中避雷器动作列表

序号	操作波过电压故障	V1	V2	V3	D	A2	C2	C1	M	E1	E2	A
1	高电位换流变压器 Y 绕组高压阀侧套管或 A2 型避雷器套管闪络	×	×	×					×	×	×	×	
2	下组 400kV 换流器运行，换流变压器 Y 绕组高压阀侧套管闪络		×	×							×	×	
3	交流侧接地故障及清除	×	×	×	×	×	×	×	×	×	×	×
4	MR、GR 方式直流线路接地										×	×	
5	BP 方式线路接地						×				×	×	
6	极顶接地										×	×	

（续）

序号	操作波过电压故障	V1	V2	V3	D	A2	C2	C1	M	E1	E2	A
7	极母线接地									×	×	
8	A2 型避雷器接地	×	×							×	×	
9	接地极线开路									×	×	
10	金属回线开路									×	×	
11	VSC 侧故障闭锁				×			×	×				
序号	陡波前过电压故障	V1	V2	V3	DB	A2	C2	C1	M	E1	E2	A
1	换流变压 Y 绕组高压阀侧套管或 A2 型避雷器套管闪络	×	×	×								

表 5.16　决定避雷器保护水平、配合电流和能量要求的故障

避 雷 器	决定避雷器保护水平、配合电流和能量要求的故障
V1	最高电位换流变压器阀侧套管对地闪络
V2	换流变压器阀侧套管对地闪络
V3	交流侧相间冲击
D	整流侧交流单相短路
A2	逆变站失去交流电源
C2	中点母线外绝缘对地闪络
M	交流侧相间冲击
C1	交流单相接地
E1H	换流变压器阀侧 Y 绕组套管对地闪烙
E2II	换流变压器阀侧 Y 绕组套管对地闪烙
SR	两个串联平波电抗器的中点发生接地故障

5.3.6　柔性直流换流站避雷器的保护水平、配合电流和能量

（1）A 型避雷器

龙门、柳北换流站 A 型避雷器选型同昆北换流侧。

（2）V 型避雷器

1）交流侧相对地和相间操作冲击。此处计算方式同昆北侧，故不再赘述。

2）高端阀组连接变压器阀侧单相接地。连接变压器阀侧套管对地闪络或者 A2 型避雷器套管外绝缘闪络，可导致高端阀组连接变压器阀侧对地短路故障。由于连接变阀侧中性点不接地，故障后高端阀组连接变压器非故障相电压上升至线电压，非故障相上桥臂模块电容端间承受直流电压和交流电压的差值，引起模块电容过压。此类故障可通过桥臂电流过电流保护或者阀组差动保护动作闭锁阀。由于高端阀组上桥臂端间配置 V 型避雷器直接保护，因此当阀闭锁后直流电流通过 V 型避雷器流入故障点，直到送端收到故障信号执行移相闭锁。

3）高端阀组桥臂电抗器阀侧单相接地。高端阀组桥臂电抗器阀侧单相接地故障机理与

连接变压器阀侧接地故障接近。

V 型避雷器的保护水平主要考虑故障为高端阀组桥臂电抗器阀侧接地故障。由于 V 型避雷器直接并联于桥臂端间，桥臂等效电容值在 μF 级别，因此 V 型避雷器不承受陡坡冲击应力。

（3）A1、A2 型避雷器

龙门、柳北侧发生站内故障后，由桥臂过电流保护、极差动保护等动作快速闭锁 IGBT 触发脉冲，VSC 侧故障闭锁后瞬间桥臂电流通过续流二极管续流，若此时连接变压器阀侧电流方向为从连接变压器流向 MMC 模块，则故障后直流电压正向叠加阀模块电压于连接变压器阀侧，造成连接变压器阀侧过电压。故而仿真故障中一个周期内扫描 20 个故障时刻，步长为 1ms。

龙门侧各类故障下阀闭锁产生的换流变压器阀侧过电压计算结果见表 5.17。

表 5.17 A1、A2 型避雷器过电压计算结果

项 目		高端阀组连接变压器阀侧接地	直流 400kV 母线接地短路	低端阀组连接变压器阀侧接地	直流极母线接地	接地极开路故障	高端阀组桥臂电抗器阀侧接地故障	低端阀组桥臂电抗器阀侧接地故障	VSC 侧闭锁
A1 型避雷器	电压/kV	613	423	600	549	606	648	643	601
	电流/kA	0.56	—	0.27	0.11	0.41	2.36	1.94	0.3
	能量/MJ	0.16	—	0.14	0.02	1.9	0.38	0.23	0.035
A2 型避雷器	电压/kV	1036		1221		1055		1184	1096
	电流/kA	0.048		0.19		0.07		0.187	0.11
	能量/MJ	0.035		0.4		0.2		0.16	0.65

A1 型避雷器的保护水平主要考虑故障为高端阀组桥臂电抗器阀侧接地故障。

A2 型避雷器的保护水平主要考虑故障为低端阀组连接变压器阀侧接地故障。

（4）C2 型避雷器

中点母线的阀厅穿墙套管或旁路断路器、隔离开关对地闪络故障下，C2 型避雷器的残压大小与交流容量大小和直流潮流大小及直流运行方式等因素有关。以直流 400kV 母线接地短路情况为例，VSC 换流站中点母线外绝缘对地闪络后，直流差动保护动作，VSC 侧阀闭锁，送端直流功率往直流线路充电导致直流电压升高，C2 型避雷器动作，直流电流经过 C2 型避雷器流入故障点。大输送功率下，C2 型避雷器应力更严重。

C2 型避雷器的保护水平主要考虑故障为直流 400kV 母线接地短路。

（5）C1 型避雷器

VSC 侧故障闭锁故障机理见 5.3.5 节相关描述。考虑 400kV 低端阀组 MR 方式运行工况，昆北、柳北侧在龙门侧闭锁后经过几十 ms 通信延时闭锁，龙门侧闭锁方式考虑直接闭锁、连接变压器阀侧故障导致桥臂过电流保护动作闭锁两种情况。

C1 型避雷器的保护水平主要考虑故障为 VSC 侧直接闭锁。

（6）BR 型避雷器

龙门、柳北侧发生站内故障后，由桥臂过电流保护、极差动保护等动作快速闭锁 IGBT

触发脉冲，闭锁后由于桥臂电流截流，桥臂电抗器上的 di/dt 导致其端间出现过电压现象。

BR 型避雷器最大过电压出现与高端阀组桥臂电抗器阀侧接地故障时。

（7）E 型避雷器

龙门、柳北侧中性母线 E1、E2、E2H（高能量）、EM、EL 型避雷器均属 E 型避雷器。以柳北换流站为例，E 型避雷器的总数见表 5.18。

表 5.18　E 型避雷器的总数量　　　　　　　　　　　（单位：只）

参　　数			柳北换流站
单极	GR	避雷器数量	E1（1）＋E2（2）＋E2H（5）＋EL（1）
	MR	避雷器数量	E1（1）＋E2（2）＋E2H（5）＋EM（3）
双极	BP	避雷器数量	E1（1）＋E2（4）＋E2H（5）＋EL（1）

计算 E 型避雷器保护水平及其相应的配合电流时，选取下列故障情况下的最高雷电和操作过电压、避雷器电流和能量：

1）极顶接地故障。

2）高端阀组连接变压器阀侧接地。交流系统最大短路容量，直流系统以某一特定电压和特定电流在 GR 方式和 MP 方式下运行。最高电位的连接变压器阀侧 Y 绕组 A 相套管接地故障发生时间在一个周波内均匀分布。故障后桥臂过流保护动作闭锁故障侧阀。

3）高端阀组桥臂电抗器阀侧接地。交流系统最大短路容量，直流系统以某一特定电压和特定电流在 GR 方式和 MP 方式下运行。高端阀组桥臂电抗器阀侧接地故障发生时间在一个周波内均匀分布。故障后桥臂过电流保护动作闭锁故障侧阀。

4）接地极开路。当直流系统以单极大地回线方式运行时，接地极线路由于遭受雷击，绝缘子击穿，直流电流旁路接地，若接地回路阻抗较大时不能熄弧，可发生掉串事故。双极运行方式在两极平衡度较好情况下两侧地极线路和金属回线运行方式下的接地一侧地极线路入地电流很小，地极线开路故障不易发生。

E1 型避雷器的保护水平主要考虑故障为高端阀组桥臂电抗器阀侧接地故障。

E2 型单台避雷器的保护水平主要考虑故障为高端阀组桥臂电抗器阀侧接地、极顶接地故障。

（8）SR 型避雷器

在进行反极性的操作过电压的模拟计算时，将直流电压反极性的操作过电压施加于 DL、DB 型避雷器。计算中极线直流电抗器两端加了 SR 型避雷器。

1）极线平波电抗器的保护水平和绝缘配合。高压直流电抗器两端装 SR 型避雷器情况下，考虑故障为极线反极性操作冲击。

2）中性母线直流电抗器的保护水平和绝缘水平。为了减少备品数量和种类，可选中性母线平波电抗器的绝缘水平与极线平波电抗器一样，也可以选取与 E1 型避雷器保护位置同样的绝缘水平。

本节所研究的故障中避雷器动作列表见表 5.19。决定避雷器保护水平、配合电流和能量要求的故障见表 5.20，表中各节点的保护水平是由串联的避雷器保护水平相加决定的，相应的避雷器电流以流过串联避雷器中的最大电流确定。

表 5.19 故障中避雷器动作列表

序号	操作波过电压故障	A1	A2	V	D	C2	C1	E1	E2	A	BR
1	高端阀组连接变压器阀侧接地	×	×	×				×	×		×
2	高端阀组桥臂电抗器阀侧接地	×	×	×				×	×		×
3	低端阀组连接变压器阀侧接地	×	×	×	×	×					×
4	低端阀组桥臂电抗器阀侧接地	×	×	×	×	×					×
5	400kV 母线接地			×		×					×
6	MR、GR 方式直流线路接地	×						×	×		×
7	BP 方式线路接地	×						×	×		×
8	极顶接地	×									×
9	极母线接地	×						×	×		×
10	接地极线开路	×	×		×				×		

表 5.20 决定避雷器保护水平、配合电流和能量要求的故障

避 雷 器	决定避雷器保护水平、配合电流和能量要求的故障
V	最高电位连接变压器阀侧套管对地闪络
A1	高端阀组桥臂电抗器阀侧接地故障
A2	低端阀组连接变压器阀侧接地故障
C2	直流 400kV 母线接地短路
C1	VSC 侧直接闭锁
E1	高端阀组桥臂电抗器阀侧接地故障
E2	高端阀组桥臂电抗器阀侧接地故障
BR	换流变压器阀侧 Y 绕组套管对地闪烙
SR	两个串联平波电抗器的中点发生接地故障

5.4　换流站保护水平、耐受电压和绝缘配合

根据第 4 章中的避雷器配置方案，可得各换流站的绝缘水平。其中柳北和龙门换流站的绝缘水平基本一致，详见表 5.21 ～表 5.23。

表 5.21 柳北、龙门换流站避雷器保护水平和配合电流

型号	A	V	A2	C2	C1	C3	D	BR	A1	E1	E2	E3	SR
CCOV/kV	318	408	816	408	408	456	816dc	48	408	120	75	168	>40ac
LIPL/kV	907	727	1399	1020	1020	1020	1579	499	698	650	320	650	719
配合电流/kA	10	4	10	10	10	10	10	10	10	10	20	10	10
SIPL/kV	780	727	1308	910	850	850	1328	460	652	600	269	600	680
配合电流/kA	2	8	3	1.3	1.2	1.2	1	3.8	3	4	2	4	6.5
柱数/个	2	16	2	4	4	1	3	2	3	4	4	4	2
泄放能量/MJ	2	40	8	12	12	3	15	3	5	6	3.6	6	4

表 5.22　柳北、龙门换流站端对地保护水平和耐受电压

位置	变压器网侧	高阀组变压器阀侧对地	高低阀组中点对地	高阀组阀底对地	直流极线对地	低阀组变压器阀侧对地	中性线平抗阀侧对地	中性线平抗线路侧对地	低阀组阀底
保护避雷器	A	A2	C1	C3	D	A1	E1	E2	E3
LIPL/kV	907	1399	1020	1020	1579	698	650	320	650
SLIWV/kV	1550	1800	1300	1300	1950	1300	850	450	850
裕度（%）	70.9	28.7	27.4	27.4	23.5	86.2	30.7	40.6	30.7
SIPL/kV	780	1308	850	850	1328	652	600	269	600
SSIWV/kV	1175	1600	1050	1050	1600	1050	750	325	750
裕度（%）	50.6	22.3	23.5	23.5	20.5	61	25	20.8	25

表 5.23　柳北、龙门换流站端对端保护水平和耐受电压

位置	高阀组上桥臂端间	高阀组端间	桥臂电抗器端间	平抗端间	换流阀桥臂端间	换流阀直流端间
保护避雷器	V	C2	BR	SR	—	—
LIPL/kV	727	1020	499	719	—	—
SLIWV/kV	850	1300	650	1050	850	1300
裕度（%）	17	27.4	30.2	46	—	—
SIPL/kV	727	910	460	680	—	—
SSIWV/kV	850	1050	550	950	850	1050
裕度（%）	17	15.3	19.5	39.7	—	—

特高压多端柔直与常直绝缘配合的对比分析如下：

以乌东德工程为例，其送端的 LCC 晶闸管换流阀采用双 12 脉动换流阀串联形式。受端的柔性直流换流站采用 MMC 结构换流阀，阀组功率模块内包含了电容储能元件，与采用晶闸管换流阀的常规直流换流站在故障工况下产生的过电压表现形式不一样。

例如，对于常规直流换流站在换流变阀侧绕组与换流阀之间对地闪络故障时，故障回路将通过高电位的三相换流阀组的 V 型避雷器、平波电抗器和直流线路放电，从而使常规直流换流阀的上阀组避雷器瞬间承受较大的应力。而对于 ±800kV 柔直换流站高端阀组连接变压器阀侧发生交流单相接地故障时，上桥臂电流急剧增加，当超过过电流保护定值时，引发模块闭锁。此时，上桥臂模块电容将经由二极管串联充电，桥臂间充电电压故障相为直流电压，非故障相为直流电压叠加连接变压器二次侧线电压。过高的充电电压会导致模块损坏。

故障后可采取如下的保护方式：①投入故障相的旁路开关或并联晶闸管；②在高端阀组上桥臂并联避雷器以限制过电压；③每个单元模块并联一个泄放回路（由泄放电阻与开关器件组成）；④增加上桥臂模块冗余。

对比以上四种方案，增加功率器件不仅增加了损耗而且增加了设计复杂度与故障率，在成本上必然有大幅度的增加。

对于常规直流换流阀，换流阀单元是分别导通的，保护避雷器可直接安装于阀单元两端。然而由于柔性直流换流阀与常规直流换流阀的工作原理不一样，柔性直流换流阀每个模

块是分时导通，即有可能整个上桥臂模块单元都处于旁通状态，避雷器保护只能配置在整个上/下桥臂或阀两端。从设计简易程度、经济性、可靠性等方面考虑，推荐采用高端阀组并联避雷器的方案来限制此工况下模块过电压。

对于常规直流换流阀在故障闭锁后，阀端间承受一脉冲过电压。然而柔性直流换流阀闭锁后将提供电流通路，直至送端收到故障信号执行闭锁，在此期间柔性直流换流阀将一直处于充电状态，导致阀端间电压持续上升。柔性直流换流阀在故障时承受的电压应力波形与持续时间相比于常规直流换流阀有很大不同，需要特殊考虑其过电压发展机理及过电压限制措施。

图 5.7 和图 5.8 为常规直流换流站和柔性直流换流站换流变压器阀侧交流对地故障后阀避雷器应力对比。由图可见，柔性直流换流站高阀组上桥臂避雷器能量应力一直持续至送端换流站闭锁，避雷器能量需求非常大。

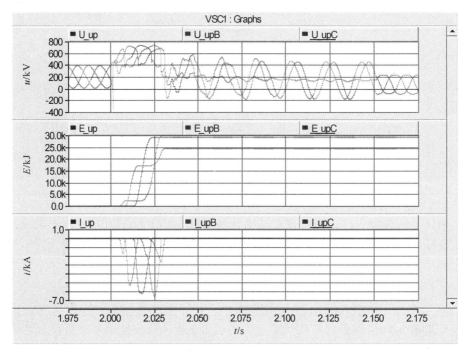

图 5.7　柳北换流站高端换流变压器阀侧绕组与阀侧接地故障时，高阀组上桥臂避雷器应力

在换流阀控制策略上，不同于常规直流换流阀有闭锁、移相及投旁通对等保护策略，特高压柔性直流输电换流阀只有闭锁这一个响应策略。但是柔性直流换流阀响应速度更快于常规直流换流阀，控制保护系统的响应时间对暂态过电压起到关键性影响。

乌东德工程首次采用类似于常规直流特高压换流阀双 12 脉动的拓扑结构，将两组 MMC 换流阀串联连接以实现 800kV 电压等级。此种拓扑结构及电压等级在国际上尚属首次，过电压及绝缘配合无成熟工程经验可借鉴。柔性直流换流阀的避雷器保护配置方案需要根据特定故障工况下过电压应力进行调整，以达到满足工程安全性的前提下降低设备制造难度及绝缘成本。相比于以往柔性直流输电工程，本工程可实现更丰富的运行方式，需要考虑不同运行模式下柔性直流换流阀的过电压极值影响。

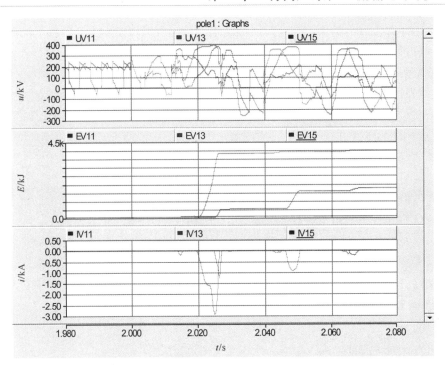

图 5.8　昆北换流站高端换流变压器阀侧绕组与阀之间接地故障时，V1 型阀避雷器应力

5.5　空气间隙的选择方法

5.5.1　确定空气净距的原则

对于空气间隙而言，间隙距离越长，其过电压的耐受能力也就越强。因而只要增加间隙距离，就能很好地避免过电压闪络事故的发生，确保电网设备的运行安全。但实际上，增加绝缘距离意味着增加变电站的布置尺寸，增加占地面积，从而增加成本。因此需要综合考虑成本和故障损失两个方面的因素，来确定合理的间隙距离，力求取得较高的经济效益。

5.5.2　空气间隙选取的计算流程

空气间隙选取的基本计算流程如下：

1）确定变电站可能出现的各类最大过电压值。

2）进行绝缘配合，在可能出现的过电压值的基础上考虑一定的统计安全系数，从而确定空气间隙需要耐受的电压值。

3）进行气象条件修正，将空气间隙在实际工况下的过电压耐受要求折算到标准气象条件下，求得在标准工况下的空气间隙需要耐受的电压值。

4）根据空气间隙在不同类型电压作用下，空气间隙距离与放电电压之间的对应关系，针对需要耐受的不同类型过电压值，分别确定相应的间隙距离，取其中的最大值即为所要求的最小绝缘距离。

5.5.3　空气净距大气条件修正方法

外绝缘破坏性放电电压与大气环境条件有关。通常，给定空气放电路径的破坏性放电电压随着空气密度或湿度的增加而升高。通过修正因数，可以将实际大气条件下的破坏性放电电压换算到标准参考大气条件下的电压值。其中，标准参考大气条件如下：

1）温度 $t_0 = 20℃$。

2）绝对压力 $P_0 = 101.3kPa$。

3）绝对湿度 $h_0 = 11g/m^3$。

根据 IEC 60060-1—2010《高压试验技术 第 1 部分：一般定义和试验要求》，大气修正因数 K_t 是空气密度修正因数 k_1 与湿度修正因数 k_2 的乘积，即

$$K_t = k_1 k_2$$

空气密度修正因数 k_1 与湿度修正因数 k_2 由实际大气条件（温度、绝对压力、绝对湿度）和实际大气条件下放电电压梯度决定。

当作为绝缘配合目的时，由于湿度和周围温度的变化对外绝缘强度的影响通常会相互抵消，因此仅考虑空气密度的影响。同时，GB/T 311.3—2017《绝缘配合 第 3 部分：高压直流换流站绝缘配合程序》规定的绝缘配合程序中包含了对海拔 1000m 的考虑，因此可仅对超过 1000m 的部分进行修正。大气修正因数可简化为

$$K_t = e^{-q\left(\frac{H-1000}{8150}\right)}$$

式中，H 为实际海拔高度（m）；q 为不大于 1.0 的指数。

根据 GB/T 311.3—2017 及 IEC 60071-2—2018 标准，对于配合雷电冲击耐受电压，$q = 1.0$。对于配合操作冲击耐受电压，标准规定 q 为不同间隙类型下随配合操作冲击耐受电压水平变化的一簇曲线，此处取 $q = 1$。

最小空气净距的计算采用 IEC 60071-2—2018 中给出的程序。基准电压为 50% 冲击放电电压 U_{50}，它由外绝缘要求耐受电压计算得出，在计算时考虑了大气条件的影响。

5.5.4 直流场空气净距

直流场的最小空气净距根据 IEC 60071-2—2018 标准计算。通常，根据技术规范计算的直流开关场的最小空气净距会明显高于相同绝缘水平（决定空气间隙的雷电冲击耐受电压或操作冲击耐受电压）下交流开关场的标准空气净距，因此为直流开关场的设计提供了额外的安全裕度。在直流开关场内，母线及连接应基于不同绝缘水平和不同间隙系数求得空气净距。

5.6 本章小结

1）本章对特高压柔性直流输电系统的绝缘配合从流程到具体实现，进行了较细致的说明。其中，常直的绝缘配合计算方法可以为柔直的绝缘配合计算提供一定参考，但二者也存在较多不同之处，需要根据特定故障工况下的过电压应力进行调整。

2）根据本章的柔直输电工程绝缘配合方法，混合三端 ±800kV 直流换流站设备的绝缘水平不突破常规 ±800kV 直流换流站设备绝缘水平。

3）为避免 LCC 侧故障后直流电流反向持续注入送端避雷器，LCC 侧高端 YY 换流变压器阀侧接地故障发生后需要快速闭锁 VSC 侧，同时建议在 VSC 侧加装反向电流保护。

第6章 特高压柔性直流输电新技术

6.1 特高压多端直流输电技术

多端直流（Multi-Terminal Direct Current，MTDC）输电由三个及以上换流站及连接换流站的高压直流输电线路所组成。它能够实现多个电源区域向多个负荷中心供电，比采用多个两端直流输电方式更为经济。

多端直流输电的基本原理与设计理念在 20 世纪 60 年代中期就产生了，但由于其控制保护技术复杂、高压直流断路器制造困难及常规直流在潮流反转时需要改变电压极性等因素，多端直流输电的发展受到了一定限制。2000 年之前，世界上仅有意大利—科西嘉—撒丁岛三端直流工程、加拿大魁北克—新英格兰五端直流工程和日本新信浓三端直流工程。此外，加拿大纳尔逊河直流工程和美国的太平洋联络线直流输电工程也具有四端直流输电系统的特性。其工程概况见表 6.1。

表 6.1 2000 年之前世界上主要的多端直流输电工程

序号	多端直流输电工程	投运时间/年度	端数	运行电压/kV	额定功率/MW
1	意大利—科西嘉—撒丁岛	1987	三	200	200
2	加拿大魁北克—新英格兰	1992	五	±500	2250
3	日本新信浓	2000	三	10.6	153
4	加拿大纳尔逊河	1985	四	±500	3800
5	美国太平洋联络线	1989	四	±500	3100

注：投运时间是指直流输电工程首次以多端方式运行的时间。

随着柔性直流输电技术的发展，基于电压源型换流器的多端柔性直流技术（VSC-MT-DC）获得了更多关注。由于柔性直流输电具有在潮流翻转时，直流电压极性不变，仅电流反向的优点，可以非常方便构成并联多端直流输电系统，所以现有的多端直流输电网络基本上都采用柔性直流输电方式。在多端柔性直流工程中，直流侧形成一个直流网络，数个换流站中必须有一个换流站充当电压调节器来控制直流电网电压，其类似于交流电网中的平衡节点，其余换流站实现功率分配。这种结构在稳态运行时可以方便地控制直流电压，将其维持在允许范围内，以保证换流器的安全，功率分配则通过调节电流实现。

以某海上风电场为例来介绍多端直流输电系统的网络架构：考虑耦合其他风电场和交流电网的通用多终端 HVDC 网络，假设这个多端直流电网（MTDC Grid）包含 N 个终端节点（注入和消费节点），其网络架构如图 6.1 所示。此处定义 N_W 是连接到控制电力传输的换流阀的风力发电节点总数，N_G 是连接到直流电网的常规交流电网的数量。

再以乌东德工程为例，来深度剖析特高压多端直流输电技术的优势：

1) 可以灵活匹配多个发送端的发送能力和多个不同接收端的接收能力。特高压直流输电可以连接不同输送能力的多发送端捆绑输送，提高工程的利用效率；另一方面，当发送端发送规模较大,超过单个接收端的接收能力时(受电力市场空间、调峰等诸多因素的限制),传统的两端直流将难以智能地采取增加容量的方式。在这种情况下,特高压直流可以从发送端向多个不同的接收端输送电能,从而有利于电能的充分耗散。

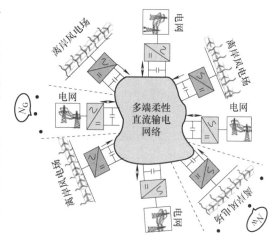

图 6.1 MTDC 应用示例

2)可实现大容量、远距离输电。MTDC可以满足大容量远距离传输的要求。一个大容量 800kV、8000MW 直流线路的损耗小于一回 800kV、5000MW 直流线路和一回 500kV、3000MW 直流线路的组合。

3)可以节约宝贵的输电走廊资源。考虑到中国西南水电,尤其是云南水电出境走廊资源非常宝贵,随着社会对环境保护的重视,未来走廊的开通难度更大。使用特高压多端直流可以显著节省输电走廊,并且可以更好地实施。

4)可以节省投资。与建设两个单回路直流方案相比,采用多端直流输电方案由于小走廊、换流站不需要无功补偿设备等因素,可大大降低施工成本。

总的来说,特高压多端直流输电技术结合了特高压直流技术和多端直流输电技术的优点,可灵活匹配多个发送端输送容量和多个不同接收端接收容量,实现大容量远距离多端输电,节省宝贵的输电走廊资源。与建设多直流输电线路相比,特高压多端直流输电具有较明显的经济优势。

多端直流输电系统中的换流站既可作为整流站运行,也可作为逆变站运行,运行方式更加灵活,能够充分发挥直流输电的经济性和灵活性。但作为整流站运行的换流站总功率与作为逆变站运行的换流站总功率必须相等,即整个多端系统的输入和输出功率必须平衡。多端直流输电系统换流站之间的连接方式可以采用串联方式、并联方式或者级联方式,也可由不同换流方式的换流器组成多端直流系统。

6.1.1 串联方式

串联方式的特点是各换流站均在同一个直流电流下运行,换流站之间的有功调节和分配主要靠改变换流站的直流电压来实现。例如通过调节换流器的触发延迟角或换流变压器的分接开关来改变直流电压。触发延迟角的调节范围有限,并且受最大触发延迟角的限制,从而使换流站的最小功率受到限制。同时,在最大触发延迟角下运行时,换流站消耗的无功功率也增加很多。

当换流站需要改变潮流方向时,串联方式只需要改变换流器的触发延迟角,使原来的整流站(或逆变站)变为逆变站(或整流站)运行,不需要改变换流器直流侧的接线,潮流反转操作快速方便。若某一换流站经自动调整后,仍能继续运行,则不需用直流断路器来断开故障。当某一段直流线路发生短时故障时,可调节换流器的触发延迟角,使整个直流系统的直流电压降到零,待故障消除后,直流系统再启动。当一段直流线路发生长时故障时,整个多端系统需要停运。为避免这种情况方发生,必要时可采用双回线的串联系统,此时线路投资将明显增加。

6.1.2　并联方式

并联方式的特点是各换流站在同一个直流电压下运行（忽略直流线路电压降），换流站之间的有功调节和分配主要靠改变换流站的直流电压来实现。可通过调节控制器的触发延迟角以及换流变压器的分接开关来改变直流电流。这种方式的主要缺点是当某个换流站需要改变潮流方向时，除了改变换流器的触发延迟角，使原来的整流站（或逆变站）变为逆变站（或整流站）以外，还必须将换流器直流侧的两个端子的接线倒换过来接入直流网络才能实现。不过这一问题因柔性直流输电技术的出现得到了很好的解决。

表 6.2 对柔性直流输电工程中的串联方式和并联方式进行了对比。

表 6.2　两种柔性直流输电方式的比较

比 较 项 目	并联型 VSC-MTDC 输电	串联型 VSC-MTDC 输电
调节范围	负荷分配要依靠改变直流电流，调节图大	负荷分配要依靠改变直流电压，调节范围小
潮流反转	需进行换流桥的倒闸操作，无法快速反转潮流	无须改变接线状态，可实现快速反转潮流
故障运行模式	某逆变器换相失败都会影响到整个极	若某个换流桥故障，可投旁通对，其他部分可运行
系统绝缘配合	因各站直流电压相同，整个系统的绝缘配合比较方便	因系统不同部分的对地电压不同，其绝缘配合较复杂
扩建灵活性	其扩展只需增加并联支路数，扩展灵活性较好	其扩展要改变直流电压或电流，扩展灵活性较差

6.1.3　级联与混合方式

对于多端柔性直流输电系统，系统连接方式一般为并联方式，以保证换流器工作在相同的直流电压水平。并联型多端柔性直流网络又可分为星形和环形两种基本结构。其他复杂结构都可以看成这两种结构的扩展和组合。此外还衍生出级联型接线方式，如图 6.2 所示。

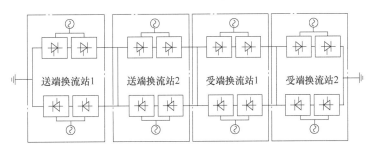

图 6.2　级联型多端直流系统接线图

图 6.3 是几种典型的拓扑结构。串联方式拓扑如图 6.3a 所示；并联方式拓扑可参见图 6.3b、c；既有并联又有串联的混合式拓扑结构如图 6.3d 所示，该方式增加了多端直流接线方式的灵活性。

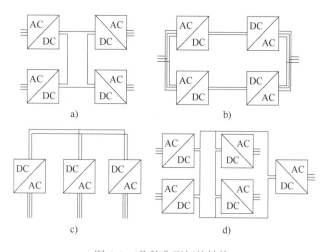

图 6.3   几种典型拓扑结构

a) 串联   b) 环网式并联   c) 放射式并联   d) 混联

6.1.4   多端直流输电系统和直流电网

多端直流输电（MTDC）是直流电网发展的初级阶段，是由多个换流站通过串联、并联或混联方式连接起来的输电系统，能够实现多电源供电和多落点受电。而直流电网相当于多端直流的扩展，它是具有先进能源管理系统的智能、稳定的交直流混合广域传输网络。在网络中不同客户端、现有输电网络、微电网和不同的电源都可以得到有效的管理、优化、监控、控制和对任何问题进行及时响应。它能够整合多个电源，并以最小的损耗和最大的效率在较大范围内对电能进行传输和分配。

多端直流系统今后发展的可能的拓扑结构如图 6.4a 所示，这是多端高压直流输电系统的最简单实现形式，从交流系统引出多个换流站，通过多组点对点直流连接不同的交流系统，多端直流没有网格，没有冗余；由于它不能提供冗余，所以很难被称为网络。当拓扑中任何一个换流站或线路发生故障时，整条线路及连接在这条线路的两侧换流站将全部退出运行，可靠性较低。

如果将直流传输线在直流侧互联起来，形成"一点对多点"和"多点对一点"的形式，即可组成真正的直流电网，如图 6.4b 所示，每个交流系统通过一个换流站与直流电网连接，换流站之间有多条直流线路通过直流断路器连接，当发生故障时，可通过断路器进行选择性切除线路或换流站。真正的直流电网具有如下特点：①换流站的数量可以大大减少，只需要在每个与交流电网连接点设置一处，这不仅能显著降低建设成本，而且能够降低整体的传输损耗；②每个换流站可以单独地传输功率，并且可以在不影响其他换流站传输状态的情况下将自己的传输状态由

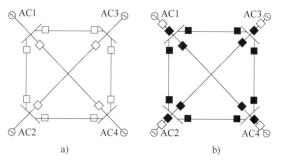

图 6.4   多端直流输电系统与直流输电网络

a) 多端直流输电   b) 直流电网

□为换流站；■为直流断路器

发送/接收变为接收/发送；③拥有更多的冗余，即使一条线路停运，依然可以利用其他线路保证送电可靠。

直流电网是在点对点直流输电和多端直流输电基础上发展起来的，可用图 6.5 所示的 3 个示意图详细解释直流电网的发展阶段：

第 1 阶段如图 6.5a 所示，这是一个简单的多端系统，可以描述为带若干分支的直流母线。作为最简单的多端直流输电系统，其本身没有网格结构和冗余，并不是一个真正意义上的"电网"。这种拓扑结构通常是作为交流的备用，或连接两个非同步的交流系统。

第 2 阶段的拓扑结构如图 6.5b 所示，它已经初步具备直流输电网络雏形，其中所有的母线均为交流母线，传统的输电线路为连接在两个换流站之间的直流线路所取代。在此拓扑中，所有的直流线路完全可控。包含 VSC 和 LCC 两种输电方式，不同直流线路可能工作在不同的电压等级下，需要更加复杂的潮流控制来维持频率稳定。该阶段最主要的问题是需要大量的换流站。正常的大电网，按照惯例支路的数量一般是节点数量的 1.5 倍，这就要求换流站数量为 $2 \times 1.5 \times$ 直流节点数。若使用第 3 种拓扑结构，则换流站数量与直流节点数相同。

第 3 阶段拓扑结构如图 6.5c 所示，此时的拓扑是一个独立的网络，与阶段 2 相比，它并不是每条直流线路的两端都有换流站，只是通过换流站将直流电网与交流电网融合在一起。在独立的直流电网中，各条直流线路可以自由连接，可以互相作为冗余使用，而不是仅仅作为异步交流电网的连接设备。此外，阶段 3 可以大大减少换流站的数量，经济意义重大。所以作为真正的直流电网，图 6.5c 的拓扑是未来的发展趋势。

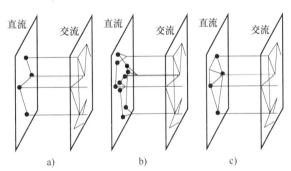

图 6.5　直流电网的发展阶段
a）传统多端直流输电　b）有独立直流线路的系统　c）直流电网

6.2　特高压混合直流输电技术

在 LCC-HVDC 和 VSC-HVDC 输电系统的基础上，1992 年混合直流输电的概念出现，称为混合高压直流（Hybrid-HVDC）输电系统。由于早期的 VSC-HVDC 输电系统一般都是基于采用可关断晶闸管（GTO）的两电平 VSC 进行研究，所以早期的混合直流输电系统研究也均是基于此开展。近年来，随着大功率电力电子器件，如集成门极换相晶闸管（IGCT）、绝缘栅双极型晶体管（IGBT）、注入增强栅晶体管（IEGT）的不断出现，以及器件电压和电流水平的不断提升，特别是 2000 年，基于模块化多电平换流器（MMC）的高压直流

（MMC-HVDC）输电系统的出现，混合高压直流输电技术开始得到了广泛关注。

混合直流输电技术兼具常规直流输电技术成熟、损耗小、价格低，以及柔性直流输电技术可控性高、占地面积小、不存在换相失败的优点，不仅可有效解决多直流馈入问题，而且可实现可再生能源的高效接入，未来将具有广阔的应用前景。利用混合直流输电技术，可对现有的常规直流输电系统进行改造，将常规直流逆变站改造为柔性直流换流站。在节省造价、减少损耗的同时，可以解决换相失败困扰，还可以利用 VSC 控制上的灵活性和快速性来改善受端交流系统的稳定性，有效解决多馈入直流换相失败的难题。考虑到国外有些常规直流工程是采用分期建设的方式，先建成并投运一个极，另外一个极则择机再建，未来可以利用混合直流输电技术，在现有一极为常规直流系统的情况下，扩建另一极直流时，将其扩建为柔性直流输电系统或混合直流输电系统，这既可以提高整个系统的运行性能，也可以减少整体投资。此外，新建的直流输电工程也可以采用混合直流输电技术或柔性直流输电技术，与现有的常规直流输电系统形成双馈入或多馈入系统，达到改善两端交流系统稳定性的目的。

6.2.1　混合直流主接线

混合直流输电系统的主接线兼具 LCC-HVDC 和 VSC-HVDC 输电系统的主接线形式。VSC-HVDC 输电系统的接线方式根据换流器输出的直流电压极性分为对称单极和双极两种接线方式。对称单极是指换流器两个直流端子上输出的直流电压对称；不对称单极是指换流器两个直流端子上输出的直流电压不对称，通常一端接地；双极是指两个或两个以上 VSC 不对称单极构成一个双极直流，包括大地回线和金属回线两种运行方式。因此，混合直流输电系统一般也依据不同的应用场合，采用上述两种主接线方式。

6.2.2　混合直流换流器技术

混合直流输电系统同时采用 LCC、VSC 或者全控型电流源型换流器（CSC），因此混合直流的换流器发展取决于这三种换流器技术的发展。目前，LCC 技术发展已经非常成熟，电压等级已达到 1100kV，电流最大可达到 6250A。而 VSC 技术目前正处在快速发展中，VSC 依据桥臂的等效特性可以分为可控开关型和可控电源型两类。其中两电平、三电平换流器均为可控开关型，其通过脉宽调制（PWM）技术控制电力电子器件的导通和关断，从而控制输出交流电压的幅值和相位。而 MMC 则为可控电源型，其通过控制桥臂投入的子模块个数来改变等效输出电压或等效输出电流。VSC 技术目前存在一个突出问题，即无法在直流线路故障下实现交直流系统的隔离与恢复，因而 VSC 技术目前正在酝酿新一代变革，其目标是解决直流线路故障后的隔离和恢复问题，同时降低换流器损耗。

全控型 CSC 与 VSC 具有对偶关系，因此全控型 CSC 也可以分为可控开关型和可控电源型两类，与 VSC 通过控制输出的交流电压相位和幅值不同的是，全控型 CSC 是通过控制输出的交流电流相位和幅值来实现有功和无功功率的控制。该技术在工业变频拖动领域应用广泛，但在高压直流输电领域还未得到应用。应用于高电压、大电流场合的全控型 CSC 还有待进一步研究，包括换流器拓扑及控制技术、大功率电流型电力电子器件的研究等。因此混合直流输电的换流器技术的发展取决于 VSC 技术和全控型 CSC 技术的发展。

6.2.3　混合直流拓扑结构

混合直流输电系统与交直流混合不同。混合直流输电系统是将 VSC、CSC 和 LCC 以不同的方式进行混合，形成各种输电拓扑结构。根据 LCC 和 VSC 或 CSC 混合形式的不同，混合直流输电系统的拓扑结构可以分为换流器级混合直流输电系统和系统级混合直流输电系统两大类。

1. 换流器级混合直流输电系统

换流器级混合直流输电系统通过 LCC 和 VSC 或 CSC 的串并联，混合组成一个输电单元来实现直流的传输，其可分为以下 3 种结构。

（1）串联换流器型混合直流输电系统

串联换流器型混合直流输电系统可以通过控制串联的 VSC 来提高逆变侧所连交流电网的电压支撑能力，从而提高 LCC 换相失败的抵御能力，因此可以应用于弱交流系统。由于串联 VSC 的存在，即使 LCC 发生换相失败，系统直流电压也不会降为零，混合直流输电系统仍可以输送一定的功率至交流电网，减小了对交流电网的冲击。此外，由于串联的 LCC 具有单向导电特性，在直流输电线路发生故障时，LCC 能有效阻止 VSC 的故障电流。在发生直流输电线路故障时，逆变侧 LCC 与 VSC 换流器可以继续维持运行不闭锁，因此，串联换流器型混合直流输电系统具有较强的交直流故障穿越能力。但此种拓扑结构也存在控制复杂的缺点，单个 LCC 或 VSC 故障则整个直流输电系统即停运，可靠性较差。

（2）并联换流器型混合直流输电系统

并联换流器型混合直流输电系统使得 LCC 能够应用于弱交流系统，并联的 VSC 能够产生无功功率从而增强换流站母线电压稳定性，增强系统的功率传输能力，改善系统动态性能。并联换流器型混合直流输电系统在改善系统稳定性及两端交流电压控制方面性能优越。此外，这种混合直流输电方式可以大大减小 LCC 对系统造成的谐波影响，并且可以进行一定的无功补偿。然而并联换流器型混合直流输电系统并不能完全避免 LCC 的换相失败风险。

（3）串并联换流器型混合直流输电系统

并联换流器型混合直流输电系统并不能避免换相失败时所引起的短路，而串联换流器型混合直流输电系统则可以避免，即串联换流器型混合直流输电系统更适用于弱电网系统。而结合串联换流器型和并联换流器型混合直流输电系统优点的串并联换流器型混合直流输电系统在作为逆变站应用时，能为所连交流电网提供更好的交流电压支撑能力。

2. 系统级混合直流输电系统

系统级混合直流输电系统可以分为以下 3 种。

（1）极与极混合直流输电系统

图 6.6 所示的极与极混合的直流输电系统，一极为常规直流输电系统（LCC-HVDC），另一极为柔性直流输电系统（VSC-HVDC）。此种拓扑结构的混合直流输电系统利用柔性直流输电系统的无功控制能力，可以减少两端换流站交流滤波器的装设；同时柔性直流输电系统还可以为两端的交流系统提供动态无功支撑，稳定交流母线电压，减少 LCC-HVDC 换相失败的概率，因此可以应用在弱交流系统中。此种结构的混合直流输电系统可以实现黑启动及无源运行，能够最大限度地发挥两种直流输电系统的优点，减少 LCC-HVDC 换相失败的概率，从而改善多馈入直流输电系统的稳定性问题。

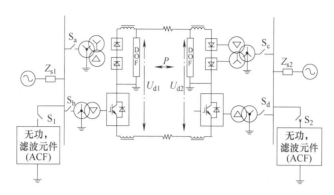

图 6.6　极与极混合的直流输电系统

（2）端对端混合的直流输电系统

针对目前已经运行的 LCC-HVDC 工程，若其逆变侧连于弱交流系统，为防止逆变侧换相失败频发，可以考虑将其改造为 LCC 作为整流站、VSC 作为逆变站的混合直流输电系统。如 6.7a 所示的结构即是一个典型的例子。这种混合直流输电系统可以完全避免逆变侧换相失败，同时可以向无源网络供电，实现黑启动。这种结构的混合直流输电系统还有如图 6.7b 所示的结构，其中 LCC 作为逆变站，VSC 作为整流站，此种结构适用于风电并网，但对受端电网的强度有要求，同时此种结构的混合直流输电系统逆变侧一旦发生换相失败，情况将比 LCC-HVDC 更严重。

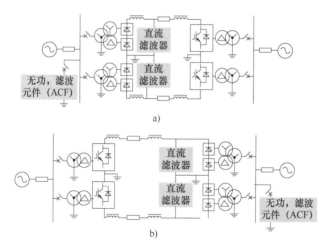

图 6.7　端对端混合直流输电系统
a）类型 1　b）类型 2

此外，端对端的混合直流输电系统逆变侧除了可以采用全控型的 VSC 外，还可以采用全控型 CSC，即整流侧采用 LCC，逆变侧采用全控型 CSC，如图 6.8 所示。这种混合直流输电系统也可以完全避免逆变侧换相失败，同时可以向无源网络供电，实现黑启动。全控型 CSC 由于其单向导电的特性和直流侧巨大储能电感的作用，在直流侧故障时能有效限制故障电流，实现快速的故障重启，此特性优于 VSC。此种基于全控型 CSC 的混合直流输电系统能够利用常规直流的相关控制方法，有效处理直流故障，实现潮流反转。

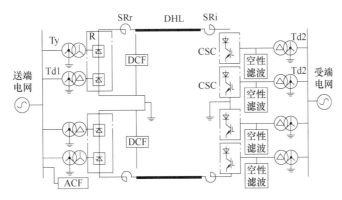

图 6.8　基于全控型电流源型的混合高压直流输电系统

（3）多端混合直流输电系统

混合直流输电技术起源于多端混合直流输电系统的研究，多端混合直流输电系统继承了 LCC 和 VSC 的优点，如图 6.9 所示。考虑到目前常规直流输电工程的数量远大于柔性直流工程的数量，以及多端直流输电技术的发展趋势，在 LCC 站不需要潮流反转的情况下，基于 LCC 和 VSC 的混合多端直流输电将有着非常广阔的应用前景。同时，该项技术也面临着一些挑战，如快速直流故障清除与恢复、多端混合直流控制保护策略的设计与优化等。

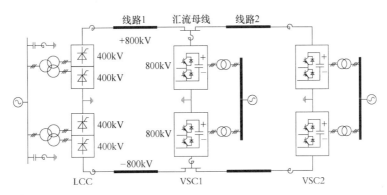

图 6.9　多端混合直流输电系统示例（三端）

6.2.4　混合直流的启动与重启

混合直流输电系统的启动方式不同于 LCC-HVDC 输电系统，而与 VSC-HVDC 输电系统的启动方式类似，直流启动之前需要对 VSC 的电容进行充电，目前主要有自励和他励两种方式，其中自励方式又可以分为交流侧充电和直流侧充电两种模式。此外，对于混合直流输电系统还需要关注一些特殊的启动需求，如通过直流低电压启动等。

不同于常规直流输电系统的直流线路故障重启只能由整流站发起，混合直流输电系统的直流线路故障重启既可以实现从整流站 LCC 侧发起重启，也可以实现从逆变站 VSC 侧发起重启。因此，混合直流输电系统的直流线路故障重启策略具有更高的灵活性，可以依据不同的应用场合，采取不同的重启方法。

6.3 特高压大容量柔性直流输电技术

大容量柔性直流电网不仅可发挥柔性直流在新能源开发、利用上的技术优势，而且可实现多电源供电及多落点受电，有效平抑新能源的功率波动并提供更好的通路冗余性和供电可靠性，构成多种形态能源灵活互补的能源互联网。但目前而言，柔性直流输电工程的容量仍有限。例如法国与西班牙INELFE的大容量柔性直流联网工程，容量已达 $2 \times 1000MW$，电压可达320kV，我国的乌东德柔性直流工程也达数 kMW 级。然而现阶段柔性直流技术的输电能力仍与传统直流技术存在一定差距（见图6.10）。

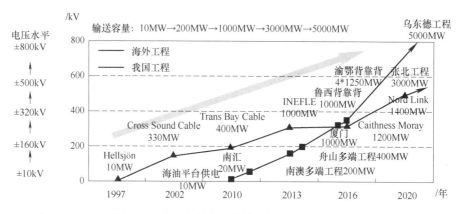

图6.10 快速发展的国内外柔性直流输电工程

从技术上来看，目前柔性直流输电系统未来电压等级和容量的提升，主要受到 XLPE 电缆的电压和现有绝缘栅双极型晶体管 IGBT 器件发展水平的限制。此外，早期柔直工程所采用的单个换流器方式也限制了系统容量的提升。因此，未来柔性直流输电工程的容量水平的提升，将主要集中于更高电压等级的输电电缆、新型大容量电力电子器件以及新的系统拓扑应用等方面。

1. 输电电缆

在电缆的选择上，大容量的柔性直流输电工程目前可以考虑采用 MI 电缆。这种电缆有更高的电压等级，但造价相对也较高，难以大范围推广。因此未来仍然需要在 XLPE 电缆方面取得突破。此问题面临的主要难点是电缆绝缘材料的电荷分布和制造工艺，以及电缆接头的设计和加工。世界上主要的电缆厂家均在此方面投入了较大的研发力度。随着国内外柔直工程等级的继续提高，在未来数年内，直流电缆的电压和容量预计将达750kV/3GW 以上。

2. 大容量电力电子器件

尽管市场上涌现出 GTO、IGCT、IEGT 等各类电力电子器件，但目前广泛应用于柔性直流输电工程的大容量产品仍主要是 IGBT 器件（见图6.11）。要提升 IGBT 器件的容量，需要解决用于电压、电流提升给芯片制造及封装带来的难题，同时在器件应用过程中还要解决新型 IGBT 的驱动设计、电流关断过冲抑制、快速保护设计等一系列技术难点，这些需要进行认真的设计及长期的测试验证。

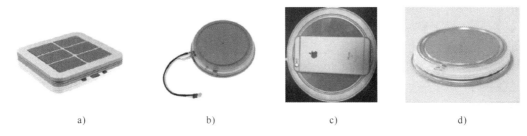

图 6.11　3000A 级 IGBT 器件

a) ABB4500V/3000A IGBT（内置二极管）　b) TOSHIBA 4500V/3000A IGBT

c) WESTCODE 4500V/3000A IGBT　d) 株洲 3300V/3000A IGBT

在新型半导体器件方面，未来最有发展前景的一种材料是"宽禁带"半导体材料（如碳化硅 SiC 等），这也是世界范围内功率半导体器件研究的热点之一。使用该材料所制造的 IGBT 器件，在耐压水平、通流能力、工作温度等方面与现有器件相比具有数倍至数十倍的提升，而且在损耗方面则只有现有器件的几分之一。基于这种器件构成的换流器和系统，将直接可以使现有的工程容量提升数倍至数十倍，这将对柔直工程的发展带来革命性改变。但"宽禁带"半导体材料在质量和工艺控制等方面还处在较多问题，目前仅停留在小容量的样品和产品阶段。预计在未来 10 年间，SiC 等器件可以在电力系统中取得一定规模的示范性应用。

3. 组合式系统拓扑

鉴于电缆和电力电子器件的开发周期都比较长，利用换流单元串并联技术构成组合式换流器，是柔性直流实现大容量输电的一个较快发展方向。基于目前技术水平及组合性拓扑的应用，可将柔性直流输电系统的电压等级直接提升到 ±640kV 及以上，单个换流器容量可提升到 2000MW。如果考虑使用换流器的串并联组合形式，则系统参数还可进一步提升。

对于模块化多电平换流器 MMC 而言，尽管理论上子模块级联数量可无限增加，但会带来诸多问题：①需要大量 I/O 进行数据通信和交换，硬件实现十分困难；②电容电压平衡策略一般需要对子模块电容电压测量值进行排序，模块数目增加后排序所需的计算时间也大大增加；③控制系统的采样频率需要很高才能识别电平变化；④换流器最大输送功率受制于换流变压器容量，无法达到大容量的要求。

为实现大容量高电压的要求，国内已有研究团队提出了以 MMC 为基本换流单元进行串并联扩展构成组合式换流器的多种技术路线，部分技术路线可适用于大容量架空线场合，即基于组合式换流器的双极柔性直流结构和混合直流结构。换流单元采用具有直流闭锁能力的 C-MMC（采用半桥子模块的 MMC）或 F-MMC（采用全桥子模块的 MMC），以解决关键问题①，采用双极组合式换流器主接线解决关键问题②和③。

推进大容量柔性直流输电技术的工程应用，还需要开展大量的工作，例如：

1）主回路关键参数的成套设计及优化方法研究。例如组合式换流器内换流单元个数和单元内模块数目的优化配合，换流变压器、直流侧平波电抗等关键参数的选择等。

2）过电压计算和绝缘配合的研究。组合式换流器各单元的绝缘水平不同，所连接的换流变压器存在直流偏置电压，需综合考虑并确定换流单元连接点绝缘水平、组合式换流器的避雷器布置方式及参数等。

3）组合式换流器协同控制策略研究。各换流单元可独立控制，运行方式灵活多变。某个换流单元投入或退出运行，对系统协调和设备配合提出了要求；此外，组合型拓扑启停控制、稳态运行及故障处理的控制保护策略及整体解决方案亟待研究。

4）系统故障对策研究。混合直流系统中，整流侧交流系统故障时由于直流线路功率中断，会影响整个交直流系统的安全稳定性。一旦逆变侧直流电压高于整流侧直流电压后，可导致直流电流迅速下降到零，造成功率输送中断，需研究合适的解决对策。

5）阀厅设计研究。由于高压大容量柔直工程的换流站内有多回直流出线及直流断路器，且阀组和直流断路器、直流断路器与直流断路器之间均存在不同时停电检修的工况，考虑检修时的人身安全，其阀厅设计与常规背靠背或端对端柔直工程有所区别。

6.4　长距离架空线路故障自清除技术

6.4.1　长距离架空线路柔性直流输电技术

柔性直流输电技术在架空线输电系统中同样有着广泛的前景。采用架空线传输不仅可以通过提升电压等级提升系统容量，还可以有效降低线路投资，节省造价。而我国地域辽阔，各地发电和用电资源配置严重不平衡，因此长距离架空线输电在国内电力发展过程中有着不可替代的作用。

采用架空线传输系统，需要解决线路暂时性故障所需要的故障清除能力，其解决方案除了研制相应电压等级的直流断路器以外，还可通过研制可以清除直流故障的新型换流器拓扑来解决，这与直流电网技术的需求相同。

同时，在架空线传输系统中，通过采用送端常规直流、受端柔性直流进行工程建设，或者将常规直流逆变站改造为柔性直流换流站，可以在节省造价的同时解决由于系统故障造成的换相失败，这也是柔性直流在架空线系统应用中的一个重要发展方向。

6.4.2　直流故障清除方法概述

现有柔性直流工程中，换流阀采用两电平、三电平或者半桥型模块化多电平换流器拓扑结构，直流故障期间交流系统会通过IGBT反并联二极管向故障点持续馈入电流，无法依靠换流器快速控制实现故障电流的自主切除。从当前的技术发展来看，清除直流故障主要有3种技术措施：借助交流断路器清除直流故障、借助直流断路器清除直流故障、利用换流器自身的闭锁特性清除直流故障。具体如下：

1）借助交流断路器清除直流故障。已建的柔性直流输电工程一般借助交流断路器将交流系统和直流故障点隔离开，实现直流故障清除的目标，无须新增设备，经济性好。但是开断交流断路器属于机械动作，响应速度慢，最快动作时间需要2~3个周波；且故障清除后，各设备重启动配合动作时序复杂、系统恢复时间较长，需要几分钟至数十分钟不等。例如南澳±160kV三端柔性直流工程就采用了此方法，发生直流故障后跳开交流断路器，直流线路故障电流自然衰减到零。但是交流断路器动作速度太慢，该方法仅适用于故障率较低的直流电缆输电。

2）借助直流断路器清除直流故障。通过跳开直流断路器隔离故障线路部分，不影响多端直流系统剩余健全部分的运行，可避免整个系统的闭锁重启动。例如舟山 ±200kV 五端柔性直流工程就是首次采用此方法实现故障隔离，但是舟山工程仅舟定换流站配置直流断路器，主要用于验证直流断路器运行性能和运行逻辑。张北柔直工程的直流线路采用架空线路并配置直流断路器，真正实现了依靠直流断路器清除故障，但技术瓶颈在于直流断路器的开断能力较为有限。

3）利用换流器自身的闭锁特性清除直流故障。该方法具有无须机械设备动作、系统恢复快速等优点，特别适合于大容量远距离直流输电系统，但寻找具有直流故障清除能力的柔性直流换流器拓扑是关键。乌东德工程即采用该项技术。

6.4.3　混合拓扑实现故障自清除技术

乌东德工程的直流线路全长 1400km 以上，需要采用直流架空线。与直流电缆相比，直流架空线成本低，但是故障率较高。为了提高本工程的可靠性，要求柔性直流换流站必须具备直流架空线故障自清除和快速再启动的功能。

VSC 换流器能够很好地应对交流故障。以往两电平、三电平和半桥型 MMC 由于反并联二极管的存在，无法清除直流故障。而全桥拓扑能够阻止交流电流馈入直流故障点，并且直流电压能够调节，能够实现直流故障清除。为了进一步降低元件数量和损耗，乌东德工程设计了部分半桥子模块（HSBM）替代全桥子模块（FBSM）的混合拓扑方案，如图 6.12 所示。

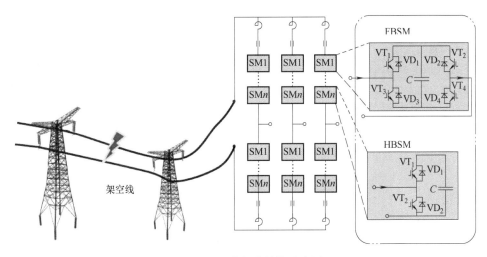

图 6.12　混合拓扑结构示意图

工程送端昆北换流站采用 LCC 特高压换流阀，受端柳北和龙门换流站均采用全桥、半桥功率模块混合型 MMC 特高压换流阀（见图 6.13），其中全桥功率模块占比 70%，半桥功率模块占比 30%。该技术首次应用于乌东德工程，实现了小于 150ms（不含去游离时间）的直流架空线路故障后快速恢复，有效提升了受端电网的稳定性。

a)   b)

图 6.13   混合型 MMC 装置
a）柳北换流站高端阀塔   b）龙门换流站低端阀塔

6.5   其他新兴技术

6.5.1   柔性直流输电试验技术

柔性直流输电的试验技术主要包括换流阀及阀控设备的试验技术。针对换流阀试验技术，国外已经有了很多前期工作。CIGRE B448 工作组针对换流阀在各种工况下耐受的应力进行了详细的阐述和分析，并提出了相关的试验建议；IEC 62501—2017 制定了相关的换流阀试验标准，但并没有给出相应的试验电路。目前，许多国家都在开发柔性直流的相关试验能力，我国已经具备了相关的柔性直流型式试验能力，并完成了 1000MW/ ±320kV 等级换流阀的型式试验。

柔性直流换流器为电压源型，其基本工作原理与常规直流换流器有所不同。因此，柔性直流换流阀的暂态、稳态工况均与常规直流换流阀有较大区别，原有的常规直流换流阀的试验项目、方法和设备大部分已不适用。因此应深入研究阀的工作原理和其中电力电子器件及其组合体上的电压、电流、热、力等应力和波形，然后提出相应的试验项目和等效试验方法。

在稳态运行中，柔性直流换流阀承受的电压、电流应力均为持续的直流和交流分量叠加。在暂态过程中，由于在子模块电容电压钳位作用下，换流阀中会出现短时的电容放电电流，该电流随着保护动作逐渐降低。

柔性直流换流阀的型式试验项目主要包括绝缘型式试验和运行型式试验，其中绝缘型式试验又分为阀对地绝缘试验和阀体绝缘试验，具体见表 6.3。

表 6.3   柔性直流输电换流阀主要试验项目

试 验 项 目	内 容
柔性直流换流阀对地绝缘型式试验	阀支架交流耐压试验 阀支架直流耐压试验 阀支架操作冲击波试验 阀支架雷电冲击波试验

(续)

试验项目	内　容
柔性直流换流阀绝缘型式试验	直流耐压试验 交直流耐压试验
柔性直流换流阀运行型式试验	最大运行负载试验 最大暂态过负荷运行试验 最小直流电压试验 阀短路直流试验 阀断电流关断试验 阀电磁干扰试验

阀基控制器试验技术是测试阀控系统功能和可靠性的重要环节。从柔性直流阀基控制器试验系统角度看，常规直流的一个桥臂所有器件触发信号相同，可以采用单一的晶闸管器件等效方案进行试验；而柔性直流单个桥臂内的各个子模块触发信号均不相同，柔性直流输电的阀控系统为每个换流子模块提供不同的控制命令，原有的阀控系统等效测试方法已不适用于柔性直流换流阀控系统，需要有针对性地开展试验回路设计（见图 6.14）。

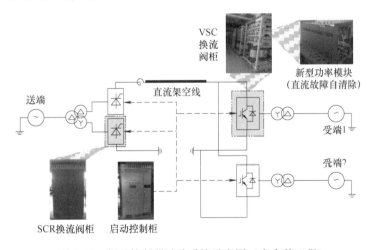

图 6.14　阀基控制器试验系统示意图（乌东德工程）

采用动模仿真技术构建的柔性直流数模混合仿真系统是目前模块化多电平换流器柔性直流输电系统仿真研究重要的技术手段。动模系统能精确模拟柔性直流换流阀动态特性，可为阀控系统和极控保护系统提供硬件实时在环测试功能。数字实时仿真系统可以完成电网建模，实现电磁暂态过程仿真，柔性直流接入、切除和运行方式切换过程仿真、低频振荡现象和故障态仿真，阀控系统解锁闭锁试验，阀控与极控设备之间的通信试验，换流阀启/停控制试验，阀故障模拟试验等。数字实时仿真是柔性直流输电系统研究和试验的必要手段，也可和动模试验相结合，组成功能更完善的仿真试验平台，减少动模试验系统开发成本和时间。

目前，国外很多机构已开发出针对模块化多电平换流器阀控系统的试验设备。我国也完成了可满足 3000 节点的模块化多电平柔性直流动模实时仿真系统，能满足 ±320kV 电压等级、控制周期在 $100\mu s$ 以内的阀基控制设备在环测试和系统仿真，目前在国际上处于领先地位。而针对 ±500kV 及以上电压等级工程以及多端柔性直流和直流输电网络的仿真系统，正

特高压柔性直流输电系统过电压及绝缘配合

在建设中。图6.15所示为乌东德工程而建设的柔性直流数模混合仿真系统。

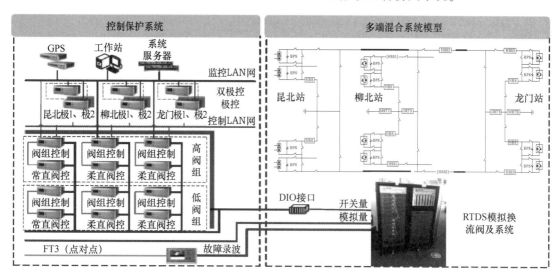

图6.15 数模混合实时仿真系统示意图（乌东德工程）

图6.16a 所示为乌东德工程专用物理试验平台：三端混合系统，直流电压为 ±10.5kV，送端 LCC 容量为 21MW，两个受端 VSC 容量为 66MW，VSC 采用 4500V/3000A 的 IGBT 器件，全桥 + 半桥结构。图6.16b 所示为模拟直流故障的发生装置。

图6.17 所示为乌东德工程的实时仿真系统实物图。该系统主要实现测试"阀控+光纤系统+功率模块"功能。

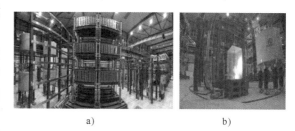

图6.16 物理试验平台及装置
a）物理试验平台 b）直流故障发生装置

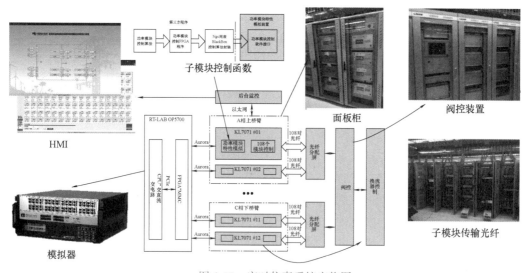

图6.17 实时仿真系统实物图

174

6.5.2 柔性直流输电电缆技术

由于柔性直流输电系统切除直流侧故障时比较困难，因此已建成的柔性直流工程线路大多数采用直流电缆以降低故障率。与交流电缆相比，由于直流电缆的导体没有趋肤效应和邻近效应，即使输送很大电流，也不必采用复杂的分裂导体结构。直流电缆的电场强度是按绝缘的电阻系数成正比分配的，绝缘的电阻系数是随温度变化的，当负载变大时绝缘表面的电场强度逐渐增加，因此直流电缆允许的最大负载不应使绝缘表面的电场强度超过其允许值，即不仅要考虑电缆的最高工作温度，而且要考虑绝缘层的温度分布。

与传统直流电缆相比，柔性直流输电中不要求直流电缆承受电压极性翻转，因此从某种意义上说，对柔性直流电缆的技术要求比传统直流电缆要低。目前，用于柔性直流输电的电缆根据绝缘形式不同，主要分为自容式充油（SCOF）电缆、黏性浸渍纸绝缘（MI）电缆和交联聚乙烯（XLPE）电缆，如图 6.18 所示。

a)   b)   c)

图 6.18 常见直流电缆

a）SCOF 电缆 b）MI 电缆 c）XLPE 电缆

SCOF 电缆技术非常成熟，电压等级可达到 800kV。电缆内部充有低黏度的电缆油。SCOF 电缆的绝缘纸由针叶树木浆牛皮纸制成。当 SCOF 受到外力破坏而发生漏油时不必马上进行停电处理，可从补油设备中加油维持电缆正常运行。但从环境角度来看，电缆漏油会造成环境污染，特别是海底电缆对海洋环境的污染。SCOF 电缆需要油箱等附属设备，运行维护工作量大，成本高。

MI 电缆技术也非常成熟，用于直流输电系统已超过 100 年。该种电缆最高可适用于直流 500kV。但 MI 电缆运行温度最高只有 55℃，且不适用于温差较大的条件下运行。

XLPE 绝缘柔性直流输电电缆的绝缘材料为交联聚乙烯，其通过超净高纯度工艺或在交联交流电缆绝缘中添加纳米材料解决了交联直流电缆的空间电荷问题。XLPE 软化点高、热变形小，在高温下的机械强度高、抗热老化性能好，该种类型电缆的最高运行温度达 90℃，而短时允许温度可达 250℃。XLPE 绝缘柔性直流输电电缆采用新型的三层聚合材料挤压的单极性电缆，由导体屏蔽层、绝缘层和绝缘屏蔽层同时挤压成绝缘层；中间导体一般为铝材或铜材单芯导体。现有可满足工程要求的柔性直流电缆最高参数为 ±320kV/1560A，±500kV 及以上电压等级的柔性直流电缆也正在开发。

6.5.3 直流送端孤岛系统黑启动技术

随着现代电力网络向着高电压等级和交直流混合输电的方向发展，出现了 HVDC 联于弱交流系统的运行工况，典型工况包括直流孤岛运行方式和黑启动过程中利用直流输电加快电网恢复。黑启动是指当系统全部停运后，不依靠外来电网的供电，通过系统内具有自启动能力的机组带动没有自启动能力的机组，逐渐扩大供电范围，最终恢复整个系统供电的过程。该问题一直是学术界及电力行业研究的热点问题。

目前我国已开发的能源基地距离交流电网相对较近，通过合理规划交流系统网架，直流送端均可以接入当地电网，进而满足直流运行的基本需要。直流孤岛运行方式通常仅作为过渡运行方式，不涉及黑启动问题。然而，今后规划开发的部分能源基地所在地电网可能十分薄弱甚至远离交流电网，对其进行开发并直接接入当地电网存在困难，直流送端孤岛黑启动和运行的相关问题成为能源基地规划设计面临的重要难题。

在已有研究中，黑启动电源大都选用具有黑启动能力的机组或故障后残存机组。但是传统黑启动电源存在一些难以克服的问题，如发电机的自励磁问题、故障承受能力较低、恢复过程中电能质量无法保证等。柔性直流输电技术利用全可控的 IGBT 换流阀模块，实现了有功和无功功率的四象限解耦控制，在控制有功功率传输的同时，又可以控制无功功率的传输，且控制速度十分迅速。显然柔性直流输电系统对常规直流的启动有很好的作用。

高压直流输电系统通常采用双极对称接线方式，正负极系统可以独立运行，通常也是一极首先启动。因此，有研究者提出利用一极直流线路和部分换流站内设备，构建小型柔性直流输电系统，以支撑常规直流另一极的启动和送端发电机组的启动，待另一极常规直流系统和送端发电机组进入稳态运行后，再退出柔性直流系统，启动本极常规直流系统。该方法的优点有：①直流系统和送端机组不需要为配合黑启动而进行专门设计；②柔性直流系统可为孤岛系统中的机组和直流系统调试提供可靠供电；③柔性直流系统退出后，可以从阀厅拆除另做他用，也可以作为换流站的静止同步补偿设备。

6.5.4 交直流混联技术

交流输电技术具有变压简单、成本低、运维方便等优点，国内外都采用交流输电系统构成电网的基本网架。随着送电距离和输送容量日益增大、对电能质量和电网安全稳定要求的提高，交流输电方式不能全面满足要求。而传统直流输电对比交流输电的主要优势有以下几个方面：

1）输送容量大。由于直流系统不存在交流系统稳定极限问题，直流线路不输送无功功率，只要送、受端电网可以承受，直流输电没有容量限制。

2）输电距离长。由于直流线路没有电容效应，随着线路距离增加，沿线电压分布均匀，不需要增加电抗补偿装置防止电压升高。

3）线路占用通道走廊小，输电损耗低。直流输电线路只需正负两极导线，输送同样功率相比交流线路走廊、损耗和造价有明显节省。

4）运行方式灵活。直流系统输送的无功功率和有功功率可以由控制系统快速控制，从而快速改变交流系统的运行性能，阻尼交流系统的低频振荡，提高交流系统电压和频率的稳定性。

5）故障时功率损失小。直流输电工程单极发生故障时另一个极能继续运行，可充分发挥其过负荷能力，故障时可减少输送功率损失。

6）互联系统可异步运行。直流输电系统与两端交流系统仅存在功率联系，频率和相角可不相同，所以可异步运行，迅速进行功率支援。

需要指出的是，直流电网关键技术与交流电网的相应技术虽有共通之处，但二者存在本质上的差别。由于直流电网中的惯性环节较少，其响应时间常数较之交流电网要小至少两个数量级。这些关键技术无法参照和沿用交流电网的相关技术，需开展独立研究，而交直流混联技术则是一项更新的挑战。由前文可知，交直流混联电网运行方式可综合交流输电技术和直流输电技术的优点，兼顾区域电网的不同特点，从而更好地提升电网运行的质量。专家指出，未来的 10 年左右将是直流电网技术和建设快速发展的阶段，最终强交强直的互联电网将成为我国电网架构的基本形态。

目前交直流混联存在多种电网运行方式，主要包括交直流并列方式、单换流站直流孤岛方式、多换流站直流孤岛方式、STATCOM 等多种运行方式。交直流并列方式是指柔性直流系统通过直流和交流线路联网运行，共同向电网供电。单换流站直流孤岛方式是指柔性直流换流站的交流侧电网与交流主网联络线断开，仅通过单个柔性直流换流站对局部孤立电网供电。多换流站直流孤岛方式是指柔性直流换流站的交流侧电网与交流主网联络线断开，通过多个柔性直流换流站对局部孤立电网联合供电。在交流电网设备检修或故障情况下，可能出现单换流站或多换流站直流孤岛特殊运行方式。STATCOM 方式是同步静止无功补偿方式。

6.6　本章小结

本章对特高压柔性直流输电工程中涌现出的新技术进行了较系统的总结和归纳，其中特高压多端直流输电技术、混合直流输电技术、大容量输电技术和长距离架空线路故障自清除技术是重点。此外，涉及的支撑技术还有柔性直流输电试验技术、柔性直流输电电缆技术等。针对特殊电网结构，有特高压直流送端孤岛系统黑启动技术；为了更好地使柔直工程与传统交流特高压工程的网架进行融合，还必须发展交直流混联技术。

第7章 典型柔性直流输电工程简介

世界上最早应用柔性直流输电的地区集中在欧洲，目前欧洲也是柔性直流输电项目最多的地区。欧洲多个国家邻海，为了开发和利用新能源，建设和规划了大量的海上风电平台，有功功率在数百 MW 左右，距离本岛为 60～70km，这些风电平台通过柔性直流输电和海底直流电缆和本岛连接无疑是最适合的实现手段。例如德国在建的柔性直流输电项目总有功功率已达到 2600MW，主要应用于海上风电平台接入。

面对直流输电技术的发展，欧洲于 2008 年提出了基于高压直流输电技术来构建新一代输电网络的"超级电网（Super Grid）"计划，基于高压直流输电（主要是柔性直流输电）来建立广域的智能输电网络，实现广域范围内的可再生分布式电源的功率波动抑制，以及可再生能源的大规模高效接入、保障电网的安全稳定运行、提升供电质量并促进可再生能源与电力系统的协调发展等目标。

截止到 2015 年，世界范围内 32 项已投运或在建的柔性直流输电工程中，2000 年之前有 5 项工程投运，2001—2005 年有 3 项工程投运，2006—2010 年有 4 项工程投运，在 2011—2015 年有 21 项工程投运，柔性直流输电工程数量呈现出快速增长趋势。目前，世界范围内欧洲、大洋洲、美洲、亚洲、非洲 16 个国家均有柔性直流输电工程投运或在建，在建柔性直流输电工程几乎全部为模块化多电平拓扑。本章拟对国内外一些典型工程进行重点介绍，并对柔性直流工程的发展现状进行简要总结。

7.1 国外典型柔性直流输电工程

7.1.1 赫尔斯扬试验性工程

1997 年 3 月 10 日，瑞典赫尔斯扬试验性工程（Hellsjön-Grängesberg Project）正式投运。它是世界上第一个采用电压源换流器的直流输电工程。ABB 公司在当地电力公司 VB-Elnät 的支持下建设了这一重要试验性工程。该工程连接了瑞典中部的赫尔斯扬和哥狄斯摩两个换流站，输电距离为 10km，有功功率和电压等级为 3MW/±10kV，50kV 备用。其主回路结构形式如图 7.1 所示。各项现场试验表明，此系统运行稳定，各项性能都达到预期效果。

该工程将赫尔斯扬的电能输送到哥狄斯摩处的交流系统，或者直接对哥狄斯摩处的独立负荷供电。在后一种情况下，相当于柔性直流输电系统向无源负荷供电，此时负荷的电压和频率均由柔性直流输

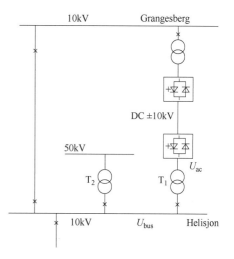

图 7.1 赫尔斯扬试验性工程
主回路结构形式示意图

电的控制系统决定。由于柔性直流输电系统的换流器可以四象限运行，因此具有较大的运行灵活性；并且由于其具有无功补偿的能力，因此可以很好地抑制相连交流系统的电压波动。

赫尔斯扬试验性工程在世界上首次将可关断器件阀的技术引入了直流输电领域，开创了直流输电技术的一个新时代。柔性直流输电系统的出现，使得直流输电系统的经济容量降低到了几十 MW 的等级。同时，新型换流器技术的应用，为交流输电系统电能质量的提高和传统输电线路的改造提供了一种新的思路。

7.1.2　卡普里维联网工程

为了从赞比亚购买电力资源，纳米比亚电力公司打算将其东北部电网和中部电网进行连接。由于这是两个非常弱的系统，并且传输的距离较长（将近 1000km），所以选择使用了柔性直流输电系统，以增强两个弱系统的稳定性，并借此可以和电力价格较昂贵的南非地区进行电力交易。卡普里维联网工程（Caprivi Link HVDC Interconnector）于 2010 年投入运行。根据实际情况，工程建设一个直流电压为 350kV 的柔性直流输电系统，其额定有功功率为 300MW。此工程的输电线路为一条 970km 的直流架空线，这条线路使用了现有的从鲁斯到奥斯的 400kV 交流架空线路，并进行了升级改造，使之延长到赞比西河新建的变电站。

该工程在直流故障清除方面采取的措施主要如下：在检测到直流线路故障（例如雷击）后，立即关闭换流阀，断开交流断路器以中断通过换流阀中的二极管的故障电流，断开大部分交流滤波器以减少交流电压的增加，同时断开直流极断路器以消除残余直流电流并使直流线路去游离。然后，交流断路器和交流滤波器断路器重新闭合，换流阀解除闭锁，并在故障检测后 500ms 内恢复 SVC 运行。最后，直流极断路器重新闭合并恢复有功功率传输。同时，该工程通过频率偏差标准检测无源或孤岛交流网络状况，连接到无源/孤岛网络的换流站将从功率控制/直流电压控制转移到具有频率控制的无源/孤岛网络运行。另一个换流站将控制直流电压，需要连接到正常运行的交流网络。

卡普里维联网工程将柔性直流输电系统的直流侧电压提升到 350kV，并且是世界上第一个使用架空线路进行传输的商业化柔性直流输电系统。卡普里维联网工程的建成不仅将东北部的卡普里维和纳米比亚的中部电网进行了连接，还将使纳米比亚、赞比亚、津巴布韦、刚果、莫桑比克和南非的系统互联成一个电网。这不仅可以使得南部非洲电价昂贵的地区进行电力交易，还可以更有效地利用地区间的发电资源（包括可再生能源）。

7.1.3　传斯贝尔电缆工程

传斯贝尔电缆工程（Trans Bay Cable Project）联结了美国匹兹堡市的匹兹堡换流站和旧金山市的波特雷罗换流站，线路采用一条经过旧金山湾区海底的高压直流电缆，全长 88km。其建立的初衷是为东湾和旧金山之间提供一个电力传输和分配的手段，以满足旧金山日益增长的城市供电需求。该工程于 2010 年投入运行，它的主要职能是将电力传输更多地转向调峰调频。由于旧金山市的大部分电力供应都来自圣弗朗西斯科半岛的南部，主要依赖于旧金山湾区南部的交流网络。在此工程完成之后，电力可以直接送到旧金山的中心，增强了城市供电系统的安全性。而且，由于直流电缆是埋在地下和海底，也不会造成对环境的污染。基于柔性直流输电系统能够提供电压支撑能力,该工程有效地改善了互联的两个地区电网的安全性和可靠性。

传斯贝尔连接工程和上面介绍的所有工程的最大不同之处在于,此工程中首次使用了新型的模块化多电平换流器,其额定有功功率为400MW,直流侧电压为±200kV。其简化连接如图7.2所示。

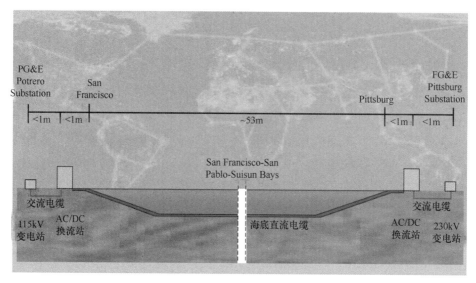

图7.2 传斯贝尔连接工程简化连接图

图7.3和图7.4所示为传斯贝尔电缆工程中部分关键站点的三维视图。

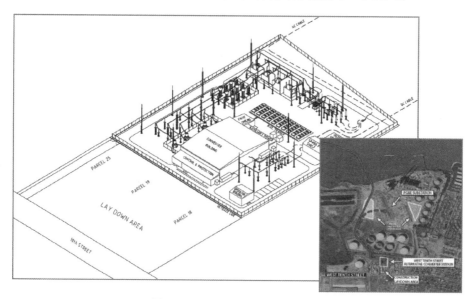

图7.3 Pittsburg换流站三维视图

7.1.4 新信浓试验性工程

日本新信浓试验性工程(Japan Shin-Shinano R&D Project)是世界上第一个背靠背电压

源换流器（VSC）多端直流工程，实现了日本东部50Hz电网与西部60Hz电网的互联。该工程于2000年投运，它是日本东京电力公司联合日本电力工业中央研究院（CRIEPI）和中部（Chubu）电力公司等单位共同开展的一项试验性工程，旨在为远距离、大容量高压直流输电提供技术验证。日本东芝公司（TOSHIBA）、三菱公司（MITSUBISHI）和日立公司（HITACHI）均参与了该工程的样机制造工作。新信浓试验性工程在多端直流输电技术的发展史上具有里程碑式的重要意义。

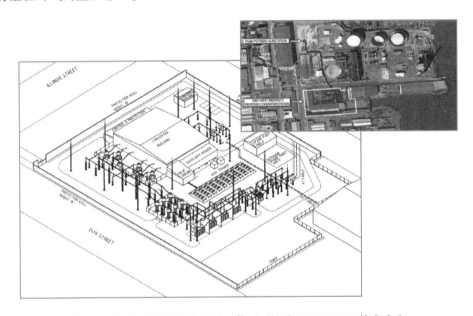

图7.4　HWC换流站三维视图（使用西门子HVDC PLUS技术建造）

图7.5a是该工程的实验简图，其中终端A被连接到中部电力公司的60Hz/275kV系统中，终端B和终端C则被连接到东京电力公司的50Hz/66kV系统。在实验时采用了STATCOM模式、典型背靠背模式（Back-To-Back），或者无直流输电线路的三端模式。每个终端

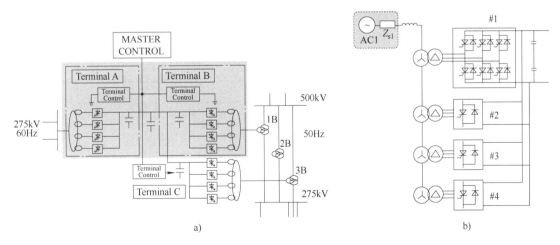

a)　　　　　　　　b)

图7.5　日本Shin-Shinano直流输电试验性工程

a）工程简图　b）换流器拓扑

的换流器额定值为 53MV·A（37.5MW 和 37.5Mvar）。之所以选择相对较大的无功功率额定值，是因为这些换流器常常会在 STATCOM 模式下运行。直流额定电压为 10.6kV，四只 6kV-6 kA 晶闸管（GTO）串联连接在一个臂中。BTB 模式（两端模式）和三端模式下采用了不同的控制策略。

从图 7.5b 可知，日本新信浓三端直流输电工程是通过换流器单元并联来提升整个 VSC 容量的拓扑结构。这种多重化方法提高了输出电流的大小，但是每个换流器单元的桥臂器件所承受的电压都是一样的。这种结构的另一个特点是，当各换流器采用载波移相开关调制策略时，能大大减小换流器的输出谐波。

7.2　国内典型柔性直流输电工程

7.2.1　上海南汇柔性直流输电工程

上海南汇柔性直流输电示范工程（Shanghai Nanhui Flexible HVDC Transmission Demonstration Project）是我国自主研发和建设的亚洲首条柔性直流输电示范工程，额定输送有功功率为 20MW，额定电压为 ±30kV，于 2011 年 7 月正式投入运行。该工程是我国在大功率电力电子领域取得的一项重大创新成果。该工程的主要功能是将上海南汇风电场的电能输送出来接入 220kV 交流电网，当时南汇风电场是上海电网已建的规模最大的风电场，拥有 11 台 1.5MW 风力发电机，总装机容量为 16.5MW。

上海南汇柔性直流输电示范工程主要包含三大部分：两端柔性直流换流站、连接换流站直流输电线路以及换流站接入交流系统线路。风电场侧换流站（南风换流站）位于风电场 35kV 升压站附近，受端换流站（书院换流站）站址位于 35kV 变电站书院站附近。两个换流站之间通过长度约为 8km 的直流电缆连接。书院换流站通过 3.6km 交流线路连接到大治变电站 35kV 交流母线，南风换流站经 150 m 电缆线路连接风电场升压站 35kV 交流母线。

柔性直流换流站的 35kV 交流系统通过主开关连接至换流变压器，将交流侧电压变换为换流阀输入所需的电压，通过启动电阻、桥臂电抗器连接至换流阀，实现交/直流的变换，然后通过直流线路连接至对侧换流站，直流侧的电压为 ±30kV。工程两端换流站均采用 49 电平的模块化多电平拓扑结构，具体工程参数见表 7.1。

表 7.1　上海南汇柔直示范工程参数

参　数	数　值
直流电压/kV	±30
直流电流/A	300
交流电压/kV	31
交流电流/A	340
额定有功功率/MW	20

柔性直流换流站可以选择两种运行模式，分别为单站静止无功补偿器（STATCOM）模式和两站直流输电（HVDC）模式，通过柔性直流换流站运行模式的转换以及电网中相关变电站的状态调整，可以形成柔性直流输电系统的五种运行方式，各运行方式依据调度需求可

以互相转换，如分列转并列运行。并联补偿电容器维修时，柔性直流转 STATCOM 运行等。以下逐一展开介绍。

运行方式 1：柔性直流系统独立带风电机组负荷运行。南汇风电场经南风换流站、南柔线以及书院换流站接入大治变电站，治风线备用，为今后的风电并网运行提供技术支撑和相关运行经验。

运行方式 2：交直流并列运行。南柔线和治风线并列运行，为以后的交直流电网并列运行提供技术支撑和相关运行经验（见图 7.6）。

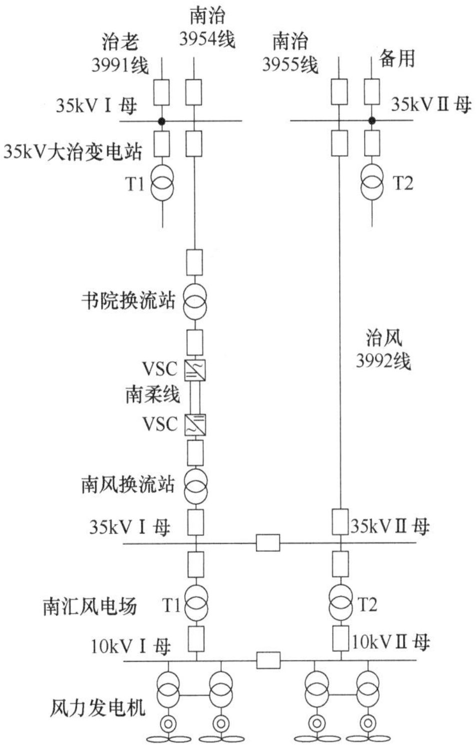

运行方式 3：两站 STATCOM 运行。治风线运行，南柔线备用，但是两端换流站均参与交流系统电压/无功调节，此时南风换流站和书院换流站以 STATCOM 方式运行，为今后的电网无功控制提供技术支撑和相关运行经验。

运行方式 4：柔性直流单送负荷。南汇风电场和南治线退出运行，电能流向为大治变电站一段母线—柔性直流系统—南汇风电场 35kV Ⅰ 母—南汇风电场 35kV Ⅱ 母—治风线—大治变电站二段母线，柔性直流输电线路直接对负荷供电，为以后的孤岛电网供电提供技术支撑和相关运行经验。

运行方式 5：交流线路独立运行。南汇风电场经治风线接入大治变电站 35kV Ⅱ 母，柔性直流

图 7.6　南风换流站的系统接入方案

输电线路备用。此为柔性直流输电系统检修或故障停运时的系统运行方式。

该柔性直流工程可以独立地控制有功和无功功率的流向，其有功功率调节范围为 - 18 ～ + 18MW，无功功率调节范围为 - 13 ～ + 9Mvar，有功和无功功率可以独立调节；有功功率输出极限值为 ±18MW，此时输出无功功率的范围为 ±2Mvar，当有功功率输出在 ±12MW 之间时，无功功率输出为 - 13 ～ + 9Mvar。在有功功率绝对值在 12 ~ 18MW 之间时，无功功率输出极限值按照斜率递减。

7.2.2　南澳多端柔性直流输电工程

南澳多端柔性直流输电示范工程（Nan'ao Multiterminal Flexible DC Transmission Project，简称南澳柔直工程）于 2013 年 12 月 25 日正式投入运行，它是世界首个高压大容量多端柔性直流工程。该工程采用基于半桥型子模块级联型多电平换流器，设计有容量为 200MW 的塑城（受端）、100 WM 的金牛（送端）和 50 WM 的青澳（送端）共 3 个换流站。该工程的主要作用是将南澳岛上分散的间歇性清洁风电通过青澳换流站和金牛换流站接入，通过塑城换流站向南澳电网及汕头主网安全送出。同时保障南澳岛供电安全，并减少风电功率的波动对当地薄弱电网的影响。远期塔屿风电场投产后将建成四端柔性直流输电系统。

南澳岛风电资源丰富，岛上已有的风电装机总规模约为 143.28MW，其中规模较大的三

个风电场为牛头岭风电场（53.98MW）、云澳风电场（29.25MW）和青澳风电场（45.05MW），均通过用户升压站接至110kV金牛换流站。其中，青澳风电场和南亚风电场接入青澳换流站，通过青澳—金牛的直流线路汇集至金牛换流站，牛头岭和云澳风电场接入金牛换流站，汇集至金牛换流站的电力通过直流架空线和电缆混合线路送出至大陆塑城换流站。塑城换流站交流出线送至220kV塑城变电站的110kV侧。其日常运行方式如图7.7所示。

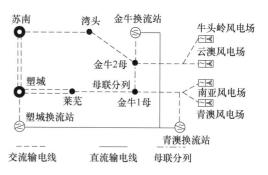

图 7.7　南澳柔直系统日常运行方式接线图

基于系统可靠性和经济性的考虑，该工程换流站采用单换流器双极接线方式。该工程的主要运行方式有交直流并联运行方式、纯直流运行方式和 STATCOM 运行方式。三个换流站能够调节无功功率输出，实现对换流站内无功就地补偿和近区电网电压的动态无功补偿（见表7.2）。

表7.2　换流站方案

换 流 站		容量/MV·A	交流接入设置
送端换流站	青澳	50	T接110kV青金线
	金牛	100	金牛换流站110kV
	塔屿（远期）	50	金牛换流站110kV
受端换流站	塑城	200	塑城换流站110kV

南澳多端柔直输电系统的参数见表7.3。

表7.3　南澳多端柔直系统参数

系 统 参 数	塑城换流站	青澳换流站	金牛换流站
交流系统电压/kV	110	110	110
交流系统标称频率/Hz	50	50	50
额定容量/MV·A	200	50	100
无功输出范围/Mvar	−50～35	−200～100	−100～60
额定直流电压/kV	±160	±160	±160
额定直流电流/A	625	157	313
换流阀侧额定交流电压/kV	166	166	166
额定交流电流/A	696	174	348
桥臂额定电流/A	406	102	203

南澳柔直工程换流站控制保护系统包括直流控制保护系统、运行人员控制系统、交流保护控制系统及直流暂态故障录波系统、直流线路故障定位系统、调度自动化系统、电能计量系统、全站保护与故障录波管理系统、站辅助系统，以及上述系统与通信系统的接口等。主要控制模式有有功功率控制、无功功率控制、直流电压控制、交流电压控制和频率控制。柔

性直流输电系统启动时，采用在充电回路中串接启动电阻，通过交流侧系统电压对直流电容进行充电。

设计的柔性直流启动方式有以下几种：

1）单站 STATCOM 运行启动。

2）两端直流运行启动。

3）三端直流运行启动。

4）两端直流运行第三端接入。

5）柔性直流单独接入运行启动。

目前，南澳柔性直流系统与南澳岛原有的湾金、莱金交流线路一起，构筑起南澳与大陆之间电能的交直流混合输送通道，充实和壮大了南澳岛的电网，使得南澳岛和澄海区的电力供应更加紧密，安全稳定性能大大提高。此外，在风能匮乏的时期，南澳柔性直流系统还可以快速实现功率翻转，将大陆的电能输送到南澳岛，满足南澳岛的供电需求。作为世界上首个投入商业运行的高压大容量多端柔性直流输电工程，南澳工程相关的运行经验非常有参考价值。

7.2.3　舟山多端直流输电工程

舟山多端输电工程（Zhoushan Multi-terminal VSC-HVDC Transmission System）旨在建设世界第一条高压大容量多端柔性直流工程，同时满足舟山地区负荷增长需求，提高供电可靠性，形成北部诸岛供电的第二电源；提供动态无功补偿能力，提高电网电能质量；解决可再生能源并网，提高系统调度运行灵活性。舟山柔直工程包括舟定、舟岱、舟衢、舟泗和舟洋5座换流站，总容量为 100 万 kW；±200kV 直流输电线路 4 条，总长 280.8km（正负极），其中海缆总长度为 258km，陆缆总长度为 22.8km，工程于 2014 年 7 月 4 日完成 168 h 试运行后正式投运。

该工程的建设背景主要是随着舟山群岛新区的建设，各岛屿的开发进程不断加速，这对舟山电网的供电可靠性和运行灵活性提出了更高的要求。另外，舟山诸岛拥有丰富的风力资源，风电的间歇性和波动性也对电网接纳新能源的能力提出了新的要求。故而舟山电网迫切需要发展适用于其自身特点的先进输配电技术。

舟山多端柔性直流输电工程中，舟定和舟岱换流站的网侧接入 220kV 交流系统，舟衢、舟洋和舟泗换流站的网侧接入 110kV 交流系统。该工程采用基于 MMC 的柔性直流输电技术，其直流额定电压为 200kV，直流场主接线采用双极直流接线，直流侧运行方式仅考虑双极运行，其电网结构如图 7.8 所示。5 个换流站的交直流系统基本参数见表 7.4。

表 7.4　换流站交直流系统参数

换 流 站	定 海	岱 山	衢 山	洋 山	泗 礁
额定直流功率/MW	400	300	100	100	100
额定直流电压/kV	±200	±200	±200	±200	±200
额定直流电流/kA	1.0	0.75	0.25	0.25	0.25
交流系统标称电压/kV	220	220	110	110	110

舟山并联型五端直流系统的运行方式可分为 5 端、4 端、3 端、2 端及 STATCOM 共 5

类，理论上共存在 27 种运行方式，但正常运行时舟衢换流站和舟泗换流站不配置接地点，因此不考虑舟衢换流站与舟泗换流站两端运行方式，实际共有 26 种运行方式。舟定换流站作为送电端，其他 4 个换流站作为受电端，是舟山五端柔性直流的主要运行方式。

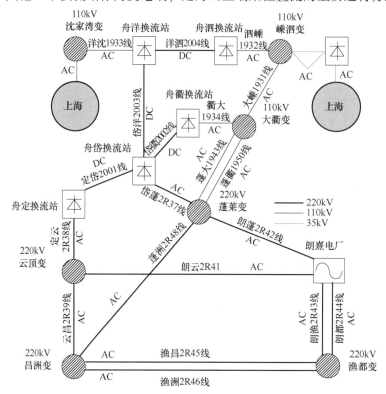

图 7.8　舟山多端柔性直流输电系统的电网结构

舟山五端直流输电工程投入运行后，舟山电网已发展为一个同时包含多端柔性直流、传统直流和风电场的复杂交直流混联电网，电能可同时通过交流通道和直流通道到达各岛，运行方式复杂多变，在世界上尚属首例。舟山柔直工程建成投运后，±200kV 五端柔性直流、±50kV 芦嵊常规直流与交流电网混联运行，原先辐射馈线式供电模式转变为环网手拉手的供电模式，使舟山北部海岛电网，特别是岱山和嵊泗电网的网架得到极大改善和加强，供电可靠性和灵活性大幅提升。

舟山五端直流工程经历了多次台风和寒潮的考验，在实际运行中成功实现了孤岛联网互转、黑启动及交流故障穿越等多种复杂运行工况，为我国后续电网规划多端柔性直流输电工程积累了丰富的经验。

7.2.4　张北柔性直流输电工程

张家口地区新能源资源极其丰富，是国家确定的千万千瓦级可再生能源基地之一，2030 年新能源规模将达到 50000MW，其中风电 20000MW，光伏 24000MW，光热 6000MW。由于本地区用电负荷较小，对新能源消纳能力非常有限，而且依托现有网架结构，难以将新能源全部外送消纳，也不能满足新能源比例日益增长的需求。张北柔直输电工程（Zhangbei Flexible DC Grid Pilot Project）的建设，能进一步提高张家口地区新能源的送出能力。

±500kV 张北柔性直流电网工程（以下简称 "张北工程"）是世界上单换流单元容量最大的在运柔性直流工程。张北工程汇集张家口可再生能源示范区、丰宁抽水蓄能电站和北京负荷中心，将承担消纳超过 300 万 kW 风电、光伏能源，输送距离最长达 206km；实现风、光和抽蓄互补的新能源发电 "蓄电池"；同时向北京城区及延庆冬奥会供电。张北工程涉及 4 个 500kV 换流站，包含张北、康宝 2 个送端，丰宁调节端和北京受端，张北和康宝站接入 220kV 交流电网，丰宁和北京换流站接入 500kV 交流电网。

张北工程采用 4 条直流线路构成环网，正负极线和金属回线同塔架设，并在正负极线两端配置共 16 台桥式整流型混合式直流断路器，用于快速清除线路故障并隔离故障极，以减小故障电流对换流阀及其他设备造成的损伤，同时快速恢复非故障极的正常运行。极线和中性线分别配置 150mH 和 300mH 限流电抗器。采用换流站中性点经电阻和电感与换流站接地网连接的接地方式，接地点设置在丰宁或北京换流站。直流电网网架结构可分为正极运行层、金属回线层和负极运行层，如图 7.9 所示。换流站参数见表 7.5。

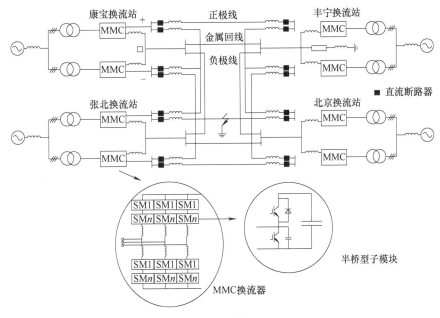

图 7.9 张北工程网络构架图

表 7.5 换流站参数

设 备 名 称	北京换流站	张北换流站	康宝换流站	丰宁换流站
容量/MV·A	3000	3000	3000	1500
直流电压/kV	±500	±500	±500	±500
桥臂电感/mH	50	50	100	100
桥臂子模块数/个	436	436	436	436
模块电容/mF	150	150	150	150
控制指令（每极）	$U_{dc} = 500\text{kV}$ $Q = 0$	$P = 750\text{MW}$ $Q = 0$	$P = 750\text{MW}$ $Q = 0$	$P = -20\text{MW}$ $Q = 0$

张北柔直工程在设计时加装了直流断路器和相应的控制保护系统,保证故障时能够和现有交流电网一样,能快速切除并隔离故障,保证无故障部分安全运行。张北柔直电网四端换流站采用"手拉手"环形接线方式,整个柔直系统运行分为三个层次,分别是正极运行层、负极运行层和金属回线运行层,是真双极结构,正负极线均可独立运行,任何一条极线停运对另一条极线功率传输并无影响,只是总体传输功率减半,相当于两个独立的环网,因此其可靠性非常高,可实现故障后的潮流转移。该工程能实现对交流电网无功潮流的独立控制,降低风电机组、光伏厂并网时的电压波动问题,从而提升清洁能源利用率;而且,由于其采用架空线路方式进行可再生能源并网,受到的限制条件比较少,相较于采用电缆传输有较高的灵活性。

张北柔直工程近期为四端环网,远期为七端环网工程,网架结构具有扩展性,很容易在送受端建设新的落点,其送受端均可与弱电网或者无源网络进行连接,可对无功功率和有功功率进行独立快速地调节,实现输送功率的连续、快速动态调节。而且由于其具有网络特性,直流停运通过直流断路器来完成,并不需要闭锁整个换流阀或停运整个换流站,有利于直流电网系统的稳定运行,从而更有利于直流电网的扩展。

结合未来负荷的发展和示范工程应用效果,张北柔性直流电网可向承德、锡盟等风电、光伏发电基地延伸,进一步扩大可再生能源接入规模和范围,同时消纳范围可进一步延伸至唐山、天津等负荷中心。远期对四端环形柔性直流电网进行扩展,在御道口、蒙西、唐山等可再生能源丰富地区和负荷中心,形成泛京津冀七端直流电网,为多种形式的大规模可再生能源发电的广域互联和送出消纳提供高效传输平台。

此外,北京和张家口将携手承办 2022 年冬奥会,国家也提出了"低碳奥运"的理念。张北柔直工程既能支撑冬奥示范区的建设,也能提高北京地区非化石能源消费比例,并且能对能源生产和消费革命起到科技示范引领作用,是向世界展示中国电力科技力量的重要窗口。

7.2.5 乌东德(昆柳龙)柔性多端直流输电工程

乌东德(昆柳龙)柔性多端直流输电工程(Wudongde / Kunliulong Multi-terminal UH-VDC Demonstration Project)是世界上容量最大的特高压多端直流输电工程、首个特高压多端混合直流工程、首个特高压柔性直流换流站工程、首个具备架空线路直流故障自清除能力的柔性直流输电工程。它采用特高压三端直流输电方案,送端云南建设 ±800kV/8000MW 常规直流换流站,受端广西建设 ±800kV/3000MW 柔性直流换流站,广东建设 ±800kV/5000MW 柔性直流换流站。直流起点位于云南滇中地区,落点在广西柳州北部地区和广东惠州地区,全线长度约 1489km,其中云南至广西、广西至广东段分别为 932km 和 557km。工程已于 2020 年 8 月具备送电广东能力,2021 年汛前具备送电广东 5000MW 能力,2021 年年底具备 8000MW 送电能力。

乌东德(昆柳龙)直流工程以三端正向送电和两端正向送电方式为主,其中三端送电方式为云南送电广东、广西,两端送电方式包括云南送电广东方式、云南送电广西方式、广西送电广东方式。由于广东、广西受端换流站均建设柔性直流换流站,采取全桥+半桥的拓扑结构,换流器可实现负向电压,在不额外增加一次设备投资的原则下还可以实现广东送电云南、广西送电云南、广东送电广西的直流功率反转送电方式。

乌东德(昆柳龙)直流工程以就近消纳为原则,兼顾工程建设可行性,广东侧换流站建于惠州龙门，电力送至东莞电网消纳。乌东德直流接入前，珠江三角洲东北部电网电力流向总体呈由东向西的格局。乌东德直流落入惠州龙门后，珠江三角洲东北部电网由北向南电力转移规模明显增加，部分通道还共同承担云广及三广直流电力送出。其中，大部分功率通过广东侧换流站—水乡—莞城和广东侧换流站—博罗—横沥—纵江通道输送及分配，换流站 500kV 交流出线 6 回，其中至 500kV 博罗、从西、水乡变电站各 2 回。如图 7.10 所示。

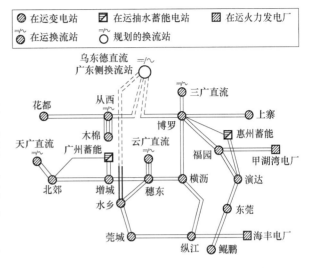

图 7.10　乌东德直流广东侧换流站接入系统

乌东德（昆柳龙）直流工程受端广西侧落点在柳州北部地区，换流站出线 4 回 π 形接入 500kV 柳东—如画双回线路，接入系统方案如图 7.11 所示。

乌东德（昆柳龙）直流工程的建设难度极大。线路平均海拔 1300m，高山大岭区域占比 54.6%，重冰区占比 10.5%，跨越铁路、通航河流、公路、重要电力线等 2691 回次。昆柳龙柔性直流工程在攻克"卡脖子"难题中形成了自主知识产权体系，显示出中国电力工业技术的顶尖水准和能源装备制造领域的核心竞争力。该工程创造了多项世界第一：

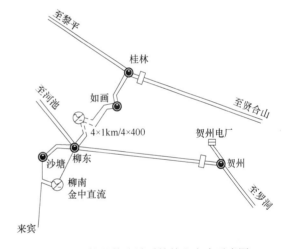

图 7.11　柳北换流站系统接入方案示意图

1）世界上第一个 ±800kV 特高压柔性直流输电工程。

2）世界上单站容量最大的柔性直流输电工程（5000MW）。

3）世界上第一个采用全桥和半桥混合桥阀组的特高压柔性直流输电工程。

4）世界上第一个高端阀组、低端阀组串联的特高压柔性直流输电工程。

5）世界上第一个输电距离超过 1km 的远距离大容量柔性直流输电工程。

6）世界上第一个具备架空线路故障自清除及再启动能力的柔性直流输电工程，第一次实现利用混合桥阀组输出负电压清除线路故障，可以高速再启动。

7）世界上第一个常规直流和柔性直流混合的直流输电系统，送端采用常规直流，受端采用柔性直流。

8）世界上第一个混合多端直流输电工程，送端常规直流和受端两个柔性直流组成多端系统。

9）构建了世界上第一个由柔性直流和常规直流组成的多直流馈入电网系统，柔性直流同时提供有功和无功功率，提高电网安全稳定水平。

10）研发了世界上第一个特高压混合多端直流输电控制保护系统，实现了送端常规直流和受端两个柔性直流组成的多端系统协调控制，组成了世界上最多运行方式的直流系统。

11）研发了世界上容量最大的柔性直流换流阀（±800kV/5000MW），世界上柔性直流单站换流器功率模块数量最多（5184个）。

12）世界上第一次实现了特高压混合直流系统单阀组、单站在线投退，克服了混合桥阀组直流短接充电和零电压大电流运行难题。

13）世界上首次系统地研发制造了电压等级最高、容量最大的柔性直流成套装备。

14）建设了世界上最大的直流输电阀厅（长89m×宽86.5m×高43.75m）。

15）世界上首次实现了交流故障下多端柔性直流稳定运行，达到交流故障全穿越。

16）世界上首次建立了单一功率模块任意故障均能安全隔离的长期可靠运行技术。

17）世界上首次建立了特高压常规直流和柔性直流混合输电技术的技术规范和成套设计技术。

乌东德（昆柳龙）柔性直流工程通过特高压多端直流技术创新，将云南水电分送广东、广西有利于缓解受端电网的调峰压力、降低系统安全稳定风险，从而确保水电资源的可靠消纳，同时对未来西南水电及北方新能源的开发外送也有积极的示范作用。该工程全部建成投产后，输送容量将占到云南乌东德水电站总装机容量的80%。依托本工程云南每年可将约320亿kW·h水电送往广东、广西，一方面丰富广东、广西能源供应渠道，保障两省（区）电力供应，另一方面可促进两省（区）用能结构的清洁化发展，减少广东、广西燃煤1530万t。它既有助于解决乌东德水电站等一批水电站的电能外送问题，也为粤港澳大湾区提供大量的清洁能源，促进能源供应和绿色发展。

乌东德（昆柳龙）柔性直流工程是一个领跑世界的超级工程。它的投运标志着我国特高压直流输电技术提升到空前水平，开创出新的输电模式，将为世界电网发展提供宝贵的经验。

7.3 本章小结

未来柔性直流输电在国际上的规划和发展非常有前景。以英国为例，英国国家电网在东海岸和北海区域规划了数十个大型海上风电场，以及近50条柔性直流输电工程，构成柔性直流输电网络，并通过直流网络和挪威等国相连，以在大范围内平衡可再生能源的波动。美国在未来20年，也有60多条柔性直流输电项目在规划当中。此外，南美各国也在积极开展柔性直流输电工程的建设。

柔性直流在我国也非常具有发展潜力。我国同样拥有广阔的海岸线，目前正大力发展风力发电、太阳能发电等清洁能源，城市电网也面临短路电流超标、供电能力不足等问题，柔性直流输电在解决这些问题中有其独到的优势。因此，本章对国内外一些较具备典型的柔性直流输电工程进行了介绍，以期研究者能够学习借鉴这些典型工程的先进经验。

附 录

附录 A 主流 3000A IGBT 器件参数对比

表 A.1 中的数据来源于各厂家公开的器件 datasheet。

表 A.1 国内外 3000A IGBT 器件参数对比

项 目	ABB	Toshiba 东芝		Westcode 西玛	中车时代
国别	瑞士	日本		英国	中国
型号	5SNA 3000K452300	ST3000GXH24A	ST3000GXH31A (在开发，以下为预期参数)	T2960BB45E	—
标称电压 U_{CES}/V	4500	4500	4500	4500	3300
标称电流 I_C/A	3000	3000	3000	3000	3000
封装型式	单面弹簧/压接式	双面全压接	双面全压接	双面全压接	双面全压接
器件尺寸	方形，235mm×237mm	圆形，ϕ168mm，其中台面ϕ125mm	圆形	圆形，ϕ159mm，其中台面ϕ132mm	圆形，ϕ181mm，其中台面ϕ130mm
是否内置二极管	内置1:1二极管	外置二极管	外置二极管	外置二极管	外置二极管
可重复峰值电流 I_{CRM}/A	6000	6000	6000	6000	6000
工作结温 $T_{vj\,op}$/℃	125	135	150	125	125
饱和电压降 U_{CEsat}/V	2.85（T_{vj}=25℃）	2.75（T_{vj}=25℃）	2.6（T_{vj}=150℃）	3.6（T_{vj}=125℃）	2.35（T_{vj}=25℃）[①]
	3.65（T_{vj}=125℃）	3.6（T_{vj}=125℃）			
开通损耗/J	15.5	22	22	11.5	
关断损耗/J	15.1	17	23	17.5	
热阻芯片到壳（双面）/K/kW	3.2	4.83		4.2	
失效短路模式	1min	长期	长期	长期	长期
防爆性能（失效后再发生短路）	防爆但有等离子体喷射可能	防爆且无等离子喷射	防爆且无等离子喷射	防爆且无等离子喷射	
产品进展	型式试验完成，可批量供货	型式试验完成，可批量供货	2017年中量产	型式试验完成，可批量供货	已完成样品试制，待产品定型
器件参数横向对比	☆☆☆☆☆	☆☆☆☆☆	☆☆☆☆☆	☆☆☆☆☆	☆☆☆

① 英飞凌低导通电压降版器件 FZ1500R33HL3（3300V/1500A 塑封式）导通电压降为 2.4V（T_{vj}=25℃）。

附录 B　换流阀技术参数列表

以乌东德工程为例，对其关键设备换流阀的技术参数要求列表见表 B.1。

表 B.1　换流阀技术参数

名　称		数　据
1 功率模块	每桥臂总功率模块数量（不包括冗余）/个	必须保证在不含冗余且功率模块在额定运行电压情况下，每桥臂电压输出能力不低于 420kV
	每桥臂全桥功率模块数量（不包括冗余）/个	—
	每桥臂半桥功率模块数量（不包括冗余）/个	—
	每桥臂冗余功率模块数量/个	要求冗余度不低于 8%
	额定直流运行电压/V	≤2100（针对 4500V 器件）
	额定交直流电流/A	≥1042（直流）＋1472（工频交流，均方根）直流分量和交流分量都需满足要求
1.1 开关器件	类型	压接式全控型功率器件
	设计的工作开关频率/Hz	—
	标称电压/V	≥4500
	标称电流/A	≥3000
1.2 驱动	主要技术参数	
1.3 反并联二极管	内置/外置	
	反向阻断电压/V	≥4500
	标称电流/A	≥3000
1.4 直流电容	并联个数	—
	额定电压/V	采用 4500V 器件，额定电压不低于 2800V
	过压能力/V	设备厂家提供，满足 IEC 61071—2017 标准要求，并且能够耐受 1.3 倍电容额定电压，时间不低于 1min
	容值	≥18mF（针对 4500V 器件），满足所有稳态运行工况下电容电压波动不高于 20%（纹波峰-峰值）的需求，并考虑足够安全裕度。直流电容可 1~2 支并联，容值制造偏差为 0~+5%
	杂散电感/nH	<100
	电容器类型	干式金属氧化膜电容，应具备杂散电感低、耐腐蚀，具有自愈能力等特点

（续）

名　称		数　据
1.5 均压电阻	技术要求	直流电容从运行电压放电到＜1%所需时间，以及直流电容放电曲线
	主要技术参数	—
1.6 旁路开关	额定电压/V	—
	额定电流/A	—
	主触点响应时间/ms	＜5，无弹跳
	辅助触点响应时间/ms	＜15
	使用寿命	满足40年寿命要求，动作次数≥2000次
1.7 晶闸管（如有）	数量	—
	额定电压/V	—
	额定电流/A	—
1.8 其他元件	主要技术参数	—
2 绝缘水平	换流阀直流端间操作冲击耐受水平/kV	高端阀组≥1050 低端阀组≥1050
	换流阀端对地操作冲击耐受水平/kV	高端阀组≥1600 低端阀组≥1050
	换流阀桥臂端间操作冲击耐受水平/kV	高端阀组≥850 低端阀组≥850
	换流阀直流端间雷电冲击耐受水平/kV	高端阀组≥1300 低端阀组≥1300
	换流阀端对地雷电冲击耐受水平/kV	高端阀组≥1950 低端阀组≥1300
	换流阀桥臂端间雷电冲击耐受水平/kV	高端阀组≥850 低端阀组≥850
3 换流阀损耗（含全部冗余模块，不包含阀冷系统）		单个阀组＜1.0%，基值为1250MW（额定功率水平，包含额定无功功率）
4 冷却方式		闭式循环水-水冷却
5 绝缘方式		空气绝缘
6 安装方式		户内支撑

注："其他元件"包括光纤、取能电源、模块直流电压测量元件、叠层母排、水冷散热器、水冷管、支柱绝缘子等。

附录 C　换流阀及其附属设备损耗参数列表

表 C.1～表 C.2 为换流阀及其附属设备具体损耗功率表。在设定系统运行方式及功率水平后，可计算获得换流阀在每种运行工况下的损耗计算值（包含冗余模块运行以及不包含冗余模块运行两种情况下）。

表 C.1 半桥功率模块损耗参数列表

损 耗 类 别	损耗计算参数名称
IGBT 导通损耗（PV1）	阈值电压（V_{0T}），单位 V
	斜率电阻（R_{0T}），单位 Ω
	VT_1 电流平均值（I_{VT1av}），单位 A
	VT_1 电流有效值（I_{VT1rms}），单位 A
	VT_1 平均导通损耗（P_{VT1av}），单位 kW
	VT_2 电流平均值（I_{VT2av}），单位 A
	VT_2 电流有效值（I_{VT2rms}），单位 A
	VT_2 平均导通损耗（P_{VT2av}），单位 kW
二极管导通损耗（PV2）	阈值电压（U_{0D}），单位 V
	斜率电阻（R_{0D}），单位 Ω
	VD_1 电流平均值（I_{VD1av}），单位 A
	VD_1 电流有效值（I_{VD1rms}），单位 A
	VD_1 平均导通损耗（P_{VD1av}），单位 kW
	VD_2 电流平均值（I_{VD2av}），单位 A
	VD_2 电流有效值（I_{VD2rms}），单位 A
	VD_2 平均导通损耗（P_{VD2av}），单位 kW
其他导通损耗（PV3） 应包含桥臂电抗、母线、铜排连接件 损耗等串联元件，可分多行	流经第 k 个串联元件电流有效值（I_{rms_k}），单位 A
	第 k 个串联元件阻值（R_{s_k}），单位 A
直流电压产生损耗（PV4）	功率模块直流电压有效值（U_{rms}），单位 A
	功率模块并联损耗电阻（R_{dc}）
直流电容损耗（PV5）	直流电容电流有效值（I_{crms}），单位 A
	直流电容串联电阻值（R_{ESR}），单位 Ω
IGBT 开关损耗（PV6）	VT_1 平均开通损耗（E_{on}，VT_1），单位 kW
	VT_2 平均开通损耗（E_{on}，VT_2），单位 kW
	VT_1 平均关断损耗（E_{off}，VT_1），单位 kW
	VT_2 平均关断损耗（E_{off}，VT_2），单位 kW
二极管关断损耗（PV7）	VD_1 平均关断损耗（E_{off}，VD_1），单位 kW
	VD_2 平均关断损耗（E_{off}，VD_2），单位 kW
缓冲电路损耗（PV8）（如有）	开通损耗（E_{sn}，on），单位 kW
	关断损耗（E_{sn}，off），单位 kW
功率模块取能电源损耗（PV9）	
控制板损耗（PV10）	
（半桥功率模块）总损耗（PVT）	
器件结温	T_{VT1}，单位 ℃
	T_{VT2}，单位 ℃
	T_{VD1}，单位 ℃
	T_{VD2}，单位 ℃

表 C.2　全桥功率模块损耗参数列表

损 耗 类 别	损耗计算参数名称
IGBT 导通损耗（PV1）	阈值电压（U_{0T}），单位 V
	斜率电阻（R_{0T}），单位 Ω
	VT$_1$ 电流平均值（I_{VT1av}），单位 A
	VT$_1$ 电流有效值（I_{VT1rms}），单位 A
	VT$_1$ 平均导通损耗（P_{VT1av}），单位 kW
	VT$_2$ 电流平均值（I_{VT2av}），单位 A
	VT$_2$ 电流有效值（I_{VT2rms}），单位 A
	VT$_2$ 平均导通损耗（P_{VT2av}），单位 kW
	VT$_3$ 电流平均值（I_{VT3av}），单位 A
	VT$_3$ 电流有效值（I_{VT3rms}），单位 A
	VT$_3$ 平均导通损耗（P_{VT3av}），单位 kW
	VT$_4$ 电流平均值（I_{VT4av}），单位 A
	VT$_4$ 电流有效值（I_{VT4rms}），单位 A
	VT$_4$ 平均导通损耗（P_{VT4av}），单位 kW
二极管导通损耗（PV2）	阈值电压（U_{0D}），单位 V
	斜率电阻（R_{0D}），单位 Ω
	VD$_1$ 电流平均值（I_{VD1av}），单位 A
	VD$_1$ 电流有效值（I_{VD1rms}），单位 A
	VD$_1$ 平均导通损耗（P_{VD1av}），单位 kW
	VD$_2$ 电流平均值（I_{VD2av}），单位 A
	VD$_2$ 电流有效值（I_{VD2rms}），单位 A
	VD$_2$ 平均导通损耗（P_{VD2av}），单位 kW
	VD$_3$ 电流平均值（I_{VD3av}），单位 A
	VD$_3$ 电流有效值（I_{VD3rms}），单位 A
	VD$_3$ 平均导通损耗（P_{VD3av}），单位 kW
	VD$_4$ 电流平均值（I_{VD4av}），单位 A
	VD$_4$ 电流有效值（I_{VD4rms}），单位 A
	VD$_4$ 平均导通损耗（P_{VD4av}），单位 kW
其他导通损耗（PV3） 应包含桥臂电抗、母线、铜排连接件损耗等串联元件，可分多行	流经第 k 个串联元件电流有效值（I_{rms_k}），单位 A
	第 k 个串联元件阻值（R_{s_k}），单位 A
直流电压产生损耗（PV4）	功率模块直流电压有效值（U_{rms}），单位 A
	功率模块并联损耗电阻（R_{dc}）
直流电容损耗（PV5）	直流电容电流有效值（I_{crms}），单位 A
	直流电容串联电阻值（R_{ESR}），单位 Ω

（续）

损耗类别	损耗计算参数名称
IGBT 开关损耗（PV6）	VT_1 平均开通损耗（E_{on}，VT_1），单位 kW
	VT_2 平均开通损耗（E_{on}，VT_2），单位 kW
	VT_3 平均开通损耗（E_{on}，VT_3），单位 kW
	VT_4 平均开通损耗（E_{on}，VT_4），单位 kW
	VT_1 平均关断损耗（E_{off}，VT_1），单位 kW
	VT_2 平均关断损耗（E_{off}，VT_2），单位 kW
	VT_3 平均关断损耗（E_{off}，VT_3），单位 kW
	VT_4 平均关断损耗（E_{off}，VT_4），单位 kW
二极管关断损耗（PV7）	VD_1 平均关断损耗（E_{off}，VD_1），单位 kW
	VD_2 平均关断损耗（E_{off}，VD_2），单位 kW
	VD_3 平均关断损耗（E_{off}，VD_3），单位 kW
	VD_4 平均关断损耗（E_{off}，VD_4），单位 kW
缓冲电路损耗（PV8）（如有）	开通损耗（$E_{sn,on}$），单位 kW
	关断损耗（$E_{sn,off}$），单位 kW
功率模块取能电源损耗（PV9）	
控制板损耗（PV10）	
（半桥功率模块）总损耗（PVT）	
器件结温	T_{VT1}，单位 ℃
	T_{VT2}，单位 ℃
	T_{VT3}，单位 ℃
	T_{VT4}，单位 ℃
	T_{VD1}，单位 ℃
	T_{VD2}，单位 ℃
	T_{VD3}，单位 ℃
	T_{VD4}，单位 ℃

附录 D 损耗计算方法

D.1 概述

本附录是 IEC 62751-1—2014 和 IEC 62751-2—2019 标准的补充规范，主要目的在于进一步明确定义可能影响损耗计算的各类参数，给出计算损耗的标准方法及相应程序，以助于得到各类损耗的较准确计算数值。此外，本附录规定了适用于型式试验验证条件下换流阀试品损耗计算的条件，由该条件计算的结果将与损耗测量型式试验的结果进行比对。

D.2 一般定义

本附录中采用的功率模块结构、开关命名以及电压电流正方向如图 D.1 所示。

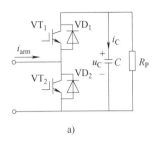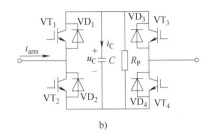

图 D. 1　功率模块结构

a）半桥功率模块　b）全桥功率模块

D. 3　补充条件

对 IEC 62751-1—2014 的补充条件如下：

1）冷却液进阀温度：45℃。

2）IGBT 的通态电压降 U_{CE}（sat）和二极管的通态电压降 U_F 在额定电流的 100% 和 33% 时测得。

3）考虑功率器件漏电流。

D. 4　功率器件损耗计算

1. 损耗计算标准方法

在实际工程中，由于需要对功率模块的电容电压进行平衡控制，无法采用理想的 PWM 载波移相调制方法。目前广泛采用的调制方法是基于排序平衡法的最近电平调制，采用该调制方法得到的开关器件开关函数如图 D. 2 所示。

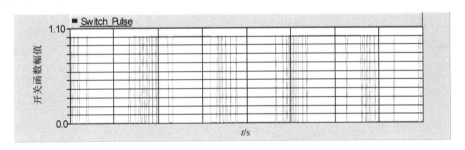

图 D. 2　实际调制算法下的开关函数

可以看到，实际工程中的功率模块开关函数几乎没有规律，难以通过固定的公式或算法复现。若只考虑理想 PWM 调制下的开关函数，对实际工程的功率模块损耗计算，尤其是瞬时功率脉冲计算，会产生较大的误差。此外，由于电容电压的瞬时值计算较为复杂，在原程序损耗计算中，采用了电容电压为恒定值的假设。在实际工程中，电容电压通常会有一个小比例的波动，这也会对损耗的计算造成一定程度的影响。

本附录提出基于实际仿真波形的损耗计算方法。如字面所述，本方法通过直接导入由 RT-LAB、RTDS 及 PSCAD 等仿真软件记录的实际运行波形文件，实现对实际工程的准确计算。

实际运行波形文件的格式采用国际通用的 COMTRADE 格式文件，也即电力系统瞬态数据交换的通用格式。IEEE 为了解决数字故障录波装置、数字保护、微机测试装置之间的数据交换问题，于 1991 年提出了这个标准，并于 1999 年进行了修订和完善。用于计算损耗的 COMTRADE 文件应当至少包含桥臂电流、功率模块电容电压以及开关函数等信息。

导入 COMTRADE 中桥臂电流、功率模块电容电压以及开关函数的信息后，可以计算独立开关器件的功率脉冲。图 D.3 为根据实际仿真波形计算得到的功率脉冲计算结果。从图中可以看到，在功率器件开通关断时刻，瞬时功率很大而持续时间短（小于一个仿真步长 $50\mu s$）；而导通期间的损耗功率相对较小，但持续时间较长。

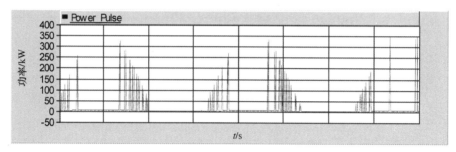

图 D.3　功率脉冲计算结果

2. COMTRADE 录波文件格式要求

录波文件可以通过各类仿真平台获取，但应采用实际阀控装置或者控制逻辑，以期反映实际工况。COMTRADE 录波文件的格式要求如下：

1）采用 COMTRADE 99 标准格式。

2）时长 1s，录波步长 $50\mu s$。

3）记录桥臂电流（kA）和电容电压（kV）两组模拟量数据，桥臂电流的正方向是由直流正极流向直流负极方向，两组模拟量在 PSCAD 中的设置分别如图 D.4 所示（应严格按照命名规则）。

A1 Analog Variable Name	Iarm
A1 Variable Description (Comtrade)	1
A1 Variable Source	Primary
A1 Variable Type	Current
A1 _Other_ Unit	A1
A1 Phase Identification	A
A1 PT or CT Ratio	1
A1 Component Being Monitored (Comtr:	A1

A2 Analog Variable Name	Vc
A2 Variable Description (Comtrade)	1
A2 Variable Source	Primary
A2 Variable Type	Voltage
A2 _Other_ Unit	A2
A2 Phase Identification	A
A2 PT or CT Ratio	1
A2 Component Being Monitored (Comtr:	A2

图 D.4　模拟量设置

4）对于半桥结构功率模块，记录一个开关函数数字量，"0"代表VT$_1$关断，VT$_2$导通，"1"代表VT$_1$导通，VT$_2$关断，该数字量的名字（Status Variable Name）应为"TS1"，变量描述为"1"。对于全桥结构功率模块，记录两个开关函数数字量，第一个数字量与半桥结构相同，第二个数字量为"0"代表VT$_3$关断，VT$_4$导通，"1"代表VT$_3$导通，VT$_4$关断，第二个数字量的名字应为"TS2"，变量描述为"2"。以上数字量在PSCAD中的设置如图D.5所示。

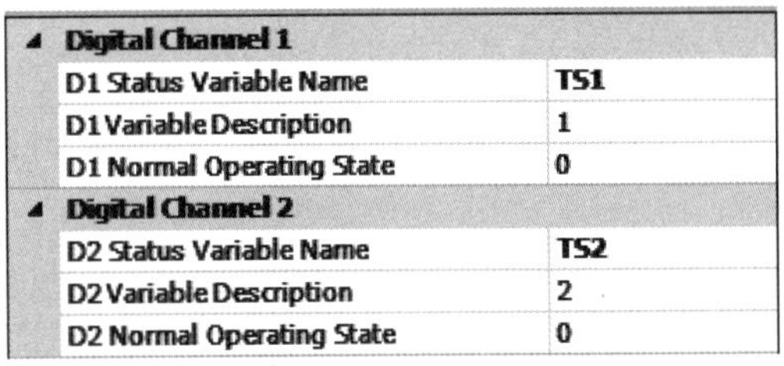

Digital Channel 1	
D1 Status Variable Name	TS1
D1 Variable Description	1
D1 Normal Operating State	0
Digital Channel 2	
D2 Status Variable Name	TS2
D2 Variable Description	2
D2 Normal Operating State	0

图 D.5　数字量设置

5）模拟量通道最大输出设为4096。

附件中包含一套半桥模块的Comtrade文件（.cfg、.dat、.hdr三个文件为一套）和一个PSCAD中Comtrade录波模块的模型（.pscx文件）以供参考，请对照设置。

3. 功率器件数据文件要求

数据文件的格式为以.dev作后缀的纯文本文档，每一行为一个有效数据，不包含注释行。要求分别提供$T_{vj}=25℃$和$T_{vj}=125℃$情况下的数值。其中第1~48行为4个IGBT的参数，每个IGBT占用12行；第49~88行为4个二极管的参数，每个二极管占用10行。每行数据定义如下。

第1~48行（每12行描述一个IGBT，VT$_1$~VT$_4$）：

IGBT基准工作电流（A）；

IGBT基准工作电压（V）；

25℃下IGBT的阈值电压（V）；

25℃下IGBT的斜率电阻（Ω）；

125℃下IGBT的阈值电压（V）；

125℃下IGBT的斜率电阻（Ω）；

25℃下IGBT的开通损耗（J）；

25℃下IGBT的关断损耗（J）；

125℃下IGBT的开通损耗（J）；

125℃下IGBT的关断损耗（J）；

IGBT结-壳热阻（K/W）；

IGBT壳-散热器热阻（K/W）。

第49~88行（每10行描述一个二极管，VD$_1$~VD$_4$）：

二极管基准工作电流（A）；

二极管基准工作电压（V）；

25℃下二极管的阈值电压（V）；

25℃下二极管的斜率电阻（Ω）；

125℃下二极管的阈值电压（V）；

125℃下二极管的斜率电阻（Ω）；

25℃下二极管的反向恢复能量（J）；

125℃下二极管的反向恢复能量（J）；

二极管结-壳热阻（K/W）；

二极管壳-散热器热阻（K/W）。

其中阈值电压和斜率电阻根据 IEC 62751-1—2014 标准 5.1 节建议的分段线性逼近法确定。

4. 损耗参数插值方法

1）IGBT 的开通能量 E_{on} 和关断能量 E_{off} 与开通/关断时刻的电压电流关系采用比例插值，即

$$E_{on} = E_{on}(I_{nom}, U_{nom}) \frac{i}{I_{nom}} \frac{U_{dc}}{U_{nom}}$$

$$E_{off} = E_{off}(I_{nom}, U_{nom}) \frac{i}{I_{nom}} \frac{U_{dc}}{U_{nom}}$$

2）二极管的反向回复能量 E_{rec} 与关断时刻的电压电流关系采用比例插值，即

$$E_{rec} = E_{rec}(I_{nom}, U_{nom}) \frac{i}{I_{nom}} \frac{U_{dc}}{U_{nom}}$$

3）结温对损耗参数的影响采用线性插值，取 25℃和器件最高允许结温之间的直线。

5. 对计算结温的考虑

按功率器件的实际运行结温考虑。

6. 阀控模型的要求

为了获得损耗计算所需要的桥臂电流和功率模块电容电压波形，此处需要采用与工程中实际使用的阀所对应的阀控模型相同的模型。

D.5 其他类型损耗计算方法

其他类型损耗计算方法参照 IEC 62751 中的相关要求。

附录 E 专用工具和仪器仪表

专用工具和仪器仪表应是新品，与设备同型号、同工艺，具体见表 E.1。

表 E.1 专用工具和仪器仪表

序　号	名　　称	型号及规格	单　位	数量/每极
1	换流阀维修用升降平台	平台高度不低于 15m；平台宽度 2m，交直流两用电源独立供电；每台配备两块（备用）充电模块	台	1
2	换流阀维修用升降平台	平台高度不低于 20m；平台宽度 2m，交直流两用电源独立供电；每台配备两块（备用）充电模块	台	1
3	均压测试仪		套	1

（续）

序　号	名　　称	型号及规格	单　位	数量/每极
4	阀基电子设备的硬件检测专用平台		套	1
5	阀组件运输工具		台	1
7	标准工具箱（力矩扳手，如组件需要则须包含 0~5N·m，0~15N·m，50~100N·m）		套	2
8	功率模块更换/检修工具		套	1
9	绝缘子检修工具		套	1
10	光纤测试装置		套	1
11	功率模块测试装置（能够实现功率模块空载加压、解锁运行）		台	1
12	电容测量工具		台	1
13	阀组件起重装置		套	1
14	电动葫芦		个	1
15	换流阀维修用升降平台专用工器具		套	1
16	机械检修包		套	1
17	电气检修包		套	1
18	电动执行器手动扳手		套	1
19	调试计算机（包括必需的数据线等附件）		套	1
20	便携式水质检测仪		套	1

参 考 文 献

[1] 全国电力电子系统和设备标准化技术委员会. 柔性直流输电工程系统试验：GB/T 38878—2020 [S]. 北京：中国标准出版社，2020.

[2] 全国高压开关设备标准化技术委员会. 柔性直流系统用高压直流断路器的共用技术要求：GB/T 38328—2019 [S]. 北京：中国标准出版社，2019.

[3] 全国输配电用电力电子器件标准化技术委员会. 柔性直流输电用电力电子器件技术规范：GB/T 37660—2019 [S]. 北京：中国标准出版社，2019.

[4] 全国电力电子系统和设备标准化技术委员会. 柔性直流输电换流阀技术规范：GB/T 37010—2018 [S]. 北京：中国标准出版社，2018.

[5] 全国高压直流输电工程标准化技术委员会. 柔性直流输电线路检修规范：GB/T 37013—2018 [S]. 北京：中国标准出版社，2018.

[6] 全国高压直流输电工程标委会. 柔性直流输电接地设备技术规范：GB/T 37012—2018 [S]. 北京：中国标准出版社，2018.

[7] 全国高压直流输电工程标准化技术委员会. 柔性直流输电系统性能 第 2 部分 暂态：GB/T 37015.2—2018 [S]. 北京：中国标准出版社，2018.

[8] 全国变压器标准化技术委员会. 柔性直流输电用电抗器技术规范：GB/T 37008—2018 [S]. 北京：中国标准出版社，2018.

[9] 全国高压直流输电工程标准化技术委员会. 海上柔性直流换流站检修规范：GB/T 37014—2018 [S]. 北京：中国标准出版社，2018.

[10] 全国变压器标准化技术委员会. 柔性直流输电用变压器技术规范：GB/T 37011—2018 [S]. 北京：中国标准出版社，2018.

[11] 全国高压直流输电工程标准化技术委员会. 柔性直流输电系统性能 第 1 部分 稳态：GB/T 37015.1—2018 [S]. 北京：中国标准出版社，2018.

[12] 全国高压直流输电工程标准化技术委员会. 柔性直流输电用启动电阻技术规范：GB/T 36955—2018 [S]. 北京：中国标准出版社，2018.

[13] 全国电力电子系统和设备标准化技术委员会. 柔性直流输电用电压源换流器阀基控制设备试验：GB/T 36956—2018 [S]. 北京：中国标准出版社，2018.

[14] 全国高电压试验技术和绝缘配合标准化技术委员会. 柔性直流换流站绝缘配合导则：GB/T 36498—2018 [S]. 北京：中国标准出版社，2018.

[15] 中国电力企业联合会. 柔性直流输电换流站检修规程：DL/T 1831—2018 [S]. 北京：中国电力出版社，2018.

[16] 中国电力企业联合会. 柔性直流输电换流阀检修规程：DL/T 1833—2018 [S]. 北京：中国电力出版社，2018.

[17] 全国量度继电器和保护设备标准化技术委员会. 柔性直流输电控制与保护设备技术要求：GB/T 35745—2017 [S]. 北京：中国标准出版社，2017.

[18] 全国电力电子系统和设备标准化技术委员会. 柔性直流输电系统成套设计规范：GB/T 35703—2017 [S]. 北京：中国标准出版社，2017.

[19] 中国电力企业联合会. 柔性直流输电控制保护系统联调试验技术规程：DL/T 1794—2017 [S]. 北京：中国电力出版社，2017.

[20] 中国电力企业联合会. 柔性直流输电设备监造技术导则：DL/T 1793—2017 [S]. 北京：中国电力出

版社，2017.

［21］中国电力企业联合会. 柔性直流保护和控制设备技术条件：DL/T 1778—2017 ［S］. 北京：中国电力出版社，2017.

［22］中国电力企业联合会. 柔性直流输电换流站运行规程：DL/T 1795—2017 ［S］. 北京：中国电力出版社，2017.

［23］中国电力企业联合会. ±200kV 及以下柔性直流换流站换流阀施工工艺导则：DL/T 5753—2017 ［S］. 北京：中国电力出版社，2017.

［24］全国电力电子系统和设备标准化技术委员会. 柔性直流输电换流器技术规范：GB/T 34139—2017 ［S］. 北京：中国标准出版社，2017.

［25］中国电力企业联合会. 柔性直流配电系统用电压源换流器技术导则：DL/Z 1697—2017 ［S］. 北京：中国电力出版社，2017.

［26］中国电力企业联合会. 柔性直流输电工程系统试验规程：DL/T 1526—2016 ［S］. 北京：中国电力出版社，2016.

［27］中国电力企业联合会. 柔性直流输电用电压源型换流阀电气试验：DL/T 1513—2016 ［S］. 北京：中国电力出版社，2016.

［28］全国高电压试验技术和绝缘配合标准化技术委员会. 绝缘配合 第1部分 定义、原则和规则：GB 311.1—2012 ［S］. 北京：中国标准出版社，2012.

［29］全国避雷器标准化技术委员会. 高压直流换流站无间隙金属氧化物避雷器导则：GB/T 22389—2008 ［S］. 北京：中国标准出版社，2008.

［30］全国高电压试验技术和绝缘配合标准化技术委员会. 高压直流换流站绝缘配合程序：GB 313.3—2017 ［S］. 北京：中国电力出版社，2017.

［31］电力工业部绝缘配合标准化技术委员会. 交流电气装置的过电压保护和绝缘配合：DL/T 620—1997 ［S］. 北京：中国电力出版社，1997.

［32］电力行业高压开关设备及直流电源标准化技术委员会. 交流高压断路器：DL/T 402—2016 ［S］. 北京：中国电力出版社，2016.

［33］国际大电网会议 CIGRE 第33 委员会，33-05 工作组. 高压直流换流站绝缘配合和避雷器保护使用导则 ［S］. New York：Electra，1984.

［34］International Electrotechnical Commission. Insulation co-ordination—Part 4：Computational guide to insulation co-ordination and modelling of electrical networks：TR 60071-4 ［S/OL］. ［2004-06］. https：//www.iec.ch/searchpub.

［35］International Electrotechnical Commission. Insulation co-ordination—Part 5：Procedures for high-voltage direct current （HVDC） converter stations：IEC 60071-5 ［S/OL］. ［2014-10］. https：//www.iec.ch/searchpub.

［36］International Electrotechnical Commission. Terminology for voltage-sourced converts （VSC） for high-voltage direct current （HVDC） systems：IEC 62747：2014 ［S/OL］. ［2015-03］. https：//www.beuth.de.

［37］International Electrotechnical Commission. Classification of environmental conditions—Part 3-2：Classification of groups of environmental parameters and theirseverities— Transportation and handling：IEC 60721-3-2 ［S/OL］. ［2018-02］. https：//www.iec.ch.

［38］International Electrotechnical Commission. Reliability and availability evaluation of HVDC systems：IEC TR 62672 ［S/OL］. ［2018-09］. https：//www.iec.ch.

［39］International Electrotechnical Commission. Insulation co-ordination—Part 1：Definitions，principles and rules：IEC 60071-1 ［S/OL］. ［2011-03］. https：//www.iec.ch/searchpub.

［40］International Electrotechnical Commission. Insulation co-ordination—Part 2：Application guidelines：IEC

60071-2 ［S/OL］. ［2018-03］. https：//www. iec. ch.

［41］ International Electrotechnical Commission. Determination of power losses in high-voltage direct current （HVDC） converter stations with line commutated converters：IEC 61803 ［S/OL］. ［2016- 05］. https：//www. iec. ch.

［42］ International Electrotechnical Commission. High-voltage direct current （HVDC） systems— Guidance to the specification and design evaluation of AC filters—Part 1：Overview：IEC TR 62001-1 ［S/OL］. ［2016-05］. https：//www. iec. ch.

［43］ International Electrotechnical Commission. High-voltage direct current （HVDC） systems— Guidance to the specification and design evaluation of AC filters—Part 2：Performance：IEC TR 62001-2 ［S/OL］. ［2016-07］. https：//www. iec. ch.

［44］ International Electrotechnical Commission. High-voltage direct current （HVDC） systems— Guidance to the specification and design evaluation of AC filters—Part 3：Modelling：IEC TR 62001-3 ［S/OL］. ［2016-09］. https：//www. iec. ch.

［45］ International Electrotechnical Commission. High-voltage direct current （HVDC） systems— Guidance to the specification and design evaluation of AC filters—Part 4：Equipment：IEC TR 62001-4 ［S/OL］. ［2016-05］. https：//www. iec. ch.

［46］ VDE VERLAG GmbH. Technical requirements for grid connection of high voltage direct current systems and direct current-connected power park modules （TCR HVDC）：VDE-AR-N 4131 ［S/OL］. ［2019-03］. https：//www. din. de/go/din-term.

［47］ 韩雪，杨鸣，司马文霞，等. 500kV 柔性直流电网直流断路器操作过电压研究 ［J］. 高电压技术，2019，45 （01）：72-81.

［48］ 郭铭群，梅念，李探，等. ±500kV 张北柔性直流电网工程系统设计 ［J］. 电网技术，2021，45 （10）：4194-4204.

［49］ 黄俊玮，谭建成，文泓铸. LCC-MMC 型混合直流输电系统综述 ［J］. 电气开关，2019，57 （05）：1-5 + 10.

［50］ 汪楠楠，姜崇学，王佳成，等. 采用直流断路器的对称单极多端柔性直流故障清除策略 ［J］. 电力系统自动化，2019，43 （06）：122-128.

［51］ 吴博，李慧敏，别睿，等. 多端柔性直流输电的发展现状及研究展望 ［J］. 现代电力，2015，32 （02）：9-15.

［52］ 徐政，薛英林，张哲任. 大容量架空线柔性直流输电关键技术及前景展望 ［J］. 中国电机工程学报，2014，34 （29）：5051-5062.

［53］ 余黎明，宋文英. 从张北柔直示范工程看中国柔直技术的发展 ［J］. 内燃机与配件，2018，（15）：240-242.

［54］ 袁旭峰，程时杰. 多端直流输电技术及其发展 ［J］. 继电器，2006，（19）：61-67 + 70.

［55］ 易荣，岳伟，张海涛，等. 多端柔性直流输电系统中混合运行方式分析 ［J］. 电网与清洁能源，2014，30 （12）：21-26.

［56］ 傅守强，张立斌，李红建，等. 高压大容量柔性直流电网换流站阀厅空气净距计算及紧凑化布局设计 ［J］. 中国电力，2021，54 （01）：10-18.

［57］ 汤广福，罗湘，魏晓光. 多端直流输电与直流电网技术 ［J］. 中国电机工程学报，2013，33 （10）：8-17 + 24.

［58］ 徐殿国，刘瑜超，武健. 多端直流输电系统控制研究综述 ［J］. 电工技术学报，2015，30 （17）：1-12.

［59］ 李凌飞，胡博，黄莹，等. 混合多端特高压直流输电系统可靠性评估 ［J］. 南方电网技术，2018，12

（11）：73-83.

［60］赵晟凯，何秀强，吕晨，等．孤岛双馈风电场接入 LCC-HVDC 的黑启动与协同控制策略［J］．电网与清洁能源，2021，37（07）：87-96＋135.

［61］蔡静，董新洲．高压直流输电线路故障清除及恢复策略研究综述［J］．电力系统自动化，2019，43（11）：181-190.

［62］李泓志，吴文宣，贺之渊，等．高压大容量柔性直流输电系统绝缘配合［J］．电网技术，2016，40（06）：1903-1908.

［63］周双勇，王佩，雷梦飞，等．直流输电线路雷电绕击闪络故障分析方法研究［J］．智能电网，2015，3（7）：622－629.

［64］冯明，李兴源，李宽．混合直流输电系统综述［J］．现代电力，2015，32（02）：1-8.

［65］王永平，赵文强，杨建明，等．混合直流输电技术及发展分析［J］．电力系统自动化，2017，41（07）：156-167.

［66］韩朋乐．具有直流故障清除能力的 MMC 子模块及其选取方法［J］．通信电源技术，2019，36（03）：24-26.

［67］戚庆茹，蒋维勇，刘建琴，等．基于柔性直流输电技术的特高压直流送端孤岛系统黑启动方法［J］．电力建设，2017，38（10）：138-144.

［68］周阳，易东，高洁．基于模块化多电平换流器的多端柔性直流输电系统仿真分析［J］．电力系统及其自动化学报，2016，28（S1）：6-9.

［69］张怿宁，罗易萍，洪妍妍．基于多端口混合直流断路器的 LCC-VSC 混合多端直流输电系统故障清除方案［J］．电力系统保护与控制，2021，49（04）：146-153.

［70］廖建权，周念成，王强钢，等．基于并联 LCC 分流及反压抑制的柔性直流输电故障清除策略［J］．高电压技术，2019，45（01）：63-71.

［71］郭华，王德付，陈凌云，等．昆柳龙直流不同运行方式下广西电网安全稳定分析［J］．电力科学与工程，2019，35（08）：67-72.

［72］林钟楷．南澳多端柔性直流输电系统及其主接线［J］．自动化应用，2014，（10）：76-78＋94.

［73］杨柳，黎小林，许树楷，等．南澳多端柔性直流输电示范工程系统集成设计方案［J］．南方电网技术，2015，9（01）：63-67.

［74］伍双喜，李力，张轩，等．南澳多端柔性直流输电工程交直流相互影响分析［J］．广东电力，2015，28（04）：26-30.

［75］李力，伍双喜，张轩，等．南澳多端柔性直流输电工程的运行方式分析［J］．广东电力，2014，27（05）：85-89.

［76］李岩，罗雨，许树楷，等．柔性直流输电技术：应用、进步与期望［J］．南方电网技术，2015，9（01）：7-13.

［77］汤广福，贺之渊，庞辉．柔性直流输电工程技术研究、应用及发展［J］．电力系统自动化，2013，37（15）：3-14.

［78］乔卫东，毛颖科．上海柔性直流输电示范工程综述［J］．华东电力，2011，39（07）：1137-1140.

［79］蒋晓娟，姜芸，尹毅，等．上海南汇风电场柔性直流输电示范工程研究［J］．高电压技术，2015，41（04）：1132-1139.

［80］张东辉，冯晓东，孙景强，等．柔性直流输电应用于南方电网的研究［J］．南方电网技术，2011，5（02）：1-6.

［81］乐波，梅念，刘思源，等．柔性直流输电技术综述［J］．中国电业（技术版），2014，（05）：43-47.

［82］马为民，吴方劼，杨一鸣，等．柔性直流输电技术的现状及应用前景分析［J］．高电压技术，2014，40（08）：2429-2439.

[83] 刘强，杜忠明，佟明东，等．特高压多端直流技术的应用及前景分析 [J]．南方电网技术，2018，12 (11)：9-14.

[84] 余敬冬，吕习超，吴小东．特高压多端混合直流输电系统线路故障重启功能及策略分析 [J]．电工 技术，2020，(24)：115-116＋150.

[85] 熊岩，饶宏，许树楷，等．特高压多端混合直流输电系统启动与故障穿越研究 [J]．全球能源互联 网，2018，1 (04)：478-486.

[86] 范琦，张子露，翟凯．特高压多端混合直流输电实时数字仿真系统 [J]．电力电子技术，2020，54 (06)：54-57.

[87] 徐政，王世佳，李宁璨，等．适用于远距离大容量架空线路的 LCC-MMC 串联混合型直流输电系统 [J]．电网技术，2016，40 (01)：55-63.

[88] 高强，林烨，吴利锋，等．舟山五端柔性直流系统的运行方式和控制模式 [J]．中国电业（技术 版），2015，(03)：12-16.

[89] 刘黎，蔡旭，俞恩科，等．舟山多端柔性直流输电示范工程及其评估 [J]．南方电网技术，2019，13 (03)：79-88.

[90] 凌卫家，孙维真，张静，等．舟山多端柔性直流输电示范工程典型运行方式分析 [J]．电网技术， 2016，40 (06)：1751-1758.

[91] 吴浩，徐重力，张杰峰，等．舟山多端柔性直流输电技术及应用 [J]．智能电网，2013，1 (02)： 22-26.

[92] 高强，林烨，黄立超，等．舟山多端柔性直流输电工程综述 [J]．电网与清洁能源，2015，31 (02)：33-38.

[93] 吴方劼，马玉龙，梅念，等．舟山多端柔性直流输电工程主接线方案设计 [J]．电网技术，2014，38 (10)：2651-2657.

[94] 李亚男，蒋维勇，余世峰，等．舟山多端柔性直流输电工程系统设计 [J]．高电压技术，2014，40 (08)：2490-2496.

[95] 郭贤珊，周杨，梅念，等．张北柔直电网的构建与特性分析 [J]．电网技术，2018，42 (11)： 3698-3707.

[96] 李广凯，李庚银，梁海峰，等．新型混合直流输电方式的研究 [J]．电网技术，2006，(04)：82-86.

[97] 饶宏，洪潮，周保荣，等．乌东德特高压多端直流工程受端采用柔性直流对多直流集中馈入问题的 改善作用研究 [J]．南方电网技术，2017，11 (03)：1-5.

[98] 杨燕，林勇，徐蔚，等．乌东德多端直流输电对广东电网安全稳定的影响 [J]．广东电力，2017，30 (11)：44-50.

[99] 张凤鸽，文明浩，刘铁，等．特高压三端直流输电线路的动态物理模拟 [J]．高电压技术，2020，46 (06)：2064-2071.

[100] 鲁江，董云龙，杨建明，等．特高压混合直流输电系统线路故障清除策略研究 [J]．湖北电力， 2020，44 (06)：8-17.

[101] 许冬．混合多端直流输电运行特性研究 [D]．北京：华北电力大学，2017.

[102] 王海龙．多端直流输电系统仿真研究 [D]．北京：华北电力大学，2013.

[103] 李梅航．多端柔性直流输电的关键技术研究 [D]．青岛：青岛科技大学，2014.

[104] 聂男峰．特高压多端直流系统操作过电压研究 [D]．杭州：浙江大学，2020.

[105] 郭彦勋．柔性高压直流电网故障分析与故障清除技术研究 [D]．广州：华南理工大学，2020.

[106] 李进．模块化多电平变流器直流侧短路电流清除技术 [D]．北京：北京交通大学，2018.

[107] 赵鹏豪．具有直流故障自清除能力的 MMC 拓扑和可靠性分析方法 [D]．北京：华北电力大 学，2016.

［108］ REKIK A, BOUKETTAYA G. A dynamic power management and dedicated control strategy of a flexible multi-terminal HVDC grid for offshore wind farms ［J］. International Journal of Renewable Energy Research, 2021, 04（04）: 247-263.

［109］ NAKAJIMA T, IROKAWA S. A control system for HVDC transmission by voltage sourced converters ［C］. IEEE Power Engineering Society Winter Meeting, New York, 1999.

［110］ ASPLUND G, ERIKSSON K, JIANG H B, et al. DC Transmission based on voltage source converters ［C］. Proc. CIGRE SC14 Colloq,? Johannesburg, 1997.

［111］ ABB Power Technologies. Cross sound cable interconnector. Connecticut and Long Island, USA ［J/OL］. http: //www. abb. com/.

［112］ MAGG T G, MANCHEN M, KRIGE E, et al. Caprivi link HVDC interconnector: Comparison between energized system testing and real-time simulator testing ［J/OL］. PARIS: CIGRE, 2012. http: //www. cigre. org.

［113］ MACILWAIN C. Supergrid ［J］. Nature, 2010, 468: 624-625.

［114］ 刘振亚. 特高压交流输电系统过电压与绝缘配合 ［M］. 北京: 中国电力出版社, 2008.

［115］ 徐政. 柔性直流输电系统 ［M］. 2 版. 北京: 机械工业出版社, 2012.

［116］ 苟锐锋. 高压直流输电绝缘配合 ［M］. 北京: 科学出版社, 2019.

［117］ 苟锐锋. 柔性直流输电及其试验测试技术 ［M］. 北京: 科学出版社, 2017.